网络工程师教育丛书

大数据技术

Big Data Technologies

刘化君　吴海涛　毛其林　等编著

电子工业出版社
Publishing House of Electronics Industry
北京·BEIJING

内 容 简 介

本书是《网络工程师教育丛书》的第 7 册,介绍和讨论大数据的基础知识、技术原理和应用。全书内容分为 6 章,包括绪论、大数据采集和预处理、大数据存储与管理、大数据分析与计算、大数据可视化和大数据应用。本书既介绍大数据技术基础知识,又将这些知识与具体应用有机结合起来,并借助可视化图表深入剖析大数据技术原理和洞见数据价值的方法。各章均配有练习、本章小结及小测验,以便理解掌握重要知识点。另外,考虑到大数据技术涉及许多新名词和专业性极强的词汇,书末以附录形式给出了相关术语的注释,以方便读者查阅。

本书可作为网络工程师培训和认证考试教材,或作为本科及职业技术教育相关课程的教材或参考书,也可供网络技术人员、管理人员以及有志于自学成为网络工程师的读者阅读。

本书的相关资源可从华信教育资源网(www.hxedu.com.cn)免费下载,或通过与本书责任编辑(zhangls@phei.com.cn)联系获取。

未经许可,不得以任何方式复制或抄袭本书之部分或全部内容。
版权所有,侵权必究。

图书在版编目(CIP)数据

大数据技术 / 刘化君等编著. —北京:电子工业出版社,2019.7
(网络工程师教育丛书)
ISBN 978-7-121-36706-9

Ⅰ. ①大… Ⅱ. ①刘… Ⅲ. ①数据处理—基本知识 Ⅳ. ①TP274

中国版本图书馆 CIP 数据核字(2019)第 103256 号

责任编辑:张来盛(zhangls@phei.com.cn)
印　　刷:三河市龙林印务有限公司
装　　订:三河市龙林印务有限公司
出版发行:电子工业出版社
　　　　　北京市海淀区万寿路 173 信箱　邮编:100036
开　　本:787×1092　1/16　印张:18　字数:460 千字
版　　次:2019 年 7 月第 1 版
印　　次:2020 年 12 月第 2 次印刷
定　　价:59.80 元

凡所购买电子工业出版社图书有缺损问题,请向购买书店调换。若书店售缺,请与本社发行部联系,联系及邮购电话:(010)88254888,88258888。
质量投诉请发邮件至 zlts@phei.com.cn,盗版侵权举报请发邮件至 dbqq@phei.com.cn。
本书咨询联系方式:(010)88254467;zhangls@phei.com.cn。

出 版 说 明

人类已进入互联网时代，以物联网、云计算、移动互联网和大数据为代表的新一轮信息技术革命，正在深刻地影响和改变经济社会各领域。随着信息技术的发展，网络已经融入社会生活的方方面面，与人们的日常生活密不可分。我国已成为网络大国，网民数量位居世界第一；但我国要成为网络强国，推进网络强国建设，迫切需要大量的网络工程师人才。然而据估计，我国每年网络工程师缺口约 20 万人，现有网络人才远远无法满足建设网络强国的需求。

为适应网络工程技术人才教育、培养的需要，电子工业出版社组织本领域专家学者和工作在一线的网络专家、工程师，按照网络工程师所应具备的知识、能力要求，参考新的网络工程师考试大纲（2018 年审定通过），共同修订、编撰了这套《网络工程师教育丛书》。

本丛书全面规划了网络工程师应该掌握的技术，架构了一个比较完整的网络工程技术知识体系。丛书的编写立足于计算机网络技术的最新发展，以先进性、系统性和实用性为目标：

- ▶ 先进性——全面地展示近年来计算机网络技术领域的新成果，做到知识内容的先进性。例如，对软件定义网络（SDN）、三网融合、IPv6、多协议标签交换（MPLS）、云计算、云存储、大数据、物联网、移动互联网等进行介绍。
- ▶ 系统性——加强学科基础，拓宽知识面，各册内容之间密切联系、有机衔接、合理分配、重点突出，按照"网络基础→局域网→城域网与广域网→TCP/IP 基础→网络互连与互联网→网络安全与管理→大数据技术→网络设计与应用"的进阶式顺序分为 8 册，形成系统的知识结构体系。
- ▶ 实用性——注重工程能力的培养和知识的应用。遵循"理论知识够用，为工程技术服务"的原则，突出网络系统分析、设计、实现、管理、运行维护和安全方面的实用技术；书中配有大量网络工程案例、配置实例和实验示例，以提高读者的实践能力；每章还安排有针对性的练习和近年网络工程师考试题，并对典型试题和练习给出解答提示，以帮助读者提高应试能力。

本丛书从一开始就搭建了一个真实的、接近网络工程实际的网络，丛书各册均基于这个实例网络的拓扑和 IP 地址进行介绍，逐步完成对路由器、交换机、客户端和服务器的配置、应用设计等，灵活、生动地展现各种网络技术。

本丛书在编写时力求文字简洁，通俗易懂，图文并茂；在内容编排上既系统全面，又切合实际；在知识设计上层次分明、由浅入深，读者可根据自己的需要选择相应的图书进行学习，然后逐步进阶。

鉴于网络技术仍在不断地飞速发展，本丛书将根据需要和读者要求适时更新、完善。热忱欢迎广大读者多提宝贵意见和建议。联系方式：zhangls@phei.com.cn。

电子工业出版社

前　言

人类信息社会正在从 IT（Information Technology）时代快步进入 DT（Data Technology）时代，数据科学与大数据技术以惊人的速度迅猛发展。以大数据为核心研究对象，利用大数据的方法解决具体行业应用问题，成为 DT 时代的核心。数据科学与大数据技术属于新兴的交叉学科，它以统计学、数学、计算机为三大支撑性学科，以生物、医学、环境科学、经济学、社会学、管理学等为应用拓展性学科，由此构架自己的学科领域；其知识体系涵盖了数据采集、分析、处理、数据挖掘算法、计算机编程语言，以及相关软件开发应用等。大数据作为继云计算、物联网之后 IT 行业的又一颠覆性技术，备受人们的关注和青睐。

随着大数据时代的到来，社会急需大批数据科学与大数据技术专业人才。本书编写的目的，就是为培养运用大数据思维洞见数据价值的技术人才提供大数据技术入门指导，为读者架起一座通向"大数据知识空间"的桥梁。在内容取舍上，本书秉承凝练大数据技术的宗旨，着重阐释大数据的基本概念、原理、大数据分析计算及其应用技术，搭建起知识框架，以便形成对大数据知识体系及其应用领域的概括性认识，为读者在大数据领域的继续"深耕细作"奠定基础。

本书紧紧围绕"构建知识体系、阐释工作原理、引导实践应用"的指导思想，对大数据知识体系进行系统梳理，做到面向应用、有序组织，结构合理、层次清楚，并借助可视化图表深入剖析大数据技术及其应用。全书内容分为 6 章，包括绪论、大数据采集和预处理、大数据存储与管理、大数据分析与计算、大数据可视化和大数据应用，每章配有练习、本章小结及小测验，以便于理解掌握重要知识点。

本书可为数据科学与大数据技术、计算机网络和通信领域的教学、科研和工程设计提供参考，适用范围较广；既可以用作数据科学与大数据技术专业教材、网络工程师教育培训，或者作为本科和高职院校相关课程的教材或参考书，也可供大数据技术、网络技术人员和管理人员以及网络爱好者阅读参考。

本书由刘化君、吴海涛、毛其林、顾洪、刘枫编著。其中，刘化君执笔编写第 1 章并负责全书的修改定稿，吴海涛执笔编写第 4 章及第 5 章部分初稿并负责全书内容的审定，毛其林执笔编写第 2、3 章及第 6 章第 3 节初稿，顾洪编写第 5、6 章部分初稿，刘枫执笔编写其余章节有关内容。在编写过程中，得到了许多同志的支持和帮助，参考了大量国内外的教材、专著、论文以及互联网文献资料，在此一并表示衷心感谢！

由于数据科学与大数据技术、计算机网络技术发展很快，囿于作者理论水平和实践经验，书中可能存在不妥之处，恳请广大读者不吝赐教，以便再版时予以订正。

编著者
2019 年 1 月 8 日

目　　录

第一章　绪论 …………………………………………………………………………（1）
　　概述 ………………………………………………………………………………（1）
　　第一节　大数据的概念 …………………………………………………………（1）
　　　　何谓大数据 …………………………………………………………………（2）
　　　　大数据结构类型 ……………………………………………………………（6）
　　　　大数据的作用和影响 ………………………………………………………（8）
　　　　练习 …………………………………………………………………………（9）
　　第二节　大数据分析和计算 ……………………………………………………（9）
　　　　大数据分析计算的意义 ……………………………………………………（10）
　　　　大数据计算的特点 …………………………………………………………（11）
　　　　大数据计算系统架构 ………………………………………………………（12）
　　　　练习 …………………………………………………………………………（16）
　　第三节　大数据技术体系 ………………………………………………………（17）
　　　　大数据技术栈 ………………………………………………………………（17）
　　　　大数据计算支撑技术 ………………………………………………………（20）
　　　　Hadoop 生态系统 …………………………………………………………（28）
　　　　练习 …………………………………………………………………………（30）
　　第四节　Hadoop 平台构建 ……………………………………………………（30）
　　　　Hadoop 集群配置 …………………………………………………………（30）
　　　　Hadoop 的安装与运行 ……………………………………………………（32）
　　　　练习 …………………………………………………………………………（39）
　　本章小结 …………………………………………………………………………（39）

第二章　大数据采集和预处理 ……………………………………………………（41）
　　概述 ………………………………………………………………………………（41）
　　第一节　大数据采集 ……………………………………………………………（41）
　　　　大数据采集的基本概念 ……………………………………………………（42）
　　　　大数据采集的技术和方法 …………………………………………………（45）
　　　　大数据采集工具的设计 ……………………………………………………（48）
　　　　练习 …………………………………………………………………………（50）
　　第二节　互联网数据采集 ………………………………………………………（51）
　　　　基于网络爬虫的数据采集 …………………………………………………（51）
　　　　系统日志采集 ………………………………………………………………（59）

  日志数据采集示例 ……………………………………………………………… (63)
  练习 ……………………………………………………………………………… (67)
 第三节 大数据清洗 …………………………………………………………………… (68)
  数据质量问题 …………………………………………………………………… (68)
  大数据清洗的对象 ……………………………………………………………… (70)
  大数据清洗的基本方法 ………………………………………………………… (71)
  日志文件数据清洗示例 ………………………………………………………… (73)
  练习 ……………………………………………………………………………… (75)
 第四节 大数据采集和预处理工具 …………………………………………………… (76)
  Apache Flume …………………………………………………………………… (76)
  Splunk Forwarder ……………………………………………………………… (83)
  国内常见的大数据处理软件 …………………………………………………… (84)
  练习 ……………………………………………………………………………… (86)
 本章小结 ………………………………………………………………………………… (86)

第三章 大数据存储与管理 …………………………………………………………… (88)
 概述 ……………………………………………………………………………………… (88)
 第一节 分布式存储系统 ……………………………………………………………… (89)
  集中式存储 ……………………………………………………………………… (89)
  分布式存储 ……………………………………………………………………… (90)
  练习 ……………………………………………………………………………… (95)
 第二节 Hadoop 分布式文件系统（HDFS）…………………………………………… (96)
  HDFS 的相关概念 ……………………………………………………………… (96)
  HDFS 的系统架构 …………………………………………………………… (100)
  HDFS 的存储机制 …………………………………………………………… (102)
  HDFS 的数据读写过程 ……………………………………………………… (104)
  HDFS 应用编程 ……………………………………………………………… (106)
  练习 …………………………………………………………………………… (114)
 第三节 非关系数据库（NoSQL）…………………………………………………… (115)
  NoSQL 概述 …………………………………………………………………… (115)
  NoSQL 的技术基础 …………………………………………………………… (118)
  NoSQL 的数据存储类型 ……………………………………………………… (120)
  典型的 NoSQL 工具 …………………………………………………………… (125)
  练习 …………………………………………………………………………… (132)
 第四节 分布式数据库 HBase ……………………………………………………… (132)
  HBase 系统结构 ……………………………………………………………… (133)
  HBase 数据模型与存储 ……………………………………………………… (138)
  HBase 数据读写 ……………………………………………………………… (144)
  HBase 应用编程 ……………………………………………………………… (145)
  练习 …………………………………………………………………………… (152)

本章小结 ……………………………………………………………………………（153）

第四章　大数据分析与计算 …………………………………………………………（156）
　概述 ………………………………………………………………………………………（156）
　第一节　大数据分析 ……………………………………………………………………（156）
　　何谓大数据分析 ……………………………………………………………………（157）
　　大数据分析的类别 …………………………………………………………………（158）
　　大数据分析的基本方法 ……………………………………………………………（160）
　　练习 …………………………………………………………………………………（166）
　第二节　大数据挖掘 ……………………………………………………………………（167）
　　数据关联分析 ………………………………………………………………………（168）
　　数据聚类分析 ………………………………………………………………………（169）
　　数据分类与预测 ……………………………………………………………………（177）
　　练习 …………………………………………………………………………………（181）
　第三节　大数据处理系统（MapReduce/Spark） ……………………………………（182）
　　MapReduce …………………………………………………………………………（182）
　　Spark …………………………………………………………………………………（191）
　　练习 …………………………………………………………………………………（202）
　第四节　Spark 应用示例 ………………………………………………………………（203）
　　Spark 配置及运行 …………………………………………………………………（203）
　　Spark 的 Scala 编程 ………………………………………………………………（208）
　　Spark 的主要应用场景 ……………………………………………………………（210）
　　练习 …………………………………………………………………………………（211）
　本章小结 …………………………………………………………………………………（211）

第五章　大数据可视化 ………………………………………………………………（214）
　第一节　可视化基础知识 ………………………………………………………………（214）
　　数据可视化 …………………………………………………………………………（215）
　　大数据可视化 ………………………………………………………………………（217）
　　大数据可视化设计 …………………………………………………………………（220）
　　练习 …………………………………………………………………………………（222）
　第二节　可视化分析研发资源与工具 …………………………………………………（222）
　　信息图表工具 ………………………………………………………………………（223）
　　时间线工具 …………………………………………………………………………（225）
　　地图工具 ……………………………………………………………………………（226）
　　可视化分析研发资源与编程语言 …………………………………………………（227）
　　练习 …………………………………………………………………………………（229）
　第三节　大数据可视化应用 ……………………………………………………………（229）
　　基于 Web 的数据可视化 ……………………………………………………………（229）
　　文本数据可视化 ……………………………………………………………………（234）

　　　　社交网络可视化 ………………………………………………………………（235）
　　　　练习 ……………………………………………………………………………（236）
　　本章小结 …………………………………………………………………………………（237）

第六章　大数据应用 ……………………………………………………………………（239）

　　第一节　大数据查询 ……………………………………………………………………（239）
　　　　大数据查询分析引擎 …………………………………………………………………（239）
　　　　基于 Spark 的大数据实时查询 ………………………………………………………（245）
　　　　大数据查询实例及其技术发展 ………………………………………………………（248）
　　　　练习 ……………………………………………………………………………………（249）
　　第二节　大数据应用与发展 ……………………………………………………………（249）
　　　　大数据的社会价值 ……………………………………………………………………（249）
　　　　大数据应用场景 ………………………………………………………………………（252）
　　　　大数据应用发展趋势 …………………………………………………………………（257）
　　　　练习 ……………………………………………………………………………………（259）
　　第三节　大数据隐私与安全 ……………………………………………………………（259）
　　　　大数据应用中的安全 …………………………………………………………………（260）
　　　　大数据安全技术 ………………………………………………………………………（261）
　　　　大数据安全与隐私保护措施 …………………………………………………………（264）
　　　　练习 ……………………………………………………………………………………（265）
　　本章小结 …………………………………………………………………………………（265）

附录 A　课程测验 ………………………………………………………………………（267）

附录 B　术语表 …………………………………………………………………………（270）

参考文献 ……………………………………………………………………………………（278）

第一章 绪 论

概 述

在信息技术蓬勃发展的时代，物联网方兴未艾，云计算风起云涌，移动互联网崭露头角，大数据初露锋芒，IT已改变甚至颠覆了社会生活。为紧跟"云物大"（云计算、物联网、大数据）的发展应用，各行各业都在审时度势、精心谋划、系统部署大数据（Big Data）应用工作。毋庸置疑，大数据时代已经来临。然而，对于诸如大数据、云计算之类的热点技术，许多人往往趋之若鹜却又难以说个明白。如果问起"大数据是什么？"也许会随口而出"大数据就是数据大"，或者大谈"4 V"——Volume（体量）、Velocity（速度）、Variety（多样性）、Value（价值密度）来表达自己对大数据的专业理解，而很少有人能够准确说出个一二三来。究其原因，虽然人们对大数据这类新技术有着原始渴求，但真正能参与大数据体验的还比较少，无法勾勒出对大数据及其技术内涵的整体认识。

对于"大数据"，研究机构 Gartner 给出了这样的定义："大数据"是指无法在一定时间范围内用常规软件工具进行捕捉、管理和处理的数据集合，需要新处理模式才能具有更强的决策力、洞察发现力和流程优化能力来适应海量、高增长率和多样化的信息资产。大数据技术用来从各种各样类型的数据中快速获得有价值的信息；适用于大数据的技术，包括大规模并行处理（MPP）数据库、数据挖掘、分布式文件系统、分布式数据库、云计算平台、互联网和可扩展的存储系统等。

现代信息化社会是一个高速发展的社会，科技发达，信息畅通，人们之间的交流越来越密切，生活也越来越方便，大数据就是这个高科技时代的信息化产物，要想较为系统地认知大数据，掌握大数据技术，就必须全面而细致地分解它，深入地描述它。但是，如何认识大数据？如何从大数据中获得价值？分析处理大数据需要哪些技术？本章将针对这些问题勾画一个大数据知识图谱：首先介绍大数据的基本概念，包括大数据的定义、特征和作用；然后探讨大数据的分析计算及其基本技术体系和基础架构——云计算、云数据中心和大数据计算平台，包括典型的开源软件；最后给出构建 Hadoop 平台及其安装与运行的方法，为此后的学习应用奠定基础。

第一节 大数据的概念

随着信息技术和人类生产生活的交汇融合，互联网快速普及，使得全球数据呈现出爆发式增长和海量集聚的特点。大数据正以前所未有的速度颠覆着人们探索世界的方法，引起工业、商业、医学、军事等领域的深刻变革。因此，在当前大数据浪潮的猛烈冲击下，IT领域迫切需要充实和完善已有的知识、技术结构，提升两种"能力"：一是大数据基本技术与应用能力，使大数据能够为我所用；二是能够挖掘数据之间隐藏的规律与关系，使大数据更好地服务于经济社会发展。

学习目标

- ▶ 掌握大数据的基本概念和核心特征；
- ▶ 熟悉大数据的主要来源；
- ▶ 了解大数据对科学研究、思维方式和社会发展的影响。

关键知识点

- ▶ 大数据是以容量大、类型多、存取速度快、应用价值高为主要特征的数据集合。

何谓大数据

伴随着信息化社会的到来，日常使用最为频繁的一个术语就是"数据"。数据是什么？数据就是数值，它被看成是现实世界中自然现象和人类活动所留下的轨迹，即人们通过观察、实验或计算得出的结果。数据可以用于科学研究、设计、查证等。在计算机科学中，数据被定义为所有能输入到计算机并被计算机程序处理的符号集，是具有一定意义的数字、字母、符号和模拟量的统称。在计算机科学之外，可以更加抽象地定义数据，如人们通过观察世界中的自然现象、人类活动，都可以形成数据。实际上，数据的形式有很多种，最简单的是数字；数据也可以是文字、图形图像、音频和视频等。人类几千年的历史所产生的所有文明记录，包括历史、文学、艺术、哲学以及一切科学成就，都能够以数据的形式存储和保留。

随着信息科学的发展，在"数据"（Data）、"信息"（Information）、"知识"（Knowledge）和"价值"（Value）4个词语的相互关联中，"数据"一词呈现的是一种过程、状态或结果的记录，这类记录被数字化后可以被计算机存储和处理。其实，设计计算机的最初目的就是用于数据处理。但计算机需要将数据表达成 0、1 的二进制形式，用一个或若干个字节（Byte，B）来表示。因此计算机对数据的处理，首先需要对数据进行表示和编码，从而衍生出不同的数据类型。对于数字，可以将它编码成二进制形式；对于文本数据，通常采用 ASCII 码将其编码为一个整数；有时候，可能还需要采用更加复杂的数据结构（如向量、矩阵）来表达一个复杂的状态，如表达地图上的位置信息需要用二维坐标。

显然，表达一个实体的不同方面，会用到不同的数据。例如，要描述一个员工，可能会包括姓名、性别、年龄、单位等多种属性，其中每种属性都需要相应类型的数据来表达。有时，如果需要观察一个实体在某一段时间内的状态变化，就可能得到一个时间序列的数据。例如，监测城市空气质量所含有的细颗粒物（PM2.5）时，传感器监测到的数据就会形成一个 PM2.5 随时间变化的数据序列。当信息科学处理的数据发展到 Facebook、Google、百度等的数据规模时，数据本身（类型、规模、属性、用途等）及相关的大规模数据的分析计算就形成了数据科学（Data Science）或数据工程（Data Engineering）这样一门新的学科（领域），进而迎来了大数据时代，使人类拥有了更多的机会和条件在各个领域更深入地全面获得、使用完整数据和系统数据，深入探索现实世界的规律。那么，大数据究竟是什么？

大数据的数据源

近年来，随着信息技术的发展，人们开始越来越频繁地使用"大数据"一词，用以描述和定义信息爆炸时代所产生的海量数据。根据著名国际数据公司（International Data Corporation，

IDC）做出的预测，人类社会产生的数据一直在以平均每年 50%的速度增长，也就是说，每两年就要增加约 1 倍，这被称为"大数据摩尔定律"。估计到 2020 年，全球将总共拥有 35 ZB 的数据量。数据存储单位之间的换算关系如表 1.1 所示。

表 1.1 数据存储单位之间的换算关系

单 位	换 算 关 系
B（Byte，字节）	1 B = 8 bit
KB（Kilobyte，千字节）	1 KB = 1 024 B = 10^3 B
MB（Megabyte，兆字节）	1 MB = 1 024 KB = 10^6 B
GB（Gigabyte，吉字节）	1 GB = 1 024 MB = 10^9 B
TB（Trillionbyte，太字节）	1 TB = 1 024 GB = 10^{12} B
PB（Petabyte，拍字节）	1 PB = 1 024 TB = 10^{15} B
EB（Exabyte，艾字节）	1 EB = 1 024 PB = 10^{18} B
ZB（Zettabyte，泽字节）	1 ZB = 1 024 EB = 10^{21} B

大数据的来源众多，科学研究、企业应用和 Web 应用等都在源源不断地生成新的数据。生物大数据、交通大数据、医疗大数据、电信大数据、金融大数据等都呈现出"井喷式"增长，大数据的类型丰富多彩。在讨论大数据的定义之前，先了解一下我国海量数据的主要来源和分布领域。

1. 以 BAT 为代表的互联网公司

我国以百度公司（Baidu）、阿里巴巴集团（Alibaba）、腾讯公司（Tencent）三大互联网公司（以其首字母合称为"BAT"）为代表的互联网公司，是产生海量数据的主要来源。

- 百度公司（Baidu）：2013 年的数据总量已接近 1 000 PB，主要来自中文网、百度推广、百度日志、用户原创内容（User Generated Content，UGC）。由于它占有 70%以上的搜索市场份额，因而坐拥庞大的搜索数据。
- 阿里巴巴集团（Alibaba）：目前保存的数据量近 100 PB，其中 90%以上为电商数据、交易数据、用户浏览和点击网页数据、购物数据。
- 腾讯公司（Tencent）：存储数据经压缩处理后总量为 100 PB 左右，数据量月增 10%，主要是大量社交、游戏等领域积累的文本、音频、视频和关系类数据。

2. 电信、"金融与保险"、"电力与石化"系统

- 电信系统：包括用户上网记录、通话、信息、地理位置等，运营商拥有的数据量都在 10 PB 以上，年度用户数据增长数十 PB。
- 金融与保险系统：包括开户信息数据、银行网点和在线交易数据、自身运营的数据等，金融系统每年产生数据达数十 PB，保险系统数据量也接近 PB 级别。
- 电力与石化系统：仅国家电网采集获得的数据总量就达到 10 PB 级别，石化行业、智能水表等每年产生和保存下来的数据量也达数十 PB。

3. 公共安全、医疗、交通领域

- 公共安全领域：在北京就有 50 万个监控摄像头，每天采集视频数量约为 3 PB，整个视频监控每年保存下来的数据在数百 PB 以上。

- 医疗卫生领域：据了解，整个医疗卫生行业一年能够保存下来的数据就可达数百 PB。
- 交通领域：航班往返一次就能产生 TB 级别的海量数据；列车、水陆路运输产生的各种视频、文本类数据，每年保存下来的也达到数十 PB。

4. "气象与地理""政务与教育"等领域

- 气象与地理领域：中国幅员辽阔，气象局保存的数据为 4～5 PB，每年增加数百 TB，各种地图和地理位置信息每年增加数十 TB。
- 政务与教育领域：各地政务数据资源网涵盖旅游、教育、交通、医疗等门类。据估计，一个市级政务数据资源网每年的上线公告也要达数百个数据包。网络在线教育（如爱课程网的视频课程）的数据规模呈快速上升的发展态势。

5. 其他行业

其他行业（包括线下商业销售、农林牧渔业、线下餐饮、食品、科研、物流运输等行业）的数据量，还处于积累期，目前整个数据规模还不算大，多则为 PB 级别，少则为几百 TB 或者数十 TB 级别，但增速很快。

以上这些数量巨大、与微观情境相结合的运行记录信息就是大数据吗？显然，运行记录信息不是大数据的全部，只能说是大数据的主体。目前看得到的金融、电信、航空、电商、教育等领域中的大数据，多数都是运行记录信息。

大数据的定义

大数据在物理学、生物学、环境生态学等领域以及军事、金融、通信等行业已存有时日，近年来因互联网和信息行业的发展而引起人们的关注。"大数据"一词开始越来越多地被提及，并用于描述和定义信息爆炸时代所产生的海量数据。"Big Data"（大数据）已经上过《纽约时报》《华尔街日报》的专栏封面，进入了美国白宫的官网新闻。目前，这一专业术语不但现身于国内互联网研究领域，而且被列为加快建设数字中国的国家大数据战略。

最早提出"大数据"时代到来的是全球知名咨询公司——麦肯锡。麦肯锡在《Big Data: The next frontier for innovation, competition and productivity》报告中指出：数据，已经渗透到当今每一个行业和业务职能领域，成为重要的生产因素。人们对于海量数据的挖掘和运用，预示着新一波生产率增长和消费者盈余浪潮的到来。麦肯锡对大数据给出的定义是：一种规模大到在获取、存储、管理、分析方面大大超出了传统数据库软件工具能力范围的数据集合，具有海量的数据规模、快速的数据流转、多样的数据类型和低价值密度四大特征。但它同时强调，并不是说一定要超过特定太字节（TB）值的数据集才能算是大数据。

在维克托·迈尔-舍恩伯格、肯尼斯·库克耶编写的《大数据时代》中，大数据不用随机分析法（抽样调查）这样的捷径分析处理，而采用所有数据进行分析处理。全球最具权威的 IT 研究与顾问咨询公司——高德纳咨询公司（Gartner）于 2012 年将大数据的定义修改为："大数据是大量、高速和（或）多变的信息资产，它需要新型的处理方式去促成更强的决策能力、洞察力与最优化处理。"

亚马逊公司（全球最大的电子商务公司）的大数据科学家 John Rauser 给出了一个简单的定义：大数据是任何超过了一台计算机处理能力的数据量。

维基百科中只有短短的一句话：巨量资料（或称大数据），指的是所涉及的资料量规模巨大到无法通过目前主流软件工具，在合理时间内达到撷取、管理、处理并整理成为帮助企业经营决策更积极目的的资讯。在百度百科中是这样定义的：大数据是指无法在可承受的时间范围内用常规软件工具进行捕捉、管理和处理的数据集合。

可见，对大数据的定义尚未达成共识，有多少人就有可能有多少个定义。可以从分类的角度将其定义为，"大数据=交易+互动+观察"；也可以根据用途定义，即"大数据=用于实时预测的数据"；当然还可以从技术的角度、业务的角度、数据本身的角度以及娱乐的角度描绘大数据。但究竟如何比较深入、全面地理解大数据呢？其实，大数据并不是一开始就流行起来的，而是在新技术的支持下，尤其是各类先进的开源存储系统或处理工具迅速发展以后，Big Data的概念才得以展现出来。因此，大数据的概念难免不断变化，任何定义都有一定的时间和技术局限性，应该用发展的观点解释大数据，从不同的角度给出多个概念。在此，针对大数据的基本特征描述如下：

▶ 大数据由巨型数据集（Data Set）组成，这些数据集大小常常超出人类在可接受时间内的收集（Data Acquisition）、庋用（Data Curation）、管理和处理能力。大数据必须借助计算机对数据进行统计、比对、解析方能得出客观结果，通过数据挖掘可以获得有价值的信息。这也是"Big Data"一词较为贴切的含义。

▶ 大数据的大小是相对的，并没有明确的界限。例如，单一数据集的大小从数 TB 不断增至数十 PB 不等。在今天的不同行业中，大数据的范围可以从几 TB 到几 PB，但在 20 年前 1 GB 的数据已然是大数据了。可见，随着计算机软硬件技术的发展，符合大数据标准的数据集容量也会增长。

▶ 大数据不只是大，它还包含了数据集规模已经超过了传统数据库软件获取、存储、分析和管理能力的意思。

大数据的核心特征

麦塔集团（META Group，现为高德纳）分析员道格·莱尼（Doug Laney）早在 2001 年就在其一份研究报告与相关的演讲中指出，数据增长的挑战和机遇有三个方向：体量（Volume，数据大小）、速度（Velocity，数据输入输出的速度）与多样性（Variety，数据类型多样性），合称"3V"或"3Vs"。高德纳与现在大部分大数据产业中的公司，都还继续使用"3V"来描述大数据。这个"3V"特征从数量、类型、速度 3 个维度描述了大数据的本质构建，如图 1.1 所示。

国际数据公司（IDC）提出了大数据的"4V"特征，即海量的数据规模（Volume）、多样的数据类型（Variety）、快速的数据流转和动态的数据体系（Velocity）和数据的低价值密度（Value）。

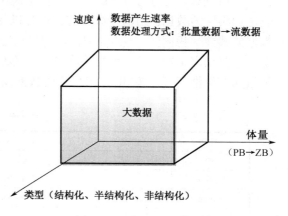

图 1.1 大数据的本质构建

▶ Volume（体量）：数据量大，包括采集、存储和计算的量都非常大。大数据的起始计量单位至少是 PB（10^3 TB）、EB（10^6 TB）或 ZB（10^9 TB）。

▶ Variety（多样性）：数据来自多种数据源，数据种类和格式多样化，囊括了结构化、半结构化和非结构化数据，具体表现为网络日志、音频、视频、图片、地理位置信息等。多类型的数据对数据的处理能力提出了更高的要求。

▶ Velocity（速度）：数据增长速度快，处理速度也快，时效性要求高。对于实时的数据输入、处理与丢弃，分析结果立竿见影而非事后见效。例如，搜索引擎要求几分钟前的新闻能够被用户查询到，个性化推荐算法尽可能要求实时完成推荐。这是大数据区别于传统数据挖掘的显著特征。

▶ Value（价值密度）：大数据中含有大量不相关信息，价值密度相对较低，但可由其进行预测分析。随着互联网以及物联网的广泛应用，信息感知无处不在，数据呈海量但价值密度较低，可以结合业务逻辑并通过强大的深度复杂分析（机器学习、人工智能等）来挖掘数据价值。

综上所述，大数据是以容量大、类型多、存取速度快、应用价值高为主要特征的数据集合。

大数据结构类型

大数据是互联网发展到现今阶段的一种表象或特征。当今企业存储的数据不仅内容多，而且其结构已发生了极大改变，不再仅仅以二维表的规范结构存储。根据数据所刻画的过程、状态和结果等特点，可以将数据划分为不同的类型。按照数据是否有强的结构模式，可以将其划分为结构化数据、半结构化数据和非结构化数据。

结构化数据

结构化数据是指数据经过分析后可分解成多个互相关联的组成部分，各组成部分间有明确的层次结构，其使用和维护通过数据库进行管理，并有一定的操作规范。通常我们所接触的数据，包括生产、业务、交易、客户信息等方面的记录，都属于结构化数据。

简单来说，结构化数据就是存储在结构化数据库里的数据，可以用二维表结构来进行逻辑表达和实现的数据。结构化数据的特点是以行为单位，一行数据表示一个实体的信息，每一行数据的属性是相同的。这类数据本质上是"先有结构，后有数据"。例如，记录员工信息的职工信息表如表1.2所示。在关系数据库（又称关系型数据库）或面向对象数据库中，都存在一个信息系统框架（即模式），用来描述数据及其相互关系，其特点是模式与数据完全分离。

表 1.2 职工信息表

字段	含义	类型	是否可为空	备注
ID	标号	Int	否	关键字
EmpNo	工号	Char(10)	否	
Name	姓名	NVarchar(20)	否	
Age	年龄	Int	否	
Sex	性别	Int	否	1——男，2——女
BirthDay	生日	NVarchar(20)	是	

多年来，结构化数据一直主导着信息技术（Information Technology，IT）和产业的应用，是联机事务处理过程（On-line Transaction Processing，OLTP）系统业务所依赖的信息。结构化数据还可对结构化数据库信息进行排序和查询。

另外，还有一种准结构化数据格式，是指具有不规则数据格式的文本数据，使用工具可以使之格式化。例如，包含不一致的数据值和格式化的网站点击数据。

非结构化数据

非结构化数据是相对于结构化数据而言的，就是没有固定结构的数据，指不方便用数据库二维逻辑表来表现的数据，包括所有格式的办公文档、文本、图片，标准通用标记语言下的子集 XML、HTML，各类报表、图像和音/视频信息等。本质上可认为，非结构化数据主要是位映射数据。据 IDC 的调查报告显示：企业中 80% 的数据都是非结构化数据，这些数据每年都增长 60%。非结构化数据越来越成为数据的主要部分。

存储和处理非结构化数据通常要用到专用逻辑，一般直接整体进行存储，而且一般存储为二进制的数据格式。非结构化数据没有固定的数据模型，因此不能被直接处理或者用 SQL 语句查询。如果需要把它们存储在关系数据库中，就需要以二进制大型对象（BLOB）形式存储在表中。因此，需要非结构化数据库来承担存储任务。

非结构化数据库的变长记录由若干不可重复和可重复的字段组成，而每个字段又可由若干不可重复和可重复的子字段组成。利用非结构化数据库，不仅可以处理结构化数据（如数字、符号等信息）而且更适合处理非结构化数据（全文文本、图像、声音、影视、超媒体等信息）。简单地说，非结构化数据库就是字段可变的数据库。NoSQL 数据库就是一个非结构化数据库，它是非关系数据库，能够用来同时存储结构化和非结构化数据。

半结构化数据

半结构化数据是指介于结构化数据（如关系数据库、面向对象数据库中的数据）和非结构化数据（如声音、图像文件等）之间的实时数据，HTML 文档就属于半结构化数据。半结构化数据是具有可识别的模式并可以进行解析的文本数据文件，包括电子邮件、文字处理文件及大量保存和发布在网络上的信息（即自描述和具有定义模式的 XML 数据文件）等。例如，可以用如下 XML 语言来描述序号、姓名、年龄和性别实体：

```
<person>
    <id>1</id>
    <name>张菲</name>
    <age>18</age>
    <gender>女</ gender >
</person>
```

在这个示例中，属性的顺序是不重要的，如果有的实体部分信息缺失，如年龄信息缺失或者性别信息缺失，数据集中也可以不包含这一属性。XML 是一个典型的用树形结构组织信息的方式。也就是说，半结构化数据一般是自描述的，数据的结构和内容混在一起，没有明显的区分。半结构化的数据模型通常表现为树、图结构。

目前，大量的数据已不仅仅是结构化数据，而是兼有半结构化数据或非结构化数据，如办公文档、文本、图片、XML、HTML、各类报表、图片、音频和视频等,并且这些数据在企业的所有数据中是大量的且迅速增长的。例如,在互联网上出现的海量信息,通常包含有结构化、半结构化和非结构化三种类型的信息。

- ▶ 结构化信息(如电子商务信息),其性质、量值出现的位置是固定的;
- ▶ 半结构化信息(如专业网站上的细分频道),其标题和正文的语法相当规范,关键词的范围相当有限;
- ▶ 非结构化信息,如博客(BLOG)和网上社区论坛,所有内容都是不可预知的。

此外,还有一种重要的数据类型,称为元数据。元数据主要由机器产生,例如 XML 文件中提供作者和创建日期信息的标签,数码照片中提供文件大小和分辨率的属性文件等,并且能够添加到数据集中。搜寻元数据对大数据存储、处理和分析都很重要,因为它提供了数据系谱信息,以及数据处理的起源。

大数据的作用和影响

大数据作为一种重要的战略资产,已经不同程度地渗透到各行各业。目前,大数据对科学研究、人们的思维方式和社会发展都产生了重要而深远的作用及影响。

促进科学研究方法、手段发生新变化

图灵奖获得者、著名数据库专家吉姆·格雷(Jim Gray)博士观察并总结认为:人类自古以来在科学研究上先后经历了实验科学、理论科学、计算科学和数据密集型科学四种范式。随着数据的不断积累,其宝贵价值日益得到体现。在大数据环境下,一切将以数据为中心,从数据中发现问题、解决问题。

大数据时代科学研究的方法和手段将发生重大改变。例如,抽样调查是社会科学的基本研究方法。在大数据时代,可通过实时监测、跟踪研究对象在互联网上产生的海量行为数据来进行挖掘分析,揭示出规律性的东西,提出研究结论和对策。

大数据也将会催生新的学科和行业。数据科学将成为一门专门的学科,被越来越多的人所认知。越来越多的高等院校已经开设了与大数据相关的学科专业及相应的课程,为市场和企业培养数据科学专业技术人才。

启动信息产业发展新引擎

大数据将成为信息产业持续高速增长的新引擎。面向大数据市场的新技术、新产品、新服务、新业态会不断涌现。

- ▶ 在硬件与集成设备领域,大数据将对芯片、存储产业产生重要影响,还将催生一体化数据存储处理服务器、内存计算等市场;
- ▶ 在软件与服务领域,大数据将引发数据快速处理分析、数据挖掘技术和软件产品的发展。

创造经济和社会发展高效益

大数据将会对社会发展产生深远的影响。对大数据的分析处理正成为新一代信息技术融合

应用的节点。移动互联网、物联网、社交网络、数字家庭、电子商务等是新一代信息技术的应用形态，这些应用不断产生大数据。云计算为这些海量、多样化的大数据提供存储和运算平台。大数据将促进各行各业的决策从"业务驱动"转变为"数据驱动"，成为提高核心竞争力的关键因素。大数据决策将成为一种新的决策方式，通过对不同来源数据的管理、处理、分析与优化，将结果反馈到应用中，将创造出巨大的经济和社会效益。

通过大数据分析，可以洞察用户行为，全面分析来自渠道的反馈、社会传媒等多源信息，让每个用户作为个体了解全景。例如：

- ▶ 可以使零售商实时掌握市场动态并迅速做出应对；
- ▶ 可以为商家制订精准有效的营销策略提供决策支持；
- ▶ 可以帮助企业为消费者提供更加及时和个性化的服务；
- ▶ 在公共事业领域，大数据也可以在促进经济发展、维护社会稳定等方面发挥重要作用。

练习

1. 简述信息技术发展史上的几次信息化浪潮及其具体内容。
2. 试述大数据时代"数据爆炸"的含义。
3. 简述大数据的定义及其 4 个核心特征。
4. 分析讨论结构化数据、非结构化数据和半结构化数据的区别与联系。
5. 以下哪一项属于非结构化数据？（ ）
   a. 企业 ERP 数据   b. 财务系统数据   c. 视频监控数据   d. 日志数据

补充练习

在互联网上检索查找文献，深入讨论研究：
1. 大数据的概念及其特征；
2. 大数据对思维方式、社会发展的影响。

第二节 大数据分析和计算

大数据分析与计算是指对规模巨大的数据集进行分析和计算，通过多个学科技术的融合，实现数据采集、管理和分析，从而发现新的知识和规律。大数据时代的数据分析首先要解决海量、结构多变、动态实时的数据存储与计算问题。这些问题在大数据解决方案中至关重要，决定着大数据分析的最终结果。

本节简单介绍大数据分析计算的意义、特点以及大数据计算系统的基本架构，包括分析计算平台。

学习目标

- ▶ 了解大数据分析与计算的意义；
- ▶ 熟悉大数据分析计算系统架构和分析计算平台。

关键知识点

▶ 大数据分析计算旨在通过对各种各样数据的分析计算获得有价值的信息。

大数据分析计算的意义

通过对大数据定义的讨论可知，大数据是指无法在一定时间范围内用常规软件工具进行捕捉、管理和处理的数据集合，需要新的分析处理模式才能使之成为具有更强决策力、洞察发现力的信息资产。如果只是记录数据，而不加以分析利用，数据就只是一个记录；如果能够通过对数据进行分析，提取出所蕴含的价值，就有利于人们了解事物的现状，总结事物的运行规律，并引导人类的生产生活实践活动。一个著名的实例就是开普勒三大定律发现背后的故事。开普勒的老师第谷·布拉赫，一直坚持用肉眼观测天文现象，其精确度在当时达到了前所未有的程度，所编纂的星表的数据已经接近了肉眼分辨率的极限，但仅是描述星表的数据。1600年，即开普勒作为第谷·布拉赫的助手10个月后，第谷去世了。开普勒继承第谷留下的宝贵数据资料，包括对火星运动的观测资料，经过9年的反复计算和假设，并仔细分析研究，于1618年在大量观测数据中发现了所蕴含的价值：行星公转周期的二次方与它们到太阳的平均距离的三次方成正比，提出了行星运动的开普勒三定律。开普勒三定律为后来牛顿发现万有引力定律奠定了基础。

数据作为事物的代码早已有之，如街道的门牌号、各种证件的编号、身份证号码等，都是事物的数字代码。数据体现的是一种过程、状态或结果的记录，这类记录被数字化后可以被计算机存储和处理。例如，"01001000 01100101 01101100 01101100 01101111 00100000 01110111 01110010 01101100 01100100 00100001"是一串二进制数字，是一组能被计算机识别、存储的数据。如果说，数学上的数字是抽象的，没有特定的事物所指，那么数据则是数字的具体事物所指，它是特定事物的记录、表征和指认，如"2.5亿"是数字，而"2018年国庆节假日前5天全国旅游总人数累计超2.5亿人次"则是大数据。这就是说，数据是有具体的事物所指的，不能任意改动和虚构。根据马斯·达文波特及劳伦斯·普鲁萨克所说，"数据是事件的一系列离散的、客观的事实"。

在信息社会，使用频率最高的一个术语是"信息"。何谓信息呢？若以上述这一串二进制数字为例，它经计算机程序识别转换（ASCII码字符转换），可以知道这串二进制数字代表着一个字符串"Hello world!"，表达了向世界问好的特定"信息"。可见，被置于语境中的数据起到了交流的作用，传递了信息并且告知了接收者。从商业方面来讲，诸如订单、货运单、通知单以及客户通信方式的变更之类的数据，作为事件代表了与商业实体相联系的工作的产生、更改以及完成，并反映在商贸公司信息系统的关系数据库中——不管是人类还是系统。1948年，数学家香农（Shannon）在题为"通信的数学理论"的论文中指出："信息是用来消除随机不定性的东西。"这一定义被人们看作经典定义并加以引用。控制论创始人维纳（Norbert Wiener）认为"信息是人们在适应外部世界，并使这种适应反作用于外部世界的过程中，同外部世界进行互相交换的内容和名称"，这也被作为经典定义加以引用。信息是对客观世界中各种事物的运动状态和变化的反映，是对客观事物之间相互联系和相互作用的表征，它表现的是客观事物运动状态和变化的实质内容。信息是有意义的数据。

进一步，信息经由知识所生成的经验及洞察力而变得更加丰富。在计算机编程语言领域，常将"Hello world!"作为一种约定成俗的机器或者程序设计语言启动显示语句使用，使之上升为通用性"知识"。而后，如果有人把这一固有的程序编制方法注册申请了专利，并因此获得专利权作为"智慧"，那就产生了价值。

综上所述，这种从后知后觉到有先见之明的转变可以通过"DIKW"（Data、Information、Knowledge和Wisdom）金字塔模型予以诠释，如图1.2所示。该图揭示出了数据、信息、知识和智慧之间层层递进的关系：数据通过上下文被丰富，从而变成信息，有意义的信息足以创造知识，而知识集结起来产生智慧形成价值。由图1.2可知，从"数据"到"智慧"的转变过程，不但是人们认识程度的提升过程，而且也是"从认识部分到理解整体、从描述过去或现在到预测未来"的过程。因此，数据中蕴含着巨大的价值。可见，将原始数据转化为计算机可处理的信息，并从中获取知识，进而指导人们对未来做出合理的预测，形成未来判断的智慧，是大数据分析计算的核心任务。

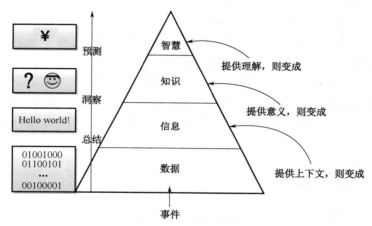

图1.2 数据—信息—知识—智慧的转换过程

大数据分析计算的任务，主要是通过对群集数据的总量进行处理，预测群集的未来动态和走向。大数据分析计算的认识模式主要是日常实用和日常操作性的，它不同于探索未知世界和揭示客观规律的科技创造的认知模式。因此，大数据分析计算只注重群集的总量统计，分析其关联关系，并预测群集的未来走向。如果要探讨群集现象的因果关系，并对其进行定性分析计算，则需要其他认知模式来完成。

大数据计算的特点

针对大数据分析与计算的目的、任务，需要将大数据计算变蛮算为巧算。大数据计算具有近似性、增量性和归纳性等主要特点。

近似性

大数据计算通常需要面对近乎全量的大数据集，传统的计算复杂性理论中的易解问题在大数据下将成为实际的难解问题。由于数据本身的异构和噪声，很难用系统、精确的处理思路进行大数据的分析挖掘。此外，许多应用需求旨在寻找数据间潜在的相关性和宏观趋势，允许解的质量在一定区间内近似。例如，对微博等论坛突发事件分析研判，突发事件本身会受到普遍的噪声数据干扰。因此，从数据层面只要建立起大数据下的算法复杂性理论及近似算法理论，能够识别数据的关联关系即可。

增量性

网络通信空间的大数据会动态持续产生，不断更新，很难形成大数据的统一视图，而许多大数据处理对实时性要求越来越高，全量式的批处理和迭代处理方法在时间上较为重要。增量式处理成为一种重要手段。在实际获取的数据中，数据量往往是逐渐增加的，因此在面临新的数据时，计算方法应能对训练好的系统进行某些改动，以便对新数据中所蕴含的知识进行学习。

归纳性

归纳推理是一种由个别到一般的推理。由一定程度的关于个别事物的观点过渡到范围较大的观点，由特殊、具体的事例推导出一般原理、原则的解释方法。大数据的多源异构性为网络信息空间的数据挖掘提出了新要求。在研判解释一个较大事物时，从个别、特殊的事物总结、概括出各种各样的带有一般性的原理或原则，然后才可能从这些原理、原则出发，再得出关于个别事物的结论。通常，可以用归纳强度来说明归纳推理中前提对结论的支持度。支持度小于50%的，则称该推理是归纳弱的；支持度小于100%但大于50%的，称该推理是归纳强的；归纳推理中只有完全归纳推理前提对结论的支持度达到100%。支持度达到100%的是必然性支持。

大数据计算系统架构

大数据问题的分析和解决非常复杂。目前对大数据体系结构的研究主要集中在存储和计算两个方面。这两方面的问题主要表现为大数据应用需求的复杂性和多样性，使以CPU为核心的通用计算模型难以应对。在新型计算机体系结构问世之前，目前主要是从软件系统的角度，针对不同存储方式、计算模式研究相应的优化方案以提高系统性能。因此，选择一种大数据计算架构并构建合适的大数据解决方案极具挑战性，因为需要考虑非常多的因素。在此从分析计算大数据的要求着手，讨论大数据计算系统的组成、大数据分析计算的流程、所需的分析计算平台，以便为构建实际应用场景下的大数据解决方案提供参考。

大数据计算的要求

通过观测或其他方法获取数据后，如何从数据中发现所蕴含的价值是大数据分析的关键。通过数据分析，进行描述统计和统计推断，是发现数据价值的一个有效手段。目前，物联网、云计算、大数据已经进入日常工作与生活，人们在享受物联网、云计算、大数据带来的便利的同时，也对数据分析处理的理念发生了重大转变：
- 要全体不要抽样；
- 要效率不要绝对精确；
- 要相关不要因果。

在大数据环境下，数据来源非常丰富且数据类型多样，存储和分析挖掘的数据量庞大，对数据展现的要求较高，并且很看重数据处理的高效性和可用性。为此，大数据与之前传统的数据处理相比，不仅是数据量增大了，处理过程也进一步复杂，既涉及庞大的数据量，也需要不同的数据分析算法与工具，传统的数据处理方法已经不能适应大数据的处理需求。在大数据环境下，目前已经总结出了以数据为中心的大数据计算技术流程及分析工具，如图1.3所示。注意，任何处理技术的发展都是以业务为根本驱动的。

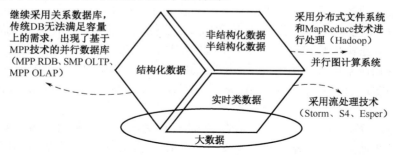

图1.3 大数据分析计算技术流程及分析工具

- 针对非结构化、半结构化数据，利用以 Hadoop 分布式文件系统（Hadoop Distributed File System，HDFS）、MapReduce 技术进行处理的 Hadoop 技术，以及并行图处理系统；
- 针对实时类数据，采用流处理技术，如 Storm、S4（Simple Scalable Streaming System）、Esper 技术；
- 针对结构化数据，采用已相对成熟的关系数据库技术，如大规模并行处理（MPP）关系数据库（RDB）技术、对称多处理（SMP）联机事物处理（OLTP）技术、大规模并行处理（MPP）结构化大数据分析（OLAP）技术等。

大数据计算系统组成

通常，把与数据查询、统计、分析、预测、挖掘、图谱处理、商业智能等有关的技术统称为数据计算技术。数据计算技术涵盖数据处理的方方面面，是大数据技术的核心。因此，大数据的分析计算过程涵盖了对海量数据的采集、进行分布式的数据挖掘、分析处理，以及价值获取。但这种分布式的大数据处理，必须依托计算机系统的分布式数据库；因为计算机的分布式数据库或云存储以及计算机中的虚拟化技术，可以支撑起对大数据相关技术处理的能力。由于大数据计算系统涉及软件的分层化，借鉴计算机网络体系结构的分层理念，可将大数据计算系统归纳、划分为三个基本系统：大数据存储系统、大数据处理系统和大数据应用系统，如图1.4所示。其中，整个系统结构的每一层由提供不同服务功能的子系统或者模块组成，各子系统或模块包含不同的技术架构与技术标准。

1. 大数据存储系统

大数据存储系统主要提供数据采集、数据清洗建模、

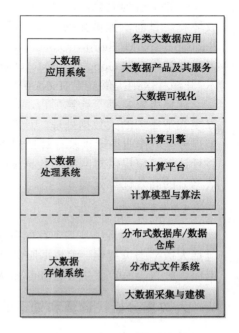

图1.4 大数据计算系统组成

大规模数据存储管理、数据操作（添加、删除、查询、更新及数据同步）等功能。目前，大数据的存储架构主要由大数据采集与建模、分布式文件系统、分布式数据库（非关系数据库）以及统一数据访问接口等子层组成，有些设计还会在非关系数据库之上附加一个提供数据挖掘和分析功能的数据仓库。

大数据采集与建模子层主要有两项任务：一是数据采集（系统日志、网络爬虫、无线传感器网络、物联网，以及其他数据源）；二是数据清洗、抽取与建模，将各种类型的结构化数据、半结构化数据、非结构化数据转换为标准格式的数据，并定义数据属性及值域。

分布式文件系统子层主要用于提供大数据的物理存储架构。目前，大数据计算架构中主要采用两种文件系统：一是开源社区的 Apache HDFS；二是 Google 的 GFS，目前已经演化成 Colossus 系统。

分布式数据库/数据仓库子层不但实现数据的存储管理，更重要的是向上层计算引擎和应用软件提供数据快速查询、数据分析服务支持。目前，支持大数据应用的数据库产品众多，其存储结构与采用的技术也各不相同，代表性产品是基于分布式文件系统的非关系数据库（NoSQL）。

大数据存储系统是大数据计算的基础，各种分析算法、计算模型及计算性能都依赖于大数据存储系统。因此，大数据存储系统是大数据研究的一个重要组成部分。

2. 大数据处理系统

大数据处理系统主要包括"计算模型与算法"、计算平台和计算引擎三个模块。

针对不同类型的数据，其计算模型比较多，如针对非结构化数据的 MapReduce 批处理模型、针对动态数据流的流计算模型、针对结构化数据的大规模并发处理（MPP）模型、基于物理大内存的高性能计算模型；而针对应用需求的各类数据分析算法，有回归分析、聚合算法、关联规则算法、决策树算法、贝叶斯分析、机器学习算法等。

计算平台为大数据计算分析提供技术标准、计算架构，以及一系列开发技术和开发工具集成环境。目前，提供数据计算处理的各种开发工具包和运行环境比较多，典型的计算平台是 Hadoop、Spark、Storm、Cloudera，以及 Google 基于其一系列大数据计算技术的商业平台。许多商业公司（如 Google、IBM、Oracle、Microsoft 等）都提供各自的大数据计算平台和相关技术；开源社区则提供基于 Hadoop 平台的一整套支持大数据计算应用的开放式架构和技术标准。

计算引擎是基于计算平台、特定计算模型而设计和封装的服务器端程序，用于支撑特定计算模式下后端的大数据处理、计算和分析。例如，MapReduce 计算引擎提供大数据的划分、节点分配、作业调度以及计算结果的融汇等功能，直接支持上层大数据的应用开发；又如，图并行计算引擎提供对网络图数据（社交网络、电信网络、神经网络等可用有向图来表征的一些数据）的高效计算处理。

3. 大数据应用系统

大数据应用系统是基于存储系统、数据处理系统而提供各行各业大数据应用的技术方案，包括大数据的可视化、大数据服务产品及其应用。目前，互联网、电子商务、电子政务、金融、电信、教育、医疗卫生等行业都是大数据应用的热门领域。

大数据分析、计算和处理的流程

对大数据进行分析、计算和处理，其流程可概括为大数据的采集，导入和预处理，分析和计算，以及可视化与应用。

1. 大数据采集

原始数据种类多样，其格式、位置、存储方式、时效性等迥异。数据采集就是从异构数据源中收集数据并转换成相应的格式。

大数据的采集很重要，它强调的是数据全体性、完整性，而不是抽样调查。大数据的采集需要有庞大的数据库的支撑，有时也会利用多个数据库同时进行大数据的采集，现在很多商家（如一些购物网站）都会通过关系数据库来存储事务数据，对于一些用户使用量或者访问量比较大的网站，其事务数据的数量惊人。在大数据的采集过程中，因为这些网站的访问以及操作还在继续，在大数据的采集过程中会有并发访问量，对数据库的负载以及各个数据库之间进行切换等都存在挑战，这也是很多数据库系统需要考虑的设计因素。

2. 大数据的导入和预处理

采集之后的数据，肯定有不少是重复或者无用的，此时需要对数据进行导入和预处理，其中包括存储和清洗处理。数据导入就是将各个分散的数据库采集来的数据全部导入一个大型分布式数据库，或者分布式存储集群，以便对数据进行集中处理；也可以依据一些数据的特征或者为了进行大数据分析的目的，初步对各种数据进行粗选，即清洗处理。然后根据成本、格式、查询、业务逻辑等需求，将它们存放在合适的存储系统中。当然，因为数据量比较大，在将各个采集端的数据导入分析数据库时，要考虑大数据库的容量。

3. 大数据分析和计算

统计与分析就是对已经汇总的数据进行分析并进行分类，主要根据数据的特点用一些大数据分析工具进行筛选。例如，利用可视化工具、Infobright 列式存储工具、一些结构算法模型等，对数据进行分类汇总。在对大数据进行统计分析的过程中，由于所涉及的数据量大，对于分析计算工具的使用以及需要分类的关键字等要求都比较高，能不能让数据都精确地归类到相应的批次，是决定之后进行数据挖掘价值准不准确的基础。

大数据分析计算的核心任务是数据挖掘，即对此前已经做好统计的大数据，基于不同的需求，利用数据挖掘算法进行挖掘。数据挖掘与传统的统计、分析过程有所不同，它一般没有什么预先设定好的主题，主要是在现有数据上进行基于各种算法的计算，并进行预测，从而实现一些高级别数据分析的需求。数据挖掘算法一般都比较复杂，这也是考验人工智能发展的一个环节，只有精确、合适的算法才能得出有价值的数据分析结果。

在大数据挖掘过程中，不但所涉及的数据量和计算量庞大、复杂，而且数据挖掘算法也较多。例如，用于数据关联分析的 Apriori 算法、用于数据聚类分析的 K-means 算法、用于数据分类分析的贝叶斯分类算法等。

4. 大数据可视化与应用

数据可视化是关于数据视觉表现形式的科学技术研究。其中，数据的视觉表现形式被定义为：一种以某种概要形式抽提出来的信息，包括相应信息单位的各种属性和变量。数据可视化旨在借助于图形化手段，清晰有效地传达与沟通信息。大数据可视化已经提出了许多方法，这些方法根据其可视化的原理不同可以划分为基于几何的技术、面向像素的技术、基于图标的技术、基于层次的技术、基于图像的技术和分布式技术等。

大数据分析的最终目的是什么？无疑就是通过挖掘数据背后的联系，分析原因、找出规律，通过可视化技术形象地展示出来，然后应用到实际业务中。

大数据分析、计算和处理流程至少需要上述 4 个基本步骤，不过其中的细节、工具的使用、数据的完整性等需要结合具体业务、行业特点和时代变化不断变化、更新，才能符合大数据时代要求。

大数据分析计算平台

由大数据分析、计算和处理的流程可知，大数据处理的核心问题有别于传统的方法，需要采用适合大数据处理的算法及分布式计算工具，归纳起来可以分为以下几种：

- 按照大数据处理的过程划分，可以分为数据存储、数据挖掘分析，以及为完成高效分析、数据挖掘而设计的计算平台，主要完成数据采集、数据仓库（包括 Extract-Transform-Load，ETL）、存储、结构化处理、挖掘、分析、预测、应用等任务。
- 按照大数据处理的数据类型划分，可以分为针对关系型数据、非关系型数据（图数据、文本数据、网络型数据等）、半结构化数据、混合类型数据处理的计算平台。
- 按照大数据处理的方式划分，可以分为批量数据处理、实时流式数据处理、交互式数据处理、图数据处理的计算平台。
- 按照对数据的部署方式划分，可以分为基于内存的、基于磁盘的计算平台。前者在分布式系统内部的数据交换在内存中进行，后者则通过磁盘文件的方式进行。

此外，大数据分析计算平台还有分布式、集中式之分，云计算环境和非云计算环境之分。例如，阿里云大数据平台构建在阿里云云计算基础设施之上，可以为用户提供大数据存储、分析计算以及可视化展示等服务。

目前，有许多大数据分析计算平台可供选用，比较典型的是以下 4 种：

- Hadoop——一个能够对大量数据进行分布式处理的软件框架，是一个能够让用户轻松架构和使用的分布式开源计算平台；
- Spark——一个基于内存计算模型的开源大数据并行处理框架，目的是更快地进行数据分析的计算；
- Apache Storm——一种开源软件，是一个分布式、容错的大数据实时处理系统；
- Apache Drill——Apache 软件基金会为了帮助企业用户寻找更为有效、加快 Hadoop 数据查询的方法而发起的一个开源项目，它实现了 Googles Dremel。

然而，随着大数据计算平台与技术的发展，对于大数据分析计算技术的分类也在逐渐改变。例如，Spark 已有取代 MapReduce 成为 Hadoop 默认执行引擎的趋势，以便处理图数据；同时借助于统一混合型框架，Spark 提供了 SparkSQL 和 SparkStreaming 能力，使其在结构化关系查询、实时类数据处理方面也能够发挥作用。

练习

1．"数据""信息""知识"与"价值" 4 个名词在信息科学中既相关联，又有不同的含义。请举例说明这 4 个概念的关联与区别。

2．简述大数据计算系统的组成及主要功能。

3．试述大数据分析、计算和处理的基本流程。

补充练习

在互联网上检索文献,讨论:科学研究经历了哪几个阶段?大数据时代的科学研究方法、手段会如何发生改变?

第三节　大数据技术体系

随着云计算时代的来临,大数据得到了越来越多的应用。"可能感兴趣的人""猜你喜欢""购买此商品的人还购买了……",在刷微博、网上购物时,经常会在相应位置上看到此类提示。在这些看似简单的用户体验背后,已经利用大数据孕育着大数据产业。显然,这需要特殊的技术,才能有效分析处理大量的、可容忍时间内的数据集。大数据的意义不在于掌握庞大的数据集信息,而在于对这些含有意义的数据进行专业化分析处理。换言之,如果把大数据比作一种产业,那么这种产业实现盈利的关键,在于提高对数据的"加工(分析计算)能力",通过这种"加工"实现数据的"增值"。

本节简单介绍大数据分析计算所需的技术体系及其支撑技术。

学习目标

▶ 熟悉大数据技术栈的组成结构;
▶ 了解大数据计算支撑技术;
▶ 熟悉典型的大数据处理软件。

关键知识点

▶ 大数据技术栈的组成结构及典型的大数据处理软件。

大数据技术栈

随着互联网技术的不断发展以及数字化的不断提高,大数据分析计算成为当今网络化和数字化的最新、最高的应用技术,各种搜索引擎,网络导航和数据统计等都依赖于大数据分析计算。目前,大数据领域涌现出了许多新技术,成为大数据获取、存储、处理分析及可视化的有效手段。总体来说,基于大数据分析计算流程的大数据技术体系如图1.5所示,该图展示了一个典型的大数据技术栈。其中,底层是基础设施,涵盖云计算技术及软件系统,具体表现为计算节点、集群、机柜和云计算数据中心,以及大数据计算软件平台。在此基础之上是大数据存储与管理层,包括数据采集、预处理,涉及分布式文件系统、非

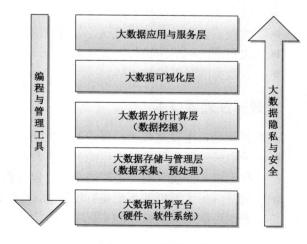

图1.5　大数据技术栈

关系数据库及资源管理系统等。然后是大数据分析计算层，涵盖数据挖掘算法、Hadoop、MapReduce 和 Spark 以及在此之上的各种不同计算模式，如批处理、流计算和图计算，包括衍生出的编程技术等。大数据可视化层基于分析计算层对分析计算结果进行展示，通过交互式可视化，可以探索性地提出问题，形成迭代的分析和可视化内容。

同时，还有两个领域垂直涵盖各层，需要整体、协同看待：一个是编程和管理工具，方向是机器通过学习实现自动最优化，尽量无须编程和无须进行复杂的配置；另一个是大数据隐私与安全，也贯穿整个技术栈。另外，还有一些技术跨越多层，例如内存计算事实上覆盖了整个技术栈。

大数据技术栈所涉及的内容将在后面有关章节中专门介绍。在此先对以下 5 个核心部分做概况性介绍：

- ▶ 大数据采集技术；
- ▶ 大数据预处理技术；
- ▶ 大数据存储与管理；
- ▶ 数据挖掘（大数据分析与计算模式）技术；
- ▶ 大数据可视化与应用技术。

大数据采集技术

大数据采集是指通过射频识别（RFID）、传感器、社交网络交互和移动互联网等方式获得各种类型的结构化、半结构化（或称之为弱结构化）及非结构化的海量数据。大数据采集技术包括分布式高速、高可靠数据抓取或采集，高速数据全映像等，同时还要涉及高速数据解析、转换与装载等大数据整合技术，以及数据质量评估模型的设计等。

大数据采集系统一般分为大数据智能感知层和基础支撑层。智能感知层主要包括数据传感体系、网络通信体系、传感适配体系、智能识别体系及软硬件资源接入系统，实现对结构化、半结构化、非结构化海量数据的智能化识别、定位、跟踪、接入、传输、信号转换、监控、初步处理和管理等。大数据智能感知技术的重点在于针对大数据源的智能识别、感知、适配、传输、接入等。基础支撑层提供大数据服务平台所需的虚拟服务器、结构化、半结构化和非结构化数据的数据库及物联网资源等基础支撑环境。基础支撑技术涉及：

- ▶ 分布式虚拟存储技术；
- ▶ 大数据获取、存储、组织、分析和决策操作的可视化接口技术；
- ▶ 大数据的网络传输与压缩技术；
- ▶ 大数据隐私保护技术等。

大数据预处理技术

大数据预处理主要完成对已接收数据的辨析、抽取、清洗等操作。

- ▶ 抽取——因获取的数据可能具有多种结构和类型，数据抽取过程就是将复杂的数据转化为单一的或者便于处理的类型，以达到快速分析处理的目的。
- ▶ 清洗——大数据并不全是有价值的，有些数据并不是人们所关心的内容，而另一些数据则可能是完全错误的干扰项，因此需要对数据通过过滤"去噪"，提取出有效数据。

大数据存储与管理

数据经过采集和转换之后，需要存储归档。针对海量的数据，一般可以采用分布式文件系统和分布式数据库的存储方式，把数据分布到多个存储节点上，同时还要提供备份、安全、访问接口及协议等机制。

大数据存储技术包括建立相应的数据库，并进行管理和调用。该技术重点解决结构化、半结构化和非结构化大数据的管理与处理，涉及大数据的可存储、可表示、可处理、可靠性及有效传输等问题。

- 新型数据库技术——包括关系数据库、非关系数据库（NoSQL）以及数据库缓存系统。其中，非关系数据库又分为键值数据库（Key-Value Store）、列存数据库（Column Family）、图存数据库（Graph）以及文档数据库（Document）4 种类型；关系数据库包含传统关系数据库和各种新的可扩展/高性能数据库（NewSQL）。
- 大数据安全技术——包括改进数据销毁、透明加解密、分布式访问控制、数据审计等技术，以及突破隐私保护和推理控制、数据真伪识别和取证、数据持有完整性验证等技术。

数据挖掘技术

数据挖掘就是从大量的、不完全的、有噪声的、模糊的、随机的实际应用数据中，通过分析与计算提取隐含在其中、人们事先不知道但又潜在有用的信息和知识的过程。数据挖掘技术包括改进已有数据挖掘和机器学习技术，以及开发数据网络挖掘、特异群组挖掘、图挖掘等新型数据挖掘技术；其重点在于突破基于对象的数据连接、相似性连接等大数据融合技术，突破用户兴趣分析、网络行为分析、情感语义分析等领域的大数据挖掘技术。数据挖掘所涉及的技术方法很多，并有多种分类方法。

根据挖掘任务可分为：分类或预测模型发现，聚类、关联规则发现，序列模式发现，依赖关系或依赖模型发现，异常和趋势发现等；根据挖掘对象可分为关系数据库、面向对象数据库、空间数据库、时态数据库、文本数据源、图数据库、异质数据库等。

根据数据挖掘的方法可分为：机器学习方法、统计方法、神经网络方法和数据库方法。其中，机器学习方法又可细分为归纳学习方法（决策树、规则归纳等）、基于范例学习法、遗传算法等。统计方法又可细分为回归分析（多元回归、自回归等）、判别分析（贝叶斯判别、费歇尔判别、非参数判别等）、聚类分析（系统聚类、动态聚类等）、探索性分析（主元分析法、相关分析法等）等。

大数据挖掘任务和挖掘方法主要集中在以下方面：

- 可视化分析——数据可视化无论对于普通用户还是数据分析专家，都是最基本的功能；数据图像化可以让数据自己说话，让用户直观地感受到结果。
- 数据挖掘算法——数据挖掘的目的是通过分割、集群、孤立点分析及其他各种算法让人们精炼数据、挖掘价值，其算法一定要能够应付大数据的量，同时还要具有很高的处理速度。
- 预测性分析——分析师根据图像化分析和数据挖掘的结果做出一些前瞻性判断。
- 语义引擎——采用人工智能技术从数据中主动地提取信息。语义处理技术包括机器翻译、情感分析、舆情分析、智能输入、问答系统等。
- ▶ 数据质量和数据管理——通过标准化流程和机器对数据进行处理，以确保获得一个预设质量的分析结论。

在数据科学领域，国际权威的学术组织 IEEE 于 2006 年 12 月在中国香港召开的 IEEE Internation Conference on Data Mining（ICDM）会议上评选出了十大经典算法，包括 C4.5 算法、k–均值算法、支持向量机、Apriori 算法、EM 算法、PageRank 算法、AdaBoost 算法、k–近邻算法、朴素贝叶斯算法和回归树算法。这十大算法中的任何一种都可以称得上是机器学习领域的经典算法，都在数据分析领域产生了极为深远的影响。

大数据可视化与应用技术

数据可视化与交互在大数据技术中至关重要，因为数据最终需要为人们所使用，为生产、运营、规划提供决策支持。数据可视化除了用于末端展示，它也是数据分析时不可或缺的一部分，即返回数据时的二次分析。大数据技术能够将隐藏于海量数据中的信息和知识挖掘出来，为人类的社会经济活动提供依据，从而提高各个领域的运行效率，提升整个社会经济的集约化程度。因此，选择恰当的、生动直观的数据展示方式，有助于用户更好地理解数据及其内涵和关联关系，也能够更有效地解释和运用数据，发挥其价值。

数据可视化还有利于大数据分析平台的学习功能建设，让没有技术背景的初学者也能很快掌握大数据分析平台的操作。在数据展示方式上，除了传统的报表、图形之外，可以结合现代化的可视化工具及人机交互手段展示大数据的价值取向。

在我国，大数据技术将重点应用于商业智能、政府决策、公共服务三大领域。例如，商业智能技术，政府决策技术，电信数据信息处理与挖掘技术，电网数据信息处理与挖掘技术，气象信息分析技术、环境监测技术、警务云应用系统（道路监控、视频监控、网络监控、智能交通、反电信诈骗、指挥调度等公安信息系统），大规模基因序列分析比对技术，Web 信息挖掘技术，多媒体数据并行化处理技术，影视制作渲染技术，其他各种行业的云计算和海量数据处理应用技术等。

大数据计算支撑技术

人们研究大数据或者利用大数据技术，其战略意义并不在于谁掌握了多么庞大的数据信息，而在于谁能否将已经捕捉到的那些含有一定意义的数据通过专业化处理，将其变成一种数据信息资产。大数据处理需要基础技术支撑，其中主要包括：
- ▶ 为支撑大数据处理的云计算（Cloud Computing）技术；
- ▶ 用于数据交换传输的云数据中心网络技术等；
- ▶ 用于大数据处理的系统软件，如典型的系统软件 Hadoop、Spark 等。

云计算

大数据的强大后台是云计算。什么是云计算？美国国家标准与技术协会（NIST）对此有这样一个权威和经典的定义："所谓云计算，就是这样一种模式，该模式允许用户通过无所不在的、便捷的、按需获得的网络接入到一个可动态配置的共享计算资源池（其中包括网络设备、服务器、存储系统、应用以及业务），并且以最小的管理代价或业务提供者交互复杂度，即可实现这些可配置计算资源的快速发放与发布。"云计算的核心思想是将大量用网络连接的计算资源统一管理和调度，构成一个计算资源池向用户提供按需服务。

1. 云计算的概念

云计算的概念比较抽象，但其含义是具体的。"云"看似是一个缥缈的概念，其实不然。在云端拥有着超级计算模式，在以互联网为连接基石的远程数据中心部署着几万、几十万甚至几百万台服务器和存储设备，且这些设备以虚拟化的形态出现，形成动态的、易扩展的资源池。对于"计算"可以这样理解，当用户请求计算、服务、存储需求时，不必建立数据中心，只需租用云服务提供商的资源即可，由提供商提供资源服务。如果当前资源不能满足应用需求，可以向云提供商缴纳额外的费用即可快速扩展当前资源。云计算的主要特征是：

- 超级计算能力；
- 资源虚拟；
- 高度可靠与安全；
- 自助按需服务；
- 弹性扩展；
- 成本低，效率高。

2. 云计算的服务形式

目前，云计算平台系统的主要服务形式如下：

基础设施即服务（Infrastructure-as-a-Service, IaaS）。IaaS 是最基础的，是云的一个服务端，它把由多台服务器组成的"云端"基础设施（包括内存、I/O 设备、存储和计算能力）整合成一个虚拟的资源池，作为计量服务提供给用户。用户可以通过互联网从计算机基础设施获得服务。IaaS 是一种托管型硬件方式，用户付费即可使用提供商的硬件设施。

平台即服务（Platform-as-a-Service, PaaS）。PaaS 把开发环境作为一种服务来提供。PaaS 能够给企业或个人提供研发的中间件平台，提供应用程序开发、数据库、应用服务器、试验、托管及应用服务。用户可以利用这个平台在已有软件的基础上进一步发展或研发软件。PaaS 环境能够与一些软件开发工具相结合，如 Java、NET、Python 等，方便用户进行编码以及在网络上共享他们的程序编码。

软件即服务（Software-as-a-Service, SaaS）。SaaS 服务提供商将应用软件统一部署在自己的服务器上，用户根据需求通过互联网订购应用软件服务。服务提供商根据客户所定软件的数量、时间的长短等因素收费。这种服务模式的优势体现在：它由服务提供商维护、管理软件，提供软件运行的硬件设施；用户只需拥有能够接入互联网的终端，即可随时随地使用软件。

SaaS 是目前云计算中利用最多并且发展最成熟的一部分，它利用互联网提供软件服务，而不需要下载到用户端或者存储在一个数据中心。很多数据处理和文本处理软件（如 Word 等），开始逐渐转向一些云计算的软件服务，如 Google Apps、Microsoft Office 365 等。

云计算的发展不拘于 PC，随着移动互联网的蓬勃发展，基于手机等智能移动终端的移动云计算服务已经应运而生。移动云计算是指通过移动互联网以按需、易扩展的方式获得所需的基础设施、平台、软件或应用的一种 IT 资源或信息服务的交付与使用模式。移动云计算的服务模型包括"端""网""云"3 个层面。其中，"端"指任何能够接入"云"并完成信息交互的智能移动终端设备；"网"指用于完成用户信息传输的通信网络；"云"的本质就是业务实现的方式，即业务模式。

3. 云计算系统总体架构

在云计算发展早期，Google、Amazon、Facebook 等互联网巨头在其超大规模 Web 搜索、电子商务及社交网络等创新应用的牵引下，率先提炼出了云计算技术及其商业架构理念，并建立了云计算参考架构。当时，多数行业与企业 IT 的数据中心仍然采用传统的以硬件资源为中心的架构，或者对原有软件系统的服务器进行虚拟化整合、改造。随着近年云计算技术与架构在各行各业信息化建设中的应用和数据中心的演进变革，以及数据中心更加广泛和全面的落地部署与应用，企业数据中心 IT 架构正在进行以"基础设施软件定义与管理自动化""数据智能化与价值转换"以及"应用架构开源化及分布式无状态化"为特征的转化。

目前，从技术架构视角来看，无论是私有云、公有云，还是混合云，在宏观上可将云计算整体架构划分为云运营（Cloud BSS）、云运维（Cloud OSS）以及云平台系统（IaaS/PaaS/SaaS）三大子系统。云端在基础设施层、数据层，以及应用平台层上，将分散的、独立的多个信息资产孤岛，依托相应层次的分布式软件实现逻辑上的统一整合，然后基于此资源池，以 Web Portal 或者 API 为界面，向云租户提供按需分配与释放的服务；云租户可以通过 Web Portal 或者 API 界面向云端计算平台提出自动化、动态、按需的服务能力消费请求，并得以满足。因此，云计算总体架构包括：云租户/云服务消费者、云应用开发者、云服务运营者/提供者、云设备/物理基础设施提供者，如图 1.6 所示。

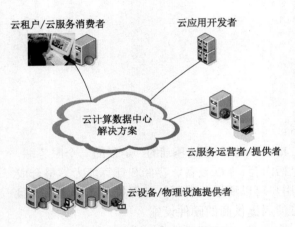

图 1.6　云计算系统总体架构

其中，云设备/物理设施提供者提供各种物理设备，包括服务器、存储设备、网络设备、一体机设备等，利用各种虚拟化平台构筑成各种形式的云计算服务平台。这些云计算服务平台可能是某个地点的超大规模数据中心，也可能是由地理位置分散的区域数据中心所组成的分布式云数据中心，并构成一个强大的"云"网络。云计算服务平台逻辑结构如图 1.7 所示。

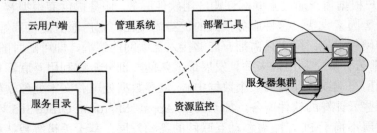

图 1.7　云计算服务平台逻辑结构

- ▶ 云用户端：提供云用户请求服务的交互界面，也是用户使用云的入口，用户通过 Web 浏览器可以注册，登录和定制服务，配置和管理用户，打开应用实例与本地操作桌面系统一样。

- 服务目录：云用户在取得相应权限（付费或其他限制）后可以选择或定制服务列表，也可以对已有服务进行退订。通过在云用户端界面生成相应的图标或列表展示相关服务。
- 管理系统和部署工具：提供管理和服务，能管理云用户，能对用户授权、认证、登录进行管理，并可以管理可用计算资源和服务；接收用户发送的请求，根据用户请求调度资源，智能部署、配置和回收资源。
- 资源监控：用以监控和计量云系统资源的使用情况，以便做出迅速反应，完成节点同步配置、负载均衡配置和资源监控，确保资源能顺利分配给合适的用户。
- 服务器集群：主要指虚拟的或物理的服务器，由管理系统管理，负责高并发量的用户请求处理、大运算量计算处理、用户 Web 应用服务；采用相应的数据切割算法以并行方式上传和下载大容量数据。

4. 云数据中心

数据中心是企业的业务系统与数据资源进行集中、集成、共享、分析的场地、工具、流程等的有机组合。从应用层面看，它包括业务系统、基于数据仓库的分析系统；从数据层面看，包括操作型数据和分析型数据以及数据与数据的集成/整合；从基础设施层面看，包括服务器、网络、存储和整体 IT 运行维护服务。谷歌在其发布的《The Datacenter as a Computer》一书中，将数据中心解释为："多功能的建筑物，能容纳多个服务器以及通信设备。这些设备被放置在一起是因为它们对环境具有相同的要求以及物理安全上的需求，而且便于维护……并不仅仅是一些服务器的集合。"

云数据中心是一整套复杂的基础设施，包括刀片服务器、宽带网络连接、环境控制设备、监控设备以及各种安全装置等。数据中心是云计算的重要载体，为云计算提供计算、存储、带宽等各种硬件资源，为各种平台和应用提供运行支撑环境。

对于云数据中心的构建，主要从高端服务器、高密度低成本服务器、海量存储设备和高性能计算设备等基础设施方面，提高云数据中心的数据处理能力。云计算数据中心架构分为服务和管理两大部分。在服务方面，主要以提供用户基于云的各种服务（IaaS、PaaS 和 SaaS）为主；在管理方面，主要以云的管理为主，以确保整个云数据中心能够安全、稳定地运行，并且能够被有效地管理。因此，云数据中心总体架构可进一步细分为：

- 云计算机房结构——为满足云计算服务弹性的需要，云计算机房要采用标准化、模块化的机房设计架构。模块化机房包括集装箱模块化机房和楼宇模块化机房。
- 云计算网络系统架构——网络系统总体结构应坚持区域化、层次化、模块化的设计理念，使网络层次清楚、功能明确。
- 云计算主机系统架构——从云端客户需求讲，云计算中心服务器系统可采用三层架构：一是提供高性能、稳定、可靠的高端计算（企业级大型服务器）；二是面向众多普通应用提供通用型计算（高密度、低成本的超密度集成服务器）；三是面向科学计算、生物工程等业务提供超级、高性能计算（高性能集群服务器）。
- 云计算存储系统架构——当前主要有两种方式：一种是使用类似于 Google File System 的集群文件系统；另一种是基于块设备的存储区域网络（SAN）系统。
- 云计算应用平台架构——目前，一般采用面向服务的架构（SOA）的方式。

云计算的商业模式给用户提供的是一种 IT 服务，其内容也是随时间变化、动态弹性的。

因此，云数据中心的架构也会随着社会的进步不断调整和优化。

云数据中心网络

数据中心网络（Data Center Network）是应用于数据中心内的网络，是全球协作的特定设备网络，用来在互联网基础设施上传输、展示、计算、存储数据信息。数据中心网络的核心要素主要有三个：数据中心能力设计；互连设备；拓扑结构与路由。数据中心的网络研究与设计也都围绕这三个要素进行。在此主要就数据中心网络拓扑结构进行简单讨论。

数据中心建设开始时是简单的网络结构。在使用过程中发现，虽然看似已将所有的设备都连接在一起了，但整个系统却不能有效运行，于是探索建立专用的高效网络结构。这时，数据中心不再是简单的 Web Services，而成为大型的数据仓库，拥有几百台甚至上千台服务器。云计算提出之后，数据中心开始采用专用结构构建中心网络。在以网络为中心的结构中，最典型的专用结构是胖树形（Fat Tree）。在胖树形结构中，节点之间的通路自叶向根逐渐变宽，以适应通信量自叶向根逐渐变大的实际要求。

1. 数据中心网络的三层结构

为了克服简单网络结构造成带宽太小的问题，人们发现 3 级 Clos 网络较好。Clos 是采用基本交换单元来搭建大型交换网络最常用的拓扑结构，当前使用的大容量交换网络多采用这种拓扑结构。数据中心网络一般由大量二层接入设备与少量三层设备组成，是标准的三层结构，如图 1.8 所示。所谓三层网络结构，就是采用层次化架构的三层网络，有三个层次：核心层（网络的高速交换主干）、汇聚层（提供基于策略的连接）、接入层（将工作站接入网络）。

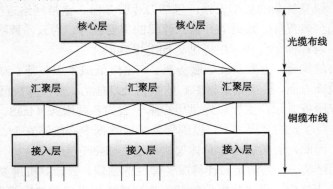

图 1.8 数据中心的三层网络结构

- 接入层：用于连接所有的计算节点，通常以机柜交换机的形式存在；
- 汇聚层：用于接入层的互联，并作为该汇聚区域二、三层之间的边界，同时各种防火墙、负载均衡等业务也部署于此；
- 核心层：用于汇聚层的互联，并实现整个数据中心与外部网络的通信。

21 世纪初，数据中心大多采用这种三层网络结构，其交换传输速率为 10～100 Mb/s，存储区域网络的传输速率为 2～4 Gb/s。铜缆布线是三层网络结构的主要布线方式，其铜缆使用率达到 80%，光缆只占 20%；用于三层网络结构中的光缆主要是 OM1、OM2、OM3 和单模光纤光缆（SMF）。

随着网络技术的发展，2007 年之后，数据中心机房平面布局开始采用矩形结构，交换机布线采用 EoR（End of Row）和 MoR（Middle of Row）布线方案，它们逐步取代了传统的三层网络结构。EoR 和 MoR 网络结构还以三层网络结构为基础。在 EoR 网络结构中，每个机柜组（PoD）中的两排机柜的最边端摆放两个网络机柜，机柜组（PoD）中所有的服务器机柜安装配线架，配线架上的铜缆延伸到 PoD 最边端网络机柜，网络机柜中安装接入交换机。MoR 网络结构是对 EoR 网络结构的改进方案。MoR 方式的网络机柜部署在 PoD 的两排机柜的中部，由此可以减小从服务器机柜到网络机柜的线缆距离，简化线缆管理维护工作。与传统三层网络结构相比，EoR 和 MoR 的光纤光缆增加了使用率，OM3/OM4 多模光纤光缆开始取代传统三层网络结构中 OM1/OM2 多模光纤光缆的位置。这两种网络结构的交换层传输速率达到 1 000 Mb/s，而存储区域网络的传输速率则可达 8 Gb/s。

在三层网络结构的框架下，对 EoR/MoR 方式的进一步扩展是万兆交换机 ToR（Top of Rack）方案，可称之为真正大型数据中心的网络架构。它可以支持不同的 I/O 连接选项，如 10GbE 端口和光纤通道等。在 ToR 架构中，接入层交换机放在每个服务器机柜或单元的顶部，机柜内服务器直接通过短跳线连接到顶部的接入层交换机上；接入层交换机的上行端口通过铜缆或光线接入到 EoR/MoR 网络机柜中的汇聚交换机上。图 1.9 所示是 ToR 布线的典型架构。

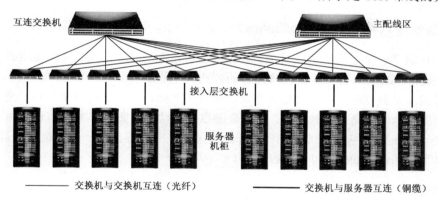

图 1.9　ToR 布线的典型架构

ToR 网络结构中的光纤使用率达到 60%，OM3/OM4 多模光纤光缆成为布线系统的重要组成部分。这种网络结构的交换层传输速率为 10 Gb/s，存储区域网络的传输速率为 16 Gb/s。ToR 的主要优点在于：降低了网络结构的复杂性；缩短了铜缆的使用距离，增加了布线的灵活性；通过增加光纤的使用替代铜缆，减少了网络拥塞；增强了服务器和存储容量的可扩展性。此外，采用 ToR 布线还能节省大量的布线成本和制冷成本，简化结构，使得机房更加绿色节能。

2. 数据中心网络的二层网络结构——叶脊（Leaf-spine）拓扑结构网络

三层网络结构的网络模型，在很长一段时间内支撑了各种类型的数据中心；但随着以太网技术的发展以及信息化水平的不断提高，新的应用及数据量急剧增长，数据中心的规模不断膨胀，主流的三层网络结构越来越不能满足需求。自 2013 年以来，数据中心的网络结构发生了翻天覆地的变化，二层网络结构的叶脊拓扑结构网络迅速取代三层网络结构而成为现代数据中心的新宠。这种网络结构主要由脊层交换机和叶层交换机两部分组成，如图 1.10 所示。

叶脊拓扑结构通过增加一层平行于主干纵向网络结构的横向网络结构，在这层横向网络结构上增加相应的交换网络，这种生成树模式是三层网络结构无法做到的。

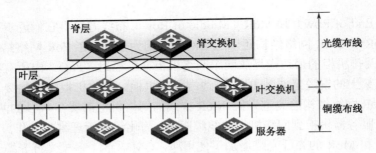

图 1.10 叶脊拓扑结构网络

叶脊拓扑结构网络类似于传统的三层网络结构，只是在脊层有多个交换设备。在叶脊拓扑结构网络中，所有的连接都用来转发流量，并使用通用的生成树协议，如多连接透明互联协议（TRILL）或者最短路径桥接（SPB）。

叶脊拓扑结构迎合了高密度布线的发展趋势，几乎能适应所有大中小型数据中心。这种网络结构中的光纤光缆覆盖率达到了 80%，铜缆布线只在接入层使用，其交换层的传输速率达 40 Gb/s，存储区域网络的传输速率达 32 Gb/s。

大数据处理软件（Hadoop/Spark）

大数据开启了一次重大的时代转型。就像望远镜让人们感受宇宙、显微镜能够看到微生物一样，大数据正在改变人们生活和理解世界的方式。当面对来自智能终端、物联网、社交媒体、电子商务等的海量数据时，如何收集、存储、分析大数据，进而支持科学预测、商业决策，提升医疗健康服务水平，提升能源效率，防范金融欺诈风险，降低犯罪率和提升案件侦破效率？为应对这些问题和挑战，基于云计算平台，开源社区与产业界推出了一些大数据处理开源软件，其中较为典型的当属 Hadoop 和 Spark。

1. Hadoop

Hadoop 是一个处理、存储和分析海量的分布式、非结构化数据的开源框架，最初由雅虎的 Doug Cutting 创建。Hadoop 的灵感来自 MapReduce，Hadoop 集群运行在廉价的商用硬件上。Hadoop 现在是 Apache 软件联盟（The Apache Software Foundation）的一个项目，数百名贡献者不断改进其核心技术。目前，Hadoop 已形成一整套完整的生态环境，是当前最重要的大数据平台之一，具有良好的并行处理能力、可扩展性和伸缩能力，非常适合处理半结构化、非结构化的类文本数据，如网页、日志等。

Hadoop 的基本概念与将海量数据限定在一台机器内运行的方式不同，Hadoop 将大数据分成多个部分，每部分都可以被同时处理和分析。Hadoop 是一个可水平扩展、高可用性、可容错的海量数据分布式处理通用框架，如图 1.11 所示。

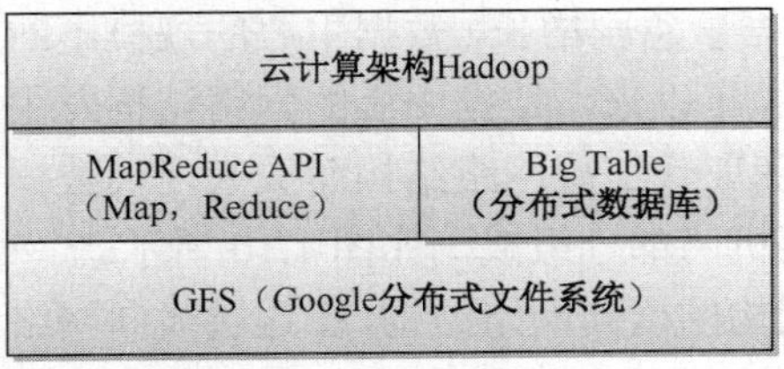

Hadoop 框架具有高容错性和对数据读写的高吞吐率，能自动处理失效节点。其中，MapReduce 是一种简化并行计算的编程模型，其名字源于该模型中的两项核心操作——Map 和 Reduce。Map 将一个任务分解成为多个任务；Reduce 将分解后多任务处理的结果汇总起来，得出最终的分析结果。MapReduce 模型主要由 ResourceManager、

图 1.11 Hadoop 通用框架

ApplicationMaster 和 NodeManager 组成。新的 Hadoop MapReduce 框架命名为 MapReduceV2 或者 Yarn。Hadoop MapReduce 新框架主要分为 ResourceManager、ApplicationMaster 与 NodeManager 三部分。

Hadoop 还提供了一个分布式文件系统——GFS（Google 分布式文件系统）。GFS 是一个可扩展、结构化、具备日志的分布式文件系统，支持大型、分布式大数据量的读写操作，其容错性较强。分布式数据库（BigTable）是一个有序、稀疏、多维度的映射表，有良好的伸缩性和高可用性，用来将数据存储或部署到各个计算节点上。

2. Spark

Spark 是新一代大数据分布式处理平台，它最早由 UC Berkeley AMPLab 在 2009 年采用 Scala 语言编写开发，于 2010 年将其开源，随后被捐赠给 Apache 软件基金会。2014 年 2 月 Spark 成为 Apache 的顶级项目，旨在提供快速、易用以及通用的大数据处理和分析能力。

Spark 完全兼容 Hadoop，除了支持 Map 和 Reduce 操作之外，还支持 SQL 查询、机器学习、流数据处理和图计算。开发者可以在应用中单独使用 Spark 的某一特性，或者将这些特性结合起来一起使用。Spark 总体架构如图 1.12 所示。

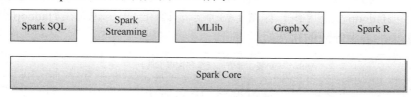

图 1.12　Spark 总体架构

Spark Core 是 Spark 整个项目的基础，作为其他组件的计算引擎，提供了分布式计算任务调度、分发和存储管理能力，对外通过弹性分布式数据集（Resilient Distributed Dataset，RDD）的概念给出 API 接口。RDD 是 Spark 中的重要概念，可以理解为一个跨机器的分布式缓存；RDD 一旦生成，存储在其中的数据就不能被改变，直到生成一个新的 RDD。

Spark SQL 是构建在 Spark Core 上面的一个模块，主要用来处理结构化数据，用户可以通过 SQL、DataFrames API 和 Datasets API 与 Spark SQL 进行交互。另外，Spark SQL 可以通过 JDBC API 将 Spark 数据集展示出来，而且还可以用可视化工具在 Spark 数据上执行类似于 SQL 的查询。用户还可以用 Spark SQL 对不同格式的数据（如 JSON、Parquet 以及数据库等）执行 ETL，将其转化，然后展现给特定的查询。

Spark Streaming 是对 Spark Core 的扩充，是一种可扩展的、高吞吐量、可容错的流处理计算框架，其目前支持的数据源包括 Kafka、Flume、Twitter、ZeroMQ、Kinesis、TCP sockets。数据处理完成后，可以被存放到文件系统、数据库等。

MLlib（Machine Learning Library）是一个可扩展的 Spark 机器学习库，由通用的学习算法和工具组成，包括分类、线性回归、聚类、协同过滤、梯度下降以及底层优化原语。

Graph X 是用于图计算和并行图计算的 Spark API。它通过引入弹性分布式属性图（Resilient Distributed Property Graph）以及顶点和边都带有属性的有向多重图，扩展了 Spark RDD。为了支持图计算，Graph X 给出了一个基础操作符集合（如 subgraph、joinVertices 和 aggregate Messages）和一个经过优化的 Pregel API 变体。此外，Graph X 还包括一个持续增长的用于简化图分析任务的图算法和构建器集合。

为了给统计数值分析和机器学习工作提供一种环境，Spark 在 2015 年 6 月添加了支持 R 语言的功能，以支持 Python 和 Scala。Spark R 让 R 语言程序员可以做许多之前做不了的事情，比如访问超过单一机器的内存容量的数据集，或者同时轻松地使用多个进程或在多台机器上运行分析。

很多人认为 Hadoop 的未来是 Spark。粗略地看，Spark 与 Hadoop 的典型差异在于通过内存计算大幅提升数据处理能力，尤其是迭代运算的处理速度。当然，Spark 不仅仅是 MapReduce 的替代品，它还包含了内存计算引擎、内存文件系统、流处理平台（Spark Streaming）、大数据挖掘库（Spark MLlib）。至于 Spark 是否会取代 Hadoop，尚需进一步谋划。根据 Spark 官网信息，截至目前至少有 500 家大型组织在自己的生产系统中部署和使用 Spark，其中包括 Amazon、Autodesk、IBM、Yahoo、百度、腾讯等。

Hadoop 生态系统

Hadoop 是一个能够对大量数据进行分布式处理的软件框架，其项目结构不断丰富和发展，具有一系列与大数据技术相关的开源组件或软件产品，由此形成了一个大数据处理平台生态圈，通常称之为 Hadoop 生态系统，如图 1.13 所示。该图给出了建立在 Hadoop 分布式文件系统（HDFS）之上的各种开源的软件。

图 1.13　Hadoop 生态系统

从软件架构的角度看，Hadoop 系统主要由以下三个板块组成：
- ▶ 基于 HDFS/HBase 的数据存储系统，包括数据仓库 Hive 和数据流处理工具 Pig，以及用于数据采集、转移和汇总的工具 Sqoop 和 Flume。
- ▶ 基于 Yarn/ZooKeeper 的管理调度系统，包括：负责任务调度的 Oozie，提供集群安装、部署、配置和管理功能的 Ambari。
- ▶ 支持不同计算模式的处理引擎，包括支持离线批处理的 MapReduce（MR）、支持内存计算的 Spark、图并行计算框架 Giraph、支持有向图处理的 Tez 等。

在 Hadoop 生态系统中，核心组件是 HDFS、MapReduce、Yarn、Spark、HBase 等。其中各组件的主要功能如下：
- ▶ HDFS——一种分布式存储的文件系统，是 Hadoop 生态系统的基础。

- Tachyon——一种高性能、高容错、基于内存的开源分布式存储系统。
- Yarn/Mesos——Hadoop 2.0 引入的资源管理系统,可为上层应用提供统一的资源管理和调度。
- MR(MapReduce)——一种分布式并行编程模型,用于大规模数据集(大于 1 TB)的并行运算。它将复杂的运行于大规模集群上的并行计算过程高度抽象到 Map 和 Reduce 两个函数上,且允许用户在不了解分布式系统底层细节的情况下开发并行应用程序,并将其运行于廉价计算机集群上,完成海量数据的处理。简言之,MR 是一种分布式数据处理模型和执行环境。
- Tez——Apache 最新的支持有向无环图(Directed Acyclic Graph,DAG)作业的开源计算框架,可以将多个有依赖的作业转换为一个作业,从而大幅提升 DAG 作业的性能。
- Spark——一个基于内存计算的、建立在 HDFS 之上的、针对超大数据集合的低延迟集群分布式计算系统。
- Knox——一个访问 Hadoop 集群的权限网关,能完成 3A 认证(Authentication,Authorization,Auditing)和单点登录(SSO)等功能。
- Ranger——一个 Hadoop 集群权限框架,用以操作、监控、管理复杂的数据权限,提供一个集中的管理机制,管理基于 Yarn 的 Hadoop 生态圈的所有数据权限。
- HBase——一个分布式、实时按列存储数据库,使用 HDFS 作为底层存储。
- Phoenix——HBase 的 SQL 驱动接口,它使得 HBase 支持通过 JDBC 的方式进行访问,并将 SQL 查询转换成 HBase 的相应动作。
- Hive——一个分布式、按列存储的数据仓库,用以管理 HDFS 中存储的数据,并提供基于 SQL 的查询语言来查询数据。
- Pig——一种数据流语言和运行环境,用以检索非常大的数据集。
- Giraph——一种基于 Hadoop 平台的、可伸缩的分布式图并行计算系统。
- Mahout——基于 MR 运行的可扩展的机器学习和数据挖掘类库。
- MLlib——一个基于 Spark 的机器学习库,提供了各种各样的算法,这些算法用来在集群上针对分类、回归、聚类、协同过滤等。
- GraphX——最先是伯克利 AMPLab 的一个分布式图计算框架项目,目前整合在 Spark 运行框架中,为其提供 BSP 大规模并行图计算能力。
- Streaming——支持对流数据的实时计算处理。
- Falcon——一个面向 Hadoop 的数据集和处理过程的管理平台。
- ZooKeeper——一个分布式、高可用性的协调服务器,提供分布式锁之类的基本服务,用于构建分布式应用。
- Sqoop——在数据库和 HDFS 之间高效传输数据的工具。
- Flume——一个分布的、可靠的、高可用性的海量日志采集、聚合和传输系统,它支持在日志系统中定制各类数据发送方,用于收集数据;同时,它具有对数据进行简单处理并写到各种数据接收方的能力。
- Oozie——一个工作流引擎服务器,用于管理和协调运行在 Hadoop 平台上(HDFS、Pig 和 MapReduce)的任务调度。
- Kafka——一种分布式实时消息队列。
- Ambari——一种基于 Web 的工具,支持 Hadoop 集群的安装、部署、配置和管理。

练习

1. 举例说明大数据的关键技术。
2. 定义并解释云计算的概念。
3. 简述云计算平台系统的主要服务形式。
4. 简述云计算的主要特征。
5. 简述云数据中心的基本架构。
6. 大数据计算系统与传统数据库系统有何区别?

补充练习

利用互联网检索文献,讨论 Hadoop 的生态系统及其各部分的具体功能。

第四节　Hadoop 平台构建

随着大数据技术的发展,Apache Hadoop 被公认为行业大数据标准开源软件,在分布式环境下提供了海量数据的处理能力。凭借其突出的优势,Hadoop 已经在各个领域得到了广泛应用。几乎所有主流厂商都围绕 Hadoop 提供开发工具、开源软件、商业化工具和技术服务,如谷歌、雅虎、微软、思科、百度、淘宝、网易、华为、中国移动等,都支持 Hadoop。本节就 Hadoop 平台构建进行简单讨论,主要包括:

- Hadoop 集群配置;
- Hadoop 的安装与运行。

学习目标

- 熟悉 Hadoop 平台的架构;
- 掌握 Hadoop 单机、虚拟分布式和完全分布式三种模式的安装运行方法。

关键知识点

- 搭建 Hadoop 平台及运行环境。

Hadoop 集群配置

从 Hadoop 系统架构的角度看,通常把 Hadoop 部署在成本较低的 Intel/Linux 硬件平台上,即由多台装有 Intel x86 处理器的服务器或 PC 通过高速局域网构成一个计算集群,在各个节点上运行 Linux 操作系统(目前常用的是 CentOS 或者 Ubuntu)。

Hadoop 集群硬件配置

实际上,Hadoop 集群内的计算节点有两种类型:一种是执行作业调度、资源调配、系统监控等任务的名称节点(NameNode);另一种是承担具体数据计算任务的数据节点

（DataNode）。因此，应针对不同的需要，配置不同的大型、小型 Hadoop 集群，且节点机器的选型不宜超过两种。例如，对于小型集群，名称节点可以选用两组 4 核/8 核 CPU、32 GB 以上内存、2 TB 磁盘、1 GB/s 以太网×2 的机器；数据节点可以选用两组 4 核 CPU、16GB 以上内存、1 TB 磁盘、1 GB/s 以太网×2 的机器。

在 Hadoop 实际生产系统中，可以根据项目需要进行灵活的硬件选配。作为一个集群，一般应准备 4 台机器，其中一台为名称节点（NameNode），另一台为第二名称节点（Secondary-NameNode），其他两台作为数据节点。实际应用时，Hadoop 集群的机器数量可视需要配置。这种动态的可扩展性恰好是 Hadoop 平台的优势之一。

Hadoop 集群网络拓扑结构

常规的 Hadoop 集群为两层网络结构，即名称节点到机架（Rack）的网络连接以及机架内部的数据节点之间的网络连接，其网络拓扑结构如图 1.14 所示。每个机架（Rack）内有 30～40 个数据节点服务器，配置一个 1 Gb/s 的交换机（Switch），并向上传输到一个核心交换机或者路由器。相同机架内节点之间的带宽总和要大于不同机架间的带宽总和。

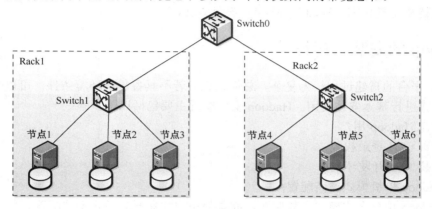

图 1.14　Hadoop 集群网络拓扑结构

Hadoop 软件系统及运行模式

Hadoop 平台最早是为了在 Linux 上使用而开发的，虽然它在 Windows 下也可以安装运行，但在 Windows 下安装 Hadoop 比较复杂，必须首先模拟 Linux 环境才行。目前，免费的 Hadoop 版本主要有三个，分别是：Apache（最原始的版本，所有发行版均基于这个版本进行改进）、Cloudera 版本（Clouderas Distribution Including Apache Hadoop，简称 CDH）、Hortonworks 版本（Hortonworks Data Platform，HDP）。其中，CDH 是 Hadoop 众多分支中的一种，由 Cloudera 维护，基于稳定版本的 Apache Hadoop 构建，并集成了很多补丁，可直接用于实际生产环境。

Apache Hadoop 的版本已有两代，第一代 Hadoop 称为 Hadoop 1.0，第二代 Hadoop 称为 Hadoop 2.0。第一代 Hadoop 包含三个版本，分别是 0.20.x、0.21.x 和 0.22.x。其中，0.20.x 最后演化成 1.0.x，变成了稳定版，而 0.21.x 和 0.22.x 则增加了 NameNode HA 等新的重大特性。第二代 Hadoop 包含 0.23.x 和 2.x 两个版本，它们完全不同于 Hadoop 1.0，是一套全新的架构，均包含 HDFS Federation 和 YARN（Yet Another Resource Negotiator）两个系统。相比于 0.23.x，2.x

增加了 NameNode HA 和 Wire-compatibility 两大特性。Hadoop 提供了如下三种安装运行模式。

（1）单机模式。单机模式操作是 Hadoop 的默认操作模式，当首次解压 Hadoop 的源码包时，Hadoop 无法了解硬件安装环境，会保守选择最小配置，即单机模式（单 Java 进程），无须进行其他配置即可运行。该模式主要用于开发调试 MapReduce 程序的应用逻辑，而不会和守护进程交互，以避免增加额外的复杂性。

（2）伪分布式模式。伪分布模式操作是指在"单节点集群"上运行 Hadoop，Hadoop 进程以分离的 Java 进程运行。该模式在单机模式操作之上多了代码调试功能，可以查阅内存的使用情况、HDFS 的输入输出以及守护进程之间的交互。

（3）完全分布式模式。完全分布式模式操作是指实际意义上的 Hadoop 集群，使用多个节点构成集群环境来运行。Hadoop 集群规模可从几个节点到成百上千个节点，甚至是成千上万个节点的超大集群。Hadoop 集群的各个节点均需要安装如下软件系统：

- Linux 操作系统，如 Fedora、Ubuntu、CentOS 都可以，也可以在其他操作系统（如 Windows）平台上安装 Linux 虚拟机；
- JDK1.6 以上版本；
- 安装并设置 SSH（Security Shell）安全协议。

Hadoop 的安装与运行

Hadoop 平台的搭建过程较为复杂。总体来说，若不具备集群环境条件，可以采取单机、伪分布式模式进行基本安装使用。Hadoop 安装配置主要包括以下步骤：

- 创建 Hadoop 用户；
- 设置 SSH 登录权限；
- 安装 Java 开发环境；
- Hadoop 单机模式安装配置；
- Hadoop 伪分布式模式安装配置，或全分布式（集群）模式安装配置。

创建 Hadoop 用户

为方便操作，如果安装 Ubuntu 时未使用"hadoop"用户，那么需要创建一个名为"hadoop"的用户来运行程序，以便区别不同用户之间的权限。创建用户的命令是 useradd，设置密码的命令为 passwd。按 Ctrl+Alt++t 组合键，打开终端窗口，输入如下命令创建新用户：

    $sudo useradd -m hadoop -s /bin/bash

该条命令创建可以登录的用户 hadoop，并使用 /bin/bash 作为 shell。接着使用如下命令设置密码，可简单设置为"hadoop"，按提示输入两次密码：

    $sudo passwd hadoop

为方便部署，避免一些比较棘手的权限问题，需要为用户 hadoop 增加管理员权限：

    $ sudo adduser hadoop sudo

在创建用户 hadoop 后，即可开始进行此后的安装配置。

设置 SSH 登录权限

对于 Hadoop 的伪分布和集群（全分布式）而言，Hadoop 的名称节点（NameNode）需要启动集群中的所有节点的守护进程，而这个远程调用需要通过 SSH 无密码登录来实现。但是，Hadoop 并没有提供 SSH 输入密码的登录方式，因此在搭建 Hadoop 集群时，需要将所有节点机器配置为名称节点才可以无密码登录。配置 SSH 免密码登录的主要步骤如下：

- 在集群各节点上产生公钥和私钥；
- 把公钥复制到需要免密码登录的节点上。

首先，让 NameNode 生成自己的 SSH 密钥：

```
ssh - keygen -t rsa
```

执行这个命令时，会提示让用户输入一些内容，这里不用输入任何信息，直接全部按回车键即可。在 NameNode 生成自己的密钥之后，再将它的公共密钥发送给集群中的其他机器。

安装 Java 开发环境

由于 Hadoop 本身是基于 Java 语言开发的，因此 Hadoop 的开发和运行都需要 Java 的支持。Linux 本身是自带 JDK 的，不过是 OpenJDK，通常 Java 环境可选择 Oracle 的 JDK。可以在 Ubuntu 中直接通过如下命令安装 OpenJDK 7：

```
$sudo apt-get install openjdk-7-jre openjdk-7-jdk
```

同时，还需要配置 JAVA_HOME 环境变量，具体参阅相关文献。例如，在环境配置的文件（vi/etc/profile）中输入以下内容：

```
export JAVA_HOME=/usr/java/jdk1.8.0_121
export PATH=.:$JAVA_HOME/bin:$PATH12
```

第一个参数即为 JAVA_HOME，第二个为 PATH 环境变量。完成 JDK 安装后可以通过 java-version 验证是否安装成功。

Hadoop 单机模式安装配置

Hadoop 版本经常升级，可以根据自己的需要，安装不同版本的 Hadoop。最新 Hadoop 版本可以到官网（http://hadoop.apache.org/releases.html#Download）下载。例如，在目录中选择 hadoop-2.7.3.tar.gz 进行下载即可。下载文件后使用如下命令解压：

```
$sudo tar -xzf hadoop-2.7.3.tar.gz
```

将该文件解压后，可以放置到自己喜欢的位置，如：选择将 Hadoop 安装到 /usr/local/Hadoop 文件夹下。注意，文件夹的用户和组用户必须都为"hadoop"。

然后将 hadoop 移动到 /usr/local/hadoop 目录下：

```
$sudo mv hadoop-1.0.2 /usr/local/hadoop
```

在 Hadoop 文件夹（/usr/local/Hadoop）中，etc/hadoop 目录下放置了配置文件，对于单机模式，需要先更改 hadoop-env.sh 文件，以配置 Hadoop 运行环境变量。在此只需将 JAVA_HOME 环境变量指定到本机的 JDK 目录即可，命令如下：

```
$export JAVA_HOME=/usr/lib/jvm/default-java
```

此后，可以输入如下命令检查 Hadoop 是否可用，若成功则会显示 Hadoop 版本信息：

```
$cd /usr/local/hadoop
$./bin/hadoop version
```

这时，应该得到如下提示信息：

```
Hadoop 2.7.3
……
This command was run using /usr/local/Hadoop/share/Hadoop/common/hadoop-
common-2.7.3.jar
```

Hadoop 默认模式为非分布式模式（本地模式），无须进行其他配置即可运行。Hadoop 文档中附带了一些实例供测试用，例如可以运行 WordCount 来检测 Hadoop 的安装是否成功，具体方法如下。

在/usr/local/hadoop 路径下创建 input 文件夹：

```
$mkdir input
```

将 README.txt 复制到 input 文件夹：

```
$cp README.txt input
```

执行 WordCount 程序实例：

```
$.bin/hadoop jar share/hadoop/mapreduce/sources/hadoop-mapreduce-examples-
2.7.3-sources.jar org.apache.hadoop.examples.WordCount input output
```

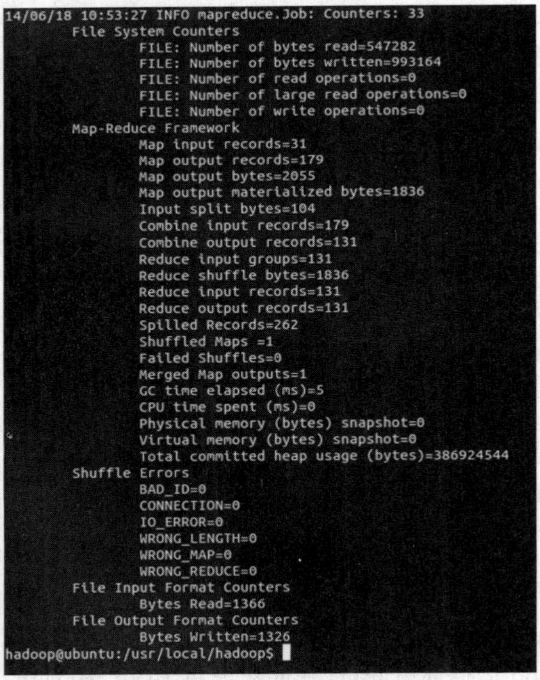

如果看到图 1.15 所示的内容，说明 Hadoop 已经安装成功。

Hadoop 的伪分布式模式安装配置

伪分布式安装是指在一台机器上模拟一个小的集群，但集群中只有一个节点。该节点既作为 NameNode 也作为 DataNode，同时读取的是 HDFS 中的文件。当然，在一台机器上也可以实现完全分布式安装；只需在一台机器上安装多个 Linux 虚拟机，让每个 Linux 虚拟机成为一个节点，就可以实现 Hadoop 的完全分布式安装。对于 Hadoop 的详细安装配置，可参阅官方文档（http://hadoop.apache.org/docs/stable）。

当 Hadoop 应用于集群时，不论是伪分布式运行还是完全分布式运行，都需要通过配置文件对各组件的协同工作进行设置。Hadoop 的配置文件位于/usr/local/hadoop/etc/hadoop/ 中，其

图 1.15 Hadoop 测试

中常用的配置文件如表 1.3 所示。

表 1.3 Hadoop 中常用的配置文件

文件名称	格式	功能描述
hadoop-env.sh	Bash 脚本	记录配置 Hadoop 运行所需的环境变量，以运行 Hadoop
core-site.xml	Hadoop 配置 XML	Hadoop 的配置项，如 HDFS 和 MapReduce 常用的 I/O 设置等
hdfs-site.xml	Hadoop 配置 XML	Hadoop 守护进程的配置项，包括 NameNode、SecondaryNameNode 和 DataNode
mapred-site.xml	Hadoop 配置 XML	MapReduce 守护进程的配置项，包括 JobTracker 和 TaskTracker
masters	纯文本	运行 SecondaryNameNode 的机器列表
slaves	纯文本	运行 DataNode 和 TaskTracker 的机器列表
Hadoop-metrics.properties	Java 属性	控制 metrics 在 Hadoop 上如何发布的属性
Yarn-Site.xml	Yarn 配置 XML	配置资源管理系统 Yarn，其中主要指定一些节点资源管理器 nodemanager 以及总资源管理器 resourcemanager 的配置

对于伪分布式配置，需要修改 core-site.xml 和 hdfs-site.xml 配置文件。Hadoop 的配置文件是 XML 格式，每个配置以声明 property 的 name 和 value 的方式来实现。注意，首先要将 jdk1.7 的路径（export JAVA_HOME=/usr/lib/jvm/java）添加到 hadoop-env.sh 文件中。

1. 配置文件 core-site.xml

通常，通过 gedit（gedit ./etc/hadoop/core-site.xml）编辑 core-site.xml 会比较方便，即将 <configuration>、</configuration> 当中的内容做如下修改：

```
<configuration>
    <property>
        <name>hadoop.tmp.dir</name>
        <value>file:/usr/local/hadoop/tmp</value>
        <description>Abase for other temporary directories.</description>
    </property>
    <property>
        <name>fs.defaultFS</name>
        <value>hdfs://localhost:9000</value>
    </property>
</configuration>
```

不难看出，core-site.xml 配置文件的格式比较简单。<name>标签用来标识配置项的名字，hadoop.tmp.dir 用来标识存放临时数据的目录，既包括 NameNode 的数据，也包括 DataNode 的数据。该路径任意指定，只要实际存在该文件夹即可。fs.defaultFS 用来指定 NameNode 的 HDFS 协议的文件系统通信地址，可以指定一个主机+端口，也可以指定为一个 NameNode 服务（这个服务内部可以由多台 NameNode 实现）。<value>项设置的是配置的值，对于 core-site.xml，只需在其中指定 HDFS 的地址和端口号，端口号按官方文档设置为 9000 即可。

2. 配置文件 hdfs-site.xml

采用如上同样方法，修改配置文件 hdfs-site.xml。修改后的配置文件 hdfs-site.xml 内容如下：

```
<configuration>
```

```xml
<property>
    <name>dfs.replication</name>
    <value>1</value>
</property>
<property>
    <name>dfs.namenode.name.dir</name>
    <value>file:/usr/local/hadoop/tmp/dfs/name</value>
</property>
<property>
    <name>dfs.datanode.data.dir</name>
    <value>file:/usr/local/hadoop/tmp/dfs/data</value>
</property>
</configuration>
```

其中，dfs.replication 表示副本的数量，伪分布式要设置为 1；dfs.namenode.name.dir 表示本地磁盘目录，是存储 fsimage 文件的地方；dfs.datanode.data.dir 表示本地磁盘目录，是 HDFS 存放数据块的地方。

3. 初始化文件系统

完成以上配置之后，需要初始化文件系统。由于 Hadoop 的很多工作是在自带的 HDFS 上完成的，因此需要将文件系统初始化之后才能进一步执行计算任务。采用如下命令执行 NameNode 的初始化：

```
$ ./bin/hadoop namenode -format
```

在看到运行结果中出现"Exiting with status 0"之后，就说明初始化成功了。接着用如下命令启动所有守护进程：

```
$ ./bin/start-all.sh
```

可以通过提示信息获知所有的启动信息都已写入对应的日志文件。如果出现启动错误，则可以在日志中查看错误原因。

启动完成后，可以通过 jps 命令来判断是否成功启动。若成功启动，则会列出类似于图 1.16 所示的进程。

图 1.16 查看服务器的进程

此时，可以访问 Web 界面（http://localhost:50070）查看 NameNode 和 Datanode 信息，还可以在线查看 HDFS 中的文件。

如果 SecondaryNameNode 没有启动，则运行"$./bin/stop-dfs.sh"关闭进程，然后再次尝试启动。

如果没有 NameNode 或 DataNode，那就是配置不成功，需要仔细检查之前的步骤，或通过查看启动日志排查原因。例如，若 DataNode 没有启动，可通过如下方法解决：

```
$ ./bin/stop-dfs.sh           //关闭
$ rm -r ./tmp                 //删除 tmp 文件，注意这会删除 HDFS 中原有的所有数据
$ ./bin/ hadoop namenode -format    //重新格式化 NameNode
$ ./bin/start- all.sh         //重启
```

Hadoop 集群的部署与使用

Hadoop 集群的部署过程较为复杂，需要配置的软、硬件环节较多。概括起来，其搭建过程大体上可分为如下步骤（以 1 台机器为 NameNode、4 台机器为 DataNode 为例）。

1. Hadoop 环境准备

（1）首先是环境准备。采购了相关的硬件设备后，就可以把硬件装入机架，为安装和运行 Hadoop 做好硬件准备。然后选择合适的 Linux 操作系统，例如 Linux Ubuntu 操作系统 12.04 的 64 位版本，下载 JDK。

（2）将这 5 台机器配置成一样的环境并作为虚拟机，通过内网的一个 DNS 服务器指定 5 台虚拟机所对应的域名。

（3）为 Hadoop 集群创建访问账号 hadoop，创建访问组 hadoop，创建用户目录，并绑定账号、组和用户目录。

（4）为 Hadoop 的 HDFS 创建存储位置，如/Hadoop/conan/data0，给用户分配权限。

（5）设置 SSH 自动登录，使得 5 台机器都有 SSH 自动登录配置。

2. Hadoop 完全分布式集群搭建

（1）在 NameNode 上下载 Hadoop。

（2）修改 Hadoop 配置文件 hadoop-env.sh、hdfs-site.xml、core-site.xml、mapred-site.xml，设置 Masters 和 Slaves 节点。

（3）把配置好的 NameNode 用 scp 命令复制到其他 4 台机器同样的目录位置。

（4）启动 NameNode，第一次启动时要先进行初始化，其命令为：

```
$ ./bin/hadoop namenode - format
```

（5）启动 Hadoop，命令为：

```
$ ./bin/start-all.sh
```

输入 jps 命令，可以看到所有 Java 的系统进程。只要 NameNode、SecondaryNameNode、JobTracker 三个系统进程出现，则表示 Hadoop 启动成功。

通过命令 netstart-nl，可以检查系统打开的端口，其中包括 HDFS 的 9000、JobTracker 的 9001、NameNode 的 Web 监控的 50070、MapReduce 的 Web 监控的 50030。

其他的节点的测试检查方法与此相同。

3. Hadoop 集群基准测试

如何判断一个 Hadoop 集群是否已正确安装？可以运行基准测试程序。Hadoop 自带有一些基准测试程序，被打包在测试程序文件 JAR 中。

▶ 用 TestDFSIO 基准测试程序，可测试 HDFS 的 I/O 性能。
▶ 用排序测试 MapReduce。Hadoop 自带一个部分排序的程序，这个测试程序的整个数

据集都会通过洗牌（Shuffle）传输至 Reducer，可以充分测试 MapReduce 的性能。

4. Hadoop 的简单使用

Hadoop 集群环境测试成功后，可以进行 HDFS 的简单应用。

（1）创建文件夹。在 HDFS 上创建一个文件夹/test/input：

```
$./bin/hadoop fs -mkdir -p/test/input
```

（2）查看所创建的文件夹，按图 1.17 所示操作。

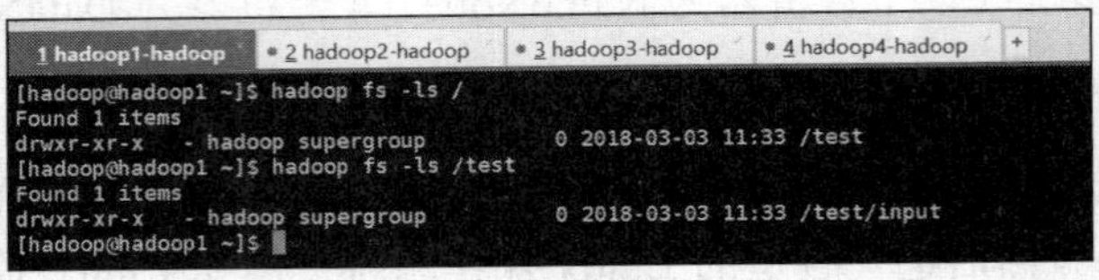

图 1.17　查看文件夹

（3）上传文件。先创建一个文件 words.txt。

```
$ vi words.txt
hello Nanjing Institute of Technology (NJIT)
hello School of Communications Enginee
hello School of Computer Engineering
```

然后，将所创建的文件 words.txt 上传到 HDFS 的/test/input 文件夹中，并检查刚上传的文件是否上传成功，如图 1.18 所示。

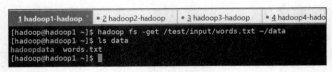

图 1.18　上传和查看文件

（4）下载文件。将刚刚上传的文件下载到~/data 文件夹中，然后查看是否下载成功，如图 1.19 所示。

图 1.19　查看下载文件

4. 在云计算环境中使用 Hadoop

Hadoop 不仅可以运行在企业内部的集群中，也可以运行在云计算环境中。例如，可以在 Amazon EC2 中运行 Hadoop。EC2 是一个计算服务，允许客户租用计算机（实例）来运行自己的应用。客户可以按需运行或终止实例，并且按照实际使用情况付费。

Hadoop 自带有一套脚本，用于在 EC2 上运行 Hadoop。在 EC2 上运行 Hadoop 尤其适用于一些工作流。例如，在 Amazon S3 中存储数据，在 EC2 上运行集群，在集群中运行 MapReduce 作业，读取存储在 S3 中的数据，最后在关闭集群之前将输出写回 S3 中。如果长期使用集群，复制 S3 数据到运行在 EC2 上的 HDFS 中，则可以使得数据处理更加高效。因为，HDFS 可以充分利用数据的位置，S3 则做不到，因为 S3 与 EC2 的存储不在同一个节点上。

练习

1. 简述大数据开源软件 Apache Hadoop 的功能和特点。
2. 在配置 Hadoop 时，Java 的路径 JAVA-HOME 是在哪一个配置文件中进行设置的？
3. 试述 Hadoop 单机模式和伪分布式模式的异同点。
4. 尝试 Hadoop 的单机/伪分布式模式安装使用，并运行 Hadoop 自带的 WordCount 实例检测安装是否成功，运行是否正常。
5. 以下不属于 Hadoop 安装模式的是（　　）。
    a. 单机模式   b. 多机模式   c. 伪分布式模式   d. 集群

补充练习

如果具备集群实验条件，按照 Hadoop 官方文档尝试搭建 Hadoop 集群环境。

本 章 小 结

我们已经生活在大数据时代，正以前所未有的速度和规模产生数据。作为信息化发展的新阶段，大数据对经济发展、社会秩序、国家治理、人民生活都将产生重大影响。数据资产正成为和土地、资本、人力并驾齐驱的关键生产要素，并在社会、经济、科学研究等方面颠覆人们探索世界的方法、驱动产业间的融合与分立。

所谓大数据，是信息化发展到一定阶段之后必然出现的一个现象，主要是由于信息技术的不断廉价化，以及互联网及其延伸所带来的信息技术无处不在的应用而产生的自然现象。大数据具有数据量大、类型多、处理速度快、价值密度低等特征（统称为"4V"）。

大数据分析与计算是指对规模巨大的数据集进行分析计算，旨在挖掘出所蕴藏的价值。大数据问题的分析和解决非常复杂，无法用单台的计算机进行处理，必须依托云计算的分布式处理、分布式数据库和云存储、虚拟化技术以及大数据处理开源软件等，对海量数据进行分布式处理。大数据技术体系涵盖了数据采集、数据存储和管理、数据处理和分析、数据挖掘和数据可视化等多个层面，其战略意义在于提高对数据的"加工能力"，通过"加工"实现数据的"增值"。

"大数据"已不仅仅是一个流行术语，而已上升为国家战略。Apache Hadoop、Spark 和其他开源应用程序已经成为大数据技术领域的主流，而且这种趋势将会持续发展。为此，本章还讨论了 Hadoop、Spark 系统架构，并介绍了如何构架 Hadoop 平台以及如何在 Linux 系统下完成 Hadoop 的安装和配置，这些内容是后续章节内容及其应用实践环节的基础。

一言以蔽之，拥有大数据不但意味着掌握过去，更意味着能够预测未来。大数据技术将继续推动社会对大数据服务的需求，将向数据的可用性、新一代技术以及数据驱动型决策的文化转型。

小测验

1. 数据产生方式经历了哪几个阶段?
2. 你了解大数据开源软件 Hadoop 吗?试简述其主要功能。
3. 试述 Hadoop 在各个领域的应用现状。
4. HDFS 和 MapReduce 分别有什么作用?
5. 简述 Yarn 和 Sqoop 的作用。
6. Kafka 的三个关键功能是什么?
7. Hadoop 的两大核心组件是(　　　)。(多项)
　　a. HDFS　　　b. HBase　　　c. ZooKeeper　　　d. MapReduce
8. 下面哪个程序负责 HDFS 数据存储?(　　　)
　　a. NameNode　　b. JobTracker　　c. DataNode　　d. SecondaryNameNode

【提示】参考答案是选项 c。

第二章 大数据采集和预处理

概　　述

数据采集技术是信息科学的重要组成部分，已经广泛应用于国民经济和国防建设的各个领域，并且随着科学技术的发展，尤其是计算机技术的发展与普及，具有更加广阔的应用发展前景。

大数据采集是大数据分析的基础，只有完备的数据采集才能增强大数据分析的准确性和有效性。大数据处理的是数据，没有数据则大数据也就无从谈起，没有数据的大数据就成为"无米之炊"。数据是大数据应用的首要条件，因此数据采集是所有数据系统必不可少的关键环节。数据犹如深埋于地层的"石油"，需要花大力气从地底下挖掘出来才能变成日常所需的能源；同样，大数据采集工作也是一项不轻松的工作，需要从多个角度考虑其技术方案的可行性，包括数据源多样性、数据类型、数据价值，要采集的数据量不仅量大而且内容变化快。

大数据来源多种多样。通过各种方法和手段采集到的数据，有时会掺杂着各种错误、缺陷、重复、不规则等所谓有残缺的数据，如果直接把这样的数据拿来进行数据的分析和挖掘，既增加了数据分析和挖掘的难度和工作量，也可能会严重影响最终数据分析的结果。因此，需要对所采集到的原始数据进行必要的补缺、去重、转化、降维等，这些都是数据清洗所要完成的任务。

本章首先针对大数据的数据来源、数据类型介绍其采集技术和方法；然后重点就互联网数据采集问题介绍网络爬虫程序的原理、体系结构以及相关算法，并简介系统日志文件数据的采集方法；接着讨论大数据清洗技术；最后介绍常用的大数据采集和预处理工具软件，主要包括 Apache Flume、Splunk Forwarder，以及国内研发的熊猫采集、魔镜等软件系统。

第一节　大数据采集

从大数据技术的基本内涵可知，大数据技术涵盖了从数据采集、存储、处理到应用的各个方面。根据大数据的处理过程，可以将其分为数据采集、数据预处理、数据存储与管理、数据检索与分析、数据呈现与应用、数据安全等多个环节。因此在大数据时代背景下，如何从大数据中采集出有用的信息是大数据发展的关键因素之一。随着大数据越来越被重视，数据采集技术的挑战也变得尤为突出。

由于各种类型数据采集的难易程度差别比较大，本节从大数据采集的基本含义着手，重点讨论大数据采集的技术方法，包括网络数据采集、系统日志采集和数据采集接口等；同时，简单介绍大数据采集工具软件的设计。

学习目标

▶ 掌握大数据采集的基本概念；
▶ 熟悉大数据采集的常见渠道，以及大数据采集的方法；

- ▶ 理解大数据采集工具的设计方法；
- ▶ 了解大数据采集的常用工具软件。

关键知识点

- ▶ 大数据采集中数据来源的多样性和复杂性；
- ▶ 大数据采集的方法涵盖多个层次，针对不同的数据源其采集方法大相径庭。

大数据采集的基本概念

无须多言，具有足够的数据量是大数据战略的基础。因此，数据采集就成了大数据技术的前站。数据采集是大数据价值挖掘的关键环节，其后的数据分析、挖掘都建立在数据采集的基础之上。当然，大数据技术的意义不在于掌握规模庞大的数据信息，而在于对这些数据进行智能处理，从中分析和挖掘出有价值的信息，但前提是要拥有大量的数据作为支撑。

大数据采集的含义

数据采集又称为数据获取（Data AcQuisition，DAQ）。通常，有基于物联网传感器的采集，也有基于网络信息的数据采集。比如在智能交通中，数据的采集有基于 GPS 的定位信息采集、基于交通摄像头的视频采集、基于交通卡口的图像采集、基于路口的线圈信号采集等。

就传统的含义而言，数据采集是指从传感器和其他待测设备等模拟和数字被测单元中自动采集信息的过程。在计算机广泛应用的今天，数据采集的重要性格外显著，它成为计算机与外部物理世界连接的桥梁。传统的数据采集是使用计算机测量电压、电流、温度、压力或声音等物理现象的过程，数据采集系统由传感器、测量硬件和带有可编程软件的计算机组成。传统的数据采集系统框架如图 2.1 所示，计算机外接数据采集设备进行数据采集。计算机设备上安装上位机服务器软件，采集的数据通常保存到关系数据库（如 SQL Server、Oracle、MySQL）中；采集设备通常是单片机系统或嵌入式系统（如 ARM 系统），并带有多种传感器（如温湿度传感器）；采集设备（下位机）与计算机服务器之间通过串口或网口进行通信。

图 2.1 传统数据采集系统框架

随着互联网的普及应用，大数据目前已成为很多企业的数据资产。早期各行各业和政府部门的信息化建设都是相对封闭的，海量数据被封闭在不同软件系统中。而今，互联网呈现出开放的、更加多种多样的数据资产，数据量不但巨大，而且更新速度快，互联网数据成为大数据采集的重点和难点。

显然，传统数据采集的数据来源单一，且存储、管理和分析量相对较小，多数采用关系数据库和并行数据仓库即可处理。而互联网大数据，由于采集的数据量巨大，数据来源广泛，可以是页面数据、交互数据、表单数据、会话数据等线上行为数据，也可以是应用日志、电子文档、机器数据、语音数据、社交媒体数据等，其数据类型丰富，包含了结构化数据、半结构化数据和非结构化数据。因此，一般来说，大数据采集是指对各种来源（如 RFID 数据、传感器数据、互联网数据、社交网络数据等）的结构化、半结构化和非结构化海量数据所进行的数据获取。大数据采集的数据源、采集技术手段也与传统的采集方法大不相同。

大数据采集的数据源

在传统的数据采集过程中，通常注意数据的载体、获取渠道、采集时间等基本信息，大数据采集则对原始信息的载体、来源、采集时间等基本属性提出了更高要求。大数据采集能力的大小取决于数据来源和数据渠道两个方面，因此可以从不同的角度归纳大数据采集的数据源。例如，划分为管理信息系统、Web 信息系统和物理信息系统。管理信息系统是指企业、机关内部的信息系统，如事务处理系统、办公自动化系统，主要用于经营和管理，为特定用户的工作和业务提供支持；Web 信息系统包括互联网上的各种信息系统，如社交网站、社会媒体、搜索引擎等，主要用于构造虚拟的信息空间，为广大用户提供信息服务和社交服务；物理信息系统是指关于各种物理对象和物理过程的信息系统，如实时监控、实时检测，主要用于生产调度、过程控制、现场指挥、环境保护等。

为了便于数据分析，体现数据挖掘的价值，通常将大数据的采集对象归纳为商业数据、互联网数据和物联网数据三大来源，有时也可将商业数据、互联网数据统称为网络数据。

1. 商业数据

商业数据是指来自企业资源计划（Enterprise Resource Planning，ERP）系统、各种销售点情报管理系统（POS）终端机网上支付系统的数据。商业数据是电子商务数据来源的主要渠道。

世界上最大的零售商沃尔玛公司（WalMart Inc.）在大数据还未在行业流行前就开始利用大数据分析。沃尔玛有一个庞大的大数据生态系统，每小时可收集 2.5 PB 以上的数据量，每天处理 TB 级的新数据和 PB 级的历史数据。沃尔玛详细记录了消费者的购买清单、消费额、购买日期、购买当天的天气及气温，通过对消费者的购物行为等非结构化数据进行分析，发现商品关联，优化商品陈列。沃尔玛不仅采集这些传统的商业数据，还采集社交网络数据。比如，当用户在社交网站上谈论某些产品或者表达某些喜好时，它都会被记录下来并加以分析利用，其分析涵盖了数以百万计的产品数据和数亿客户。沃尔玛的分析系统每天分析接近 1 亿个关键词，以优化每个关键字的对应搜索结果，所存储的数据量是美国国会图书馆的 167 倍。

亚马逊（Amazon）公司是全球最受欢迎的零售网站之一，它拥有全球零售业最先进的数字化仓库，通过对数据的采集、整理和分析，优化产品结构，开展精确的营销和快速配送。另外，Amazon 的 Kindle 电子书城中积累了上千万本图书的数据，并完整地记录着读者对图书的标记和笔记。通过对这些数据的分析，从中获得哪类读者对哪些内容感兴趣，进而向读者准确推荐图书。

我国随着"互联网+"的提出，迅速进入了移动互联网时代，如何吸引用户、留住用户并深入挖掘用户价值，成为各大电子商务企业的重要课题。目前，现在不少面向大众消费者的企业都开通了网上销售平台，多数依托淘宝、天猫，少部分在京东、当当网，而有的企业则建立了自主电商平台。一些工业品类企业，也在阿里巴巴上开通了商城。据报导，2013 年中国网络购物市场交易规模就达到了 1.85 万亿元之多；国内电子商务的标志性公司阿里巴巴集团旗下的淘宝网，开店店铺数量已有 900 多万家。我国电子商务呈现出如下特点：

▶ 高访问并发，每天有近亿次的访问请求；

▶ 数据量大，每天有 TB 级的增量数据、近百亿条的用户数据、上百万条的产品数据；

- 业务逻辑日益复杂和繁多，业务数据源多样、异构；
- 电商业务高速发展、迭代上线。

2. 互联网数据

互联网数据是指网络空间交互过程中产生的大量数据。互联网数据又称为线上数据，可分为线上行为数据与内容数据两大类。线上行为数据主要记录上网用户的上网行为，如用户的 IP 地址、浏览或操作过哪些网页等行为。这些数据主要是以网站日志文件的形式存在，可能包含了大量的业务和客户相关的很有价值的信息。内容数据包括通信记录、各种音视频文件、图形图像、电子文档等，主要是网上实际呈现的数据。互联网数据的产生者主要是在线用户，大部分数据是半结构化或无结构的，复杂且难以被利用。对于互联网数据源还可以进一步进行如下细分：

（1）社交媒体等交互型数据源。社交媒体是指人们彼此之间用来分享意见、见解、经验和观点的工具和平台，现阶段主要包括微博、博客、社交网站、论坛和即时聊天工具（如手持移动设备 App、QQ、微信）等。全球每天使用社交媒体的人数达几十亿，产生着巨大的数据信息。社交媒体类信息多为用户生成内容（User Generated Content，UGC），多数以文本、图像、音频、视频等虚拟化方式展现，具备使用者众多、冗余度高、难以组织等特点。

（2）传播类数据源。随着电子商务、新闻传播以及公共门户网站、新闻媒体网站（如网易新闻、凤凰新闻、QQ 新闻、央视新闻等）的建设使用，每天都产生海量数据。这些互联网数据毫无疑问成为大数据分析的重要组成部分，也是有别于传统数据源的一种新的数据源。

（3）政府政务、机构数据源。政府、机构数据源是一个非常广泛的概念，涉及面广泛，表现形式多样，从政策、法规、政府公告到事件调查、民意反馈等。从数据采集的角度看，政府信息主要指政府行政部门在政府网站发布的公开信息以及政府和企事业单位的内部信息。无论是国外还是国内，政府、机构信息占据了全社会 80%以上的数据量，而且这类数据的权威性不可代替。因此，政府、机构数据源亦是大数据分析的重要对象。

显然，互联网数据是大数据采集的最主要对象。一组名为"互联网上一天"的数据统计显示：在一天之中互联网产生的全部内容可以刻满 1.68 亿张 DVD；发出的邮件有 2 940 亿封之多（相当于美国两年的纸质信件数量）；发出的社区帖子达 200 万个（相当于《时代》杂志 770 年的文字量）。2018 年 We Are Social 和 Hootsuite 的最新全球数字报告显示，全球使用互联网的网民数量已经超越了 40 亿，而同期的全球人口数量大约为 76 亿。

3. 物联网数据

物联网是指在计算机互联网的基础上，利用射频识别、传感器、红外线感应、无线数据通信等技术，构造一个覆盖世界上万事万物的"The Internet of Things"，即实现物物相联的互联网络。

物联网设备的数量日益增长。目前，企业已经可以使用多达 31 亿个物联网设备，其中包括：工业控制系统，可以在制造环境中进行集中控制和监控；商业可穿戴设备，如气体检测监视器和警察机构相机；监测温度、压力、湿度和其他环境条件的传感器和设备；位置信标和 GPS 系统；平板电脑和其他智能设备运行业务应用程序等。有机构预测，到 2025 年，物联网设备总数可能会超过 750 亿台。这些设备将会一起产生巨量数据，各类企业都在争先恐后地弄清楚如何充分利用这些数据。

总而言之，物联网数据来源于物理信息系统。物理信息系统在组织结构上是封闭的，数据由各种嵌入式传感设备产生，可以是关于物理、化学、生物等性质和状态的基本测量值，也可以是关于行为和状态的音频、视频等多媒体数据。科学实验系统实际上也属于物理信息系统，但其实验环境是预先设定的，主要用于研究和学术，数据是有选择的、可控的，有时可能是人工模拟生成的仿真数据。

在物理信息系统中，对于一个具体的物理对象，可采用不同的观测手段，对其不同的属性（方面）进行测量，如测量一辆行驶汽车的行驶速度、路线、尾气、外观等，其观测结果是具有不同形式的数据，这些数据代表实体不同的模态，称为多模态。对于一个实体的多模态原始数据，需要做融合处理（Data Fusion）。在融合处理中，需要减小误差，保证数据的完整性和正确性。因此，物联网数据的采集、分析、挖掘和利用也是大数据技术的重要组成部分。

大数据采集的技术和方法

网络数据采集是通过多种手段收集互联网数据的。例如，对某种商品进行价格走势分析，需要在多个时间点采集该商品在各种电子商务平台上的销售价格数据。对这类数据的采集通常可以采用网络爬虫技术。对于电子商务平台的运营商而言，当需要了解网络流量分布情况时，可以采用基于数据包的检测、采集技术，如深度包检测（DPI）或深度/动态流检测（DFI）；若需了解网络服务器的运行情况，则需采用一些特殊的日志采集工具。对于某些网络服务商，往往需要对合作客户开放某些数据源，提供数据采集接口（API）；对可信度、依赖度极高的合作单位或内部组织，有可能还直接开放相应的数据库。归纳起来，基于互联网的大数据采集手段和技术主要有：

▶ 网络数据采集方法；
▶ 系统日志采集方法；
▶ 数据采集接口。

网络数据采集方法

网络数据主要是非结构化数据，其采集方法主要是通过网络爬虫或网站 API 等方式从网站上获取互联网中的相关数据信息。

1. 网络爬虫

网络爬虫（Web Crawler）有时被称为蜘蛛，是一个自动提取网页的程序。它为搜索引擎从万维网上下载网页，是搜索引擎的重要组成部分。典型的网络爬虫从一个或若干初始网页的 URL 开始，获得初始网页上的 URL，在抓取网页的过程中不断从当前页面上抽取新的 URL 放入队列，直到满足系统的一定停止条件。网络爬虫已经成为许多商业应用、大数据科研工作者进行大数据采集的重要工具。

网络爬虫除了用于搜索引擎之外，还被广泛用于互联网（公网）上数据的收集。网络爬虫从网站服务器上获取网页数据信息，将非结构化数据从网页中抽取出来，并以结构化的方式将其存储为统一的本地数据文件。通常，网络爬虫支持图片、音频、视频等文件或附件的采集，附件与正文可以自动关联。

网络爬虫的工作流程较为复杂，需要根据一定的网页分析算法过滤与主题无关的链接，保留有用的链接并将其放入等待抓取的 URL 队列。然后，它根据一定的搜索策略从队列中选择下一步要抓取的网页 URL，并重复上述过程，直至满足系统的某一条件时停止。

2. 数据包或流量监测/抓取技术

对于网络流量的采集可以使用深度包检测（Deep Packet Inspection，DPI）或深度/动态流检测（Deep/Dynamic Flow Inspection，DFI）等带宽管理技术。这种监测/抓取技术通过获取软件系统的底层数据交换、软件客户端和数据库之间的网络流量包，基于底层 I/O 请求与网络分析等，采集目标软件产生的所有数据，将数据进行转换并重新结构化，输出到新的数据库，提供给软件系统调用。

深度包检测（DPI）能够高效地识别网络上的各种应用。所谓"深度"是与普通报文分析层次相比较而言的：普通报文检测仅仅分析 TCP/IP 模型第 4 层以下的内容，包括源地址、目的地址、源端口、目的端口以及协议类型；而 DPI 除了对前面的层次分析外，还增加了应用层分析，识别各种应用及其内容。普通报文检测是通过端口号来识别应用类型的，如检测到端口号为 80 时，则认为该应用代表 WWW 应用。通常应用层协议要远远多于第 4 层以下的协议，通过 DPI 技术可以对网络流量进行更精细的设置，从而采集到真正需要的流量包。

DPI 和 DFI 两大技术已经商用，通过网络设备根据业务流进行检测和识别，比较适合检测非运营商的业务，以及利用 P2P 承载的业务。

系统日志采集方法

一些大型互联网企业在其数据中心安装有多种服务器软件，这些服务器软件每天会产生大量日志文件。这些日志文件记录的信息对各种服务器软件的正常运行、维护具有极大的帮助。如何有效、快速地读取这些文件中的信息，以便进行海量数据分析，维护服务器的正常运行，往往是这些服务器运行管理者首先需要考虑的问题。基于网络日志的重要性，许多有实力的互联网大企业常常根据自身需求开发相应的系统日志采集软件，如 Hadoop 的 Chukwa、Cloudera 的 Flume、Facebook 的 Scribe 等。这些工具均采用分布式架构，能满足每秒数百 MB 的日志数据采集和传输需求。例如，Facebook 的 Scribe 是一款开源的日志收集系统，能够从各种日志源上收集日志，存储到一个中央存储系统（如 NFS、HDFS 等）上，以便于进行集中统计分析处理。Scribe 为日志的分布式收集、统一处理提供了一个可扩展的、高容错的方案。Cloudera 的 Flume 也是一款开源日志采集系统软件，直接支持 HDFS；它提供了各种非常丰富的代理，在代理和收集器之间均有容错机制；提供了很多的收集器可以直接使用，内置组件齐全，不必进行额外开发即可直接使用。

数据采集接口

对于企业生产经营或科学研究等保密性要求较高的数据，可以通过与企业或研究机构合作，使用特定系统接口等相关方式采集。

1. 软件接口 API 技术

对于企业生产经营数据或学科研究数据等保密性要求较高的数据，可以通过与企业或研究机构合作，使用特定应用程序接口（API）等相关方式采集数据。API 技术一般有如下一些方式：

（1）SDK API。这种方式通过软件开发包（SDK）提供的 API 访问其他软件或系统，其特点是与被访问对象紧密结合，开发语言一般要与 SDK 支持的语言保持一致，并且需要详细了解 SDK 所提供的各种数据结构，扩展性较差。

（2）REST API。REST（REpresentational State Transfer）是表述状态传输的英文缩写，是由 Roy Thomas Fielding 博士在他的 2000 年发表的博士论文《Architectural Styles and Design of Network-based Software Architectures》中提出的一种软件框架。REST 是一种通过 URL 访问资源的方法，是一种 Web 服务模式。但 REST 模式与复杂的 SOAP、XML-RPC 相比更简单实用，是一种轻量级的 Web 服务架构。REST API 调用是基于 HTTP 的，API 的展现不像传统的函数调用方式，它的参数就是通过 HTTP Get/Post 等方法上传的参数，Web 服务的返回值类型通常以 XML 或 JSON 数据形式提供。采用 REST API 接口对采集系统的编程语言、使用环境没有任何限制，系统的扩展性较好。目前一些主流系统平台均提供 REST API 接口调用，如 Hadoop 系统、SDN（软件定义网络）控制器 OpenDaylight 等。

（3）Web Service（Web 服务）。Web Service 是一种跨编程语言和跨操作系统平台的远程调用技术。与 REST API 一样，Web Service 也是基于 HTTP 的技术，XML/XSD、简单对象存取协议（Simple Object Access Protocol，SOAP）和 WSDL 构成 Web Service 平台的三大技术。Web 服务采用 XML 格式封装数据，即 XML 中说明调用远程服务对象的方法、传递的参数以及服务对象的返回结果。Web Service 定义了特定的 HTTP 消息头，以说明 HTTP 消息的内容格式，这些特定的 HTTP 消息头和 XML 内容就是 SOAP。SOAP 提供了标准的 RPC 方法来调用 Web Service。WSDL（Web Services Description Language）是一个基于 XML 的服务描述语言，它指明了 Web Service 的地址以及这个服务包含的方法可以调用等信息。相对而言，SOAP 属于复杂的、重量级的协议，而 REST 是一种轻量级的 Web Service 架构。

（4）消息发布/订阅服务。消息队列利用发布/订阅者模式工作，消息发送者发布消息，一个或者多个消息接收者订阅消息，其系统结构如图 2.2 所示。消息发送者是消息源，在对消息进行处理后将消息发送至分布式消息队列，消息接收者从分布式消息队列获取该消息后继续进行处理。从图 2.2 可以看到，消息发送者和消息接收者之间没有直接耦合，消息发送者将消息发送至分布式消息队列即结束对消息的处理；而消息接收者只需从分布式消息队列获取消息后进行处理，不需要知道该消息从何而来。消息接收者在对消息进行过滤、处理、包装后，构成一个新的消息类型，将消息继续发送出去，等待其他消息接收者订阅、处理该消息。因此，基于事件驱动的业务架构可以是一系列的流程。

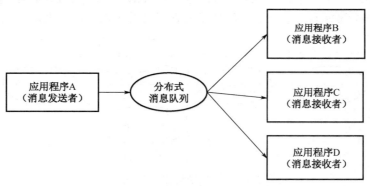

图 2.2　消息发布/订阅服务系统结构

例如，Apache Kafka 就是一种基于发布/订阅的容错消息系统，可以处理大量的数据，适合离线和在线消息处理，消息保留在磁盘上，并能在群集内复制以防止数据丢失。Kafka 构建在 ZooKeeper 同步服务软件之上，可以使用内置的 ZooKeeper 组件，也可以使用外部独立部署的 ZooKeeper 软件。Kafka 主要应用于两大类应用：

- 建立实时流数据管道，从而能够可靠地在系统或应用程序之间共享数据；
- 构建实时流应用程序，能够变换或者对数据进行相应的处理。

2. 开放数据库

开放数据库方式就是将被采集数据方的数据库直接呈现给采集方，直接将访问数据库的用户名和密码授权给对方。数据库管理员可以在数据库安全层面进行必要的安全管理，比如仅允许数据采集用户读取数据，不能修改和删除数据，也可以仅将某些数据向对方开放。在关系数据库中，通常采用数据库视图的方式提供数据访问接口。

开放数据库方式可以直接从目标数据库中获取所需的数据，准确性高，实时性也能得到保证，是最直接、便捷的一种数据采集方式。但开放数据库方式需要协调各个软件厂商开放数据库，难度大。一个平台如果同时连接多个软件厂商的数据库，并实时获取数据，这对平台性能也是巨大挑战。开放数据库方式，如果考虑不周，还存在极大的数据安全隐患；出于安全性考虑，数据拥有者一般不会开放自己的数据库。

在数据仓库的语境下，数据的提取（Extract）、转换（Transform）和加载（Load）的英文缩写为"ETL"，基本上成为数据采集的代表。对于 ETL 需要针对具体的业务场景对数据进行治理，如进行非法数据监测与过滤、格式转换与数据规范化、数据替换、保证数据完整性等。

用数据采集接口方式所采集的数据，其可靠性与价值较高，一般不存在数据重复的情况；数据通过接口实时传输，能够满足数据实时性要求。但其缺点是接口开发费用高，协调各个软件厂商的难度大，扩展性不高。

大数据采集工具的设计

一般来说，主流数据采集工具软件的主架构通常分为数据读取器（Reader）、数据解析器（Parser）和数据发送器（Sender）三部分，如图 2.3 所示。除了这三个日志收集常规组成部分，还应该包含若干可选模块，如基于过滤后的数据转换（Filter/Transformer）模块、数据暂存管道（Channel/Buffer）等。为了尽可能复用，每个组成部分都应编写成插件式的，以便灵活组装。Channel/Buffer 部分通常也应该提供基于内存或者基于磁盘的选择。

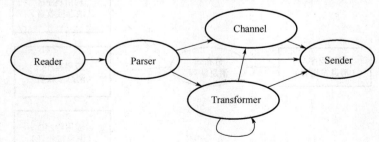

图 2.3 大数据采集工具软件的架构

对于 Reader、Parser、Sender 等插件共同组装的业务数据采集单元，称之为一个运行单元

(Runner)。数据采集工具必须可以同时运行多个 Runner，且每个 Runner 可以支持更新。更新可以通过多种方式实现，常规的是手动更新配置，然后重启。较好的设计是支持热更新，不需要重启，能够自动识别配置文件的变化。有时还可以用一个漂亮的 Web 界面用于配置变更，以解决数据收集配置复杂、用户使用门槛高的难题。所以，在整体架构之上还应该构建一个简单的 API 层，支持 Web 界面。

语言选择

大数据采集属于轻量级的 Agent 服务，一般选择 C/C++ 或者 Go 作为设计语言。其中，Go 语言是最近几年被推崇的编写数据采集工具软件的语言，如 Logstash 新开发的 beats 工具、Telegraf、cAdvisor 等，都是使用 Go 语言开发的。总体来说，用 Go 语言设计软件的门槛较低，性能优良，支持跨多种操作系统平台，部署也较为简便。

分模块设计

按照软件系统的设计模式，一般可按照功能分模块设计。对于数据采集工具软件来说，一般可分为以下几个模块进行设计开发。

1. Reader 模块

Reader 模块负责从不同数据源中读取数据。在设计 Reader 模块时，需要支持插件式数据源接入，且将接口设计得足够简单，方便程序员共享较多的读取数据源驱动。自定义数据源，最基本的只需实现：

```
ReadLine() string
SyncMeta() error
```

这两个方法即可。

从数据来源上分类，数据读取大致可分为从文件读取、从数据存储服务端读取以及从消息队列中读取三类。每一类 Reader 均在发送成功后通过 SyncMeta() 函数记录读取的位置，保证数据不会因为 Runner 意外中断而丢失。

从文件读取数据较为常见，针对文件的不同 rotate() 方法，有不同的读取模式，主要有 file、dir 和 tailx 三种模式。

2. Parser 模块

Parser 模块负责将数据源中读取的数据解析到对应的字段和类型，目前常见的几种开源解析器有 csv parser、json parser、基于正则表达式（grok）parser、raw parser 和 nginx/apache parser。同 Reader 模块一样，也需要实现自定义解析器的插件功能，但 Parser 更为简单，只需实现：

```
Parse(lines []string) (datas []sender.Data, err error)
```

这个最基本的解析（Parse）方法即可。

一般来说，若不考虑解析性能的优劣，这几种解析器基本上可以满足所有数据解析的需求，将一行行数据解析为带有 Schema（具备字段名称和类型）的数据。

3. Transformer 模块

Transformer 是 Parser 的补充，针对字段进行数据变换。例如，如果有个字段想做字符串替换，在所有字段名称为"name"的数据中把值为"Tom"的数据改为"Tim"，那么可以添加一个字符串替换的 Transformer，针对"name"这个字段做替换。再如，字段中有个"IP"，用户希望将这个 IP 解析成运营商、城市等信息，那么就可以添加一个 Transformer 做这个 IP 信息的转换。当然，Transformer 应该可以连接到一起联动合作。因此，当希望对某个字段做操作时，数据采集工具还需要提供 Transformer/Filter 的功能，因为纯粹的解析器不能满足要求。

4. Channel 模块

所采集的大数据经过解析和变换后就可以认为已经处理好了，此时数据会进入待发送队列，即 Channel 部分。Channel 的好坏决定了一个数据采集发送工具的性能及可靠程度，它是大数据采集工具中技术含量最高的一个组成部分。

数据收集工具，顾名思义就是将数据收集起来，再发送到指定位置，而为了将性能最优化，必须把收集和发送解耦，中间提供一个缓冲带，而 Channel 就是负责数据暂存的地方。有了 Channel，读取和发送模块之间就解耦了，可以利用 CPU 多核优势，多线程发送数据，提高数据吞吐量。

5. Sender 模块

Sender 模块的主要作用是将队列中的数据发送至 Sender 支持的各类服务，一个最基本的实现同样应该设计得尽可能简单，理论上仅需实现：

```
Send([]Data) error
```

这样一个 Send 接口即可。但是，在实现一个发送端时，需要注意：

- ▶ 多线程发送；
- ▶ 错误处理与限时等待；
- ▶ 数据压缩发送；
- ▶ 带宽限流；
- ▶ 字段填充（UUID/timestamp）、字段别名、字段筛选、类型转换；
- ▶ 尽可能让用户使用简单。

练习

1. 大数据的数据采集对象主要有哪些？
2. 国内首先实施政府数据开放的城市是（　　）。
   a. 北京　　　　　　b. 上海　　　　　　c. 深圳　　　　　　d. 广州
3. 简述大数据采集的主要方法。
4. DPI 技术的主要特点是什么？
5. REST API 的返回值通常采用 XML 或 JSON 格式，请举例说明。

补充练习

在互联网上检索查找文献，并讨论：
1. 有哪些比较常用的数据采集软件？

2. 何谓留存用户和用户留存率？网站转化率是指什么？

第二节　互联网数据采集

伴随着互联网的高速发展应用，互联网承载了海量的数据信息，互联网数据采集已经广泛遍布各个领域，包括电子商务、电子政务、金融、医疗等。搜索引擎是一种常用的辅助人们检索信息的工具，可以作为用户访问互联网的入口采集数据，但通用的搜索引擎存在着较大的局限性。目前，通用的搜索引擎多数仅提供基于关键字的检索，难以支持基于语义信息的查询和检索。

本节重点讨论以定向抓取网站资源为目的的网络爬虫技术，同时介绍系统日志采集技术。

学习目标

- ▶ 掌握互联网数据的采集方法，包括网络爬虫、日志文件的采集原理和工作机制；
- ▶ 熟悉网络爬虫的系统架构、常用的爬虫策略；
- ▶ 掌握 Log4j 日志框架的基本概念和用法。

关键知识点

- ▶ 网络爬虫技术与网站建设技术有着密不可分的关系，熟悉网站建设技术是编写网络爬虫程序的关键；
- ▶ Log4j 可以快速构建较为完美的日志系统。

基于网络爬虫的数据采集

公开的互联网数据目前已经成为大数据分析的重要来源，然而由于互联网网站构建的方式千差万别，所采用的技术多种多样，网站的数量极为庞大，其内容以及呈现的方式也各不相同，有用的信息和无用的信息纠缠在一起。那么如何从这些公开的互联网站点上获取有用信息呢？显然，依赖人工阅读网站获取有用数据的方式行不通，通用搜索引擎功能受限也难以满足要求。于是，一种称为"网络爬虫"的技术应运而生，并已成为互联网上抓取网站信息的主要手段。网络爬虫就是一个探测机器，它的基本操作就是模拟人的行为去各个网站溜达，点点按钮，查查数据，或者把看到的信息取回来，就像一只虫子在一幢楼里不知疲倦地爬来爬去。

网络爬虫的工作原理

目前在互联网上，已经密密麻麻爬满了各种网络爬虫，它们善恶不同，各怀心思，越是每个人切身利益所在的地方，就越是爬满了网络爬虫。那么，什么是网络爬虫？它的基本工作原理又是什么？

所谓网络爬虫（Web Crawler），就是一种按照一定的规则、能够自动地抓取互联网信息的程序或者脚本。网络爬虫又称为网络机器人、网络蜘蛛、网络追逐者。网络爬虫已经被广泛用于互联网搜索引擎以及大数据采集，可以自动采集所有其能够访问到的页面内容。

当网络爬虫在浏览网页时，除了阅读当前网页所包含的文字、图片等内容之外，往往还能看到内嵌的一些超链接信息，通过这些超链接可以直接进入下一个网页浏览，下一个网页仍然可能包含另外一些超链接。如此这般,通过超链接就可以不断地获得所需的信息,在网上"漫游"的过程就像蜘蛛的爬行过程,如图 2.4 所示。

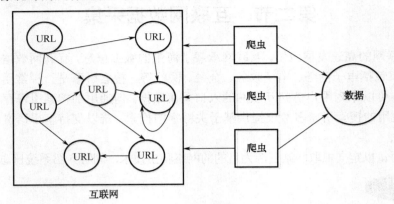

图 2.4　网络爬虫工作示意图

网络爬虫程序通过下载网页数据,按照一定的过滤规则分析其中的内容,从中记录有用的数据信息,不断地通过网页中包含的超链接进一步获得更多的数据信息。网络爬虫技术涉及多个方面,例如如何选择首批网页链接的统一资源定位符(Uniform Resource Locator,URL)(种子 URL)、采用的搜索策略、搜索结果如何存储、网页解析规则的设置等内容。

网络爬虫中有一个很重要的组件就是 URL 管理器,其主要功能是管理待抓取的 URL 队列和已抓取的 URL 队列,防止循环/重复抓取网页。有的简单爬虫仅有一个页面,复杂爬虫会从当前抓取页面中抓到其他超链接,这些处理都由 URL 管理器负责完成。网络爬虫的基本工作流程如下(如图 2.5 所示):

- ▶ 首选一批种子 URL 置于待抓取 URL 队列;
- ▶ 遍历待抓取 URL 队列中的 URL,发送 URL 请求到对应 Web 服务器,获取网页响应内容并保存网页信息;
- ▶ 分析下载网页中内嵌的 URL 链接,并将这些 URL 链接存放于已抓取 URL 队列;
- ▶ 应用相应的解析规则,分析网页获取相关数据,并将其保存到关系数据库(如 Oracle)或非关系数据库(如 HBase)中。
- ▶ 根据不同的搜索策略进行下一个 URL 处理,直至待抓取 URL 队列中的所有 URL 遍历结束或满足其他终止条件而终止执行。

从网络爬虫所面向的应用来看,可以分为通用网络爬虫和聚焦网络爬虫。通用网络爬虫是搜索引擎抓取系统的重要组成部分,其主要功能是将互联网上的网页下载到本地,形成一个互联网内容的镜像备份;聚焦网络爬虫是面向特定主题需求的一种网络爬虫程序,它与通用网络爬虫的区别在于它在实施网页抓取时会对内容进行处理和筛选,尽量保证只抓取与需求相关的网页信息。

常见的网络爬虫有 Google 爬虫、Mercactor、北大天网、Internet Archive、UbiCrawler 等;带有可视化界面的爬虫工具有 Import.io、Portia、八爪鱼、集搜客、造数、BBD 等。

网络爬虫对网页服务器提供者来说,由于网络爬虫不断地访问服务器,因而可能给服务器造成不必要的负担,尤其是一些"恶意"的网络爬虫程序,密集高频度地访问内容服务器就相当于一种"拒绝服务"的网络攻击。为了避免这种不必要的负担,网页服务器设计者往往会进行反爬虫设计。

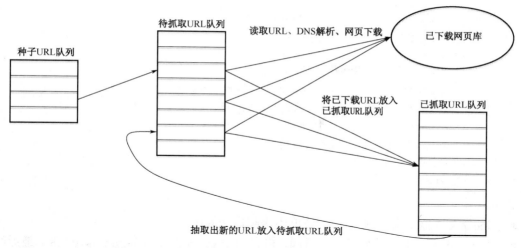

图 2.5 网络爬虫的一般工作流程

网络爬虫协议

Martijn Koster 在 1994 年 2 月提出了 Robots 协议，Robots 协议被称为爬虫协议或机器人协议，其全称为"网络爬虫排除标准"（Robots Exclusion Protocol）。每个网站的 Robots 协议都在该网站的根目录下，以 robots.txt 文件存在。网站通过 Robots 协议告诉搜索引擎哪些页面可以抓取，哪些页面不能抓取。Robots 协议就是每个网站对于到来的爬虫所提出的要求，该协议并非强制要求遵守，只是一种建议，但是如果不遵守有可能会承担法律责任。例如，百度的 Robots 协议的位置为 https://www.baidu.com/robots.txt，京东的 Robots 协议在 https://www.jd.com/robots.txt 中。图 2.6 所示是苏宁易购官方网站（https://www.suning.com/robots.txt）的 robots.txt 文件。

Robots 协议的基本语法如下：

```
User-agent: 爬虫的名称
Disallow: 该爬虫不允许访问的内容
```

```
User-agent: EtaoSpider
Disallow: /

User-Agent: *
Disallow: /pinpai/*-0-0-0-*
Disallow: /detail/
Disallow: /pds-web/
Disallow: /webapp/
Disallow: /*?*
Disallow: /emall/cprd*
Disallow: /emall/sprd*
Disallow: /emall/cuxiao_10052_10051_*
```

图 2.6 苏宁易购官方网站的 robots.txt 文件

在图 2.6 中，爬虫的名称叫"EtaoSpider"，该名称如果为*，则表示所有爬虫。Disallow: /detail/ 表示/detail/目录下的内容禁止搜索。Disallow:*?* 表示禁止搜索引擎爬寻包含"?"的网页。

网络爬虫会通过网页内部的链接发现新的网页，但是如果网页内部没有链接指向的新网页该怎么办？或者用户输入条件生成的动态网页怎么办？能否让网站管理员通知网络爬虫网站上有哪些可供抓取的网页？这就需要用到 Sitemap（站点地图）。站点地图以 XML 文件存在，就是一个列出了网站上所有页面地址的清单文件。一个典型的站点地图的文件内容如下：

```
<urlset xmlns="http://www.sitemaps.org/schemas/sitemap/0.9">
    <url>
        <loc>http://liuxianan.com/</loc>
        <lastmod>2018-09-06T00:00:16+08:00</lastmod>
```

```xml
        <changefreq>daily</changefreq>
        <priority>1.0</priority>
    </url>
    <url>
        <loc>http://liuxianan.com/link.html</loc>
        <lastmod>2018-09-06T00:00:16+08:00</lastmod>
        <changefreq>daily</changefreq>
        <priority>0.8</priority>
    </url>
</urlset>
```

其中：

- loc 表示完整网址，必填项，长度不得超过 256 B；
- lastmod 表示本网页最后修改时间，格式为 yyyy-MM-ddTHH:mm:ss+08:00，最后面的 "+08:00" 表示的是东八区；
- changefreq 表示更新频率，可选值：always、hourly、daily、weekly、monthly、yearly、never；
- priority 用来指定此链接相对于其他链接的优先权比值，可选值为 0.0～1.0，一般来说网站首页为 1.0，然后二级、三级页面依次降低。

通过在 robots.txt 里设置 sitemap 值，能够让网络爬虫读取其中的 sitemap 路径，接着抓取站点地图中链接的网页。例如，在 robots.txt 放置网站 www.myweb.com 的站点地图如下：

```
sitemap: http://www.myweb.com/sitemap.xml
```

网络爬虫系统架构

从功能上来讲，网络爬虫程序一般分为数据采集、处理、存储三部分。网络爬虫的系统框架如图 2.7 所示。数据采集部分一般通过 Web 客户端（网页下载器）实现，网页下载器通常采用多任务设计方式，需要通过爬虫调度器进行任务分配和调度。URL 管理器负责管理 URL 队列的存储、更新策略。网页解析器将一些 JavaScript 脚本标签、CSS 代码内容、空格字符、HTML 标签等内容处理掉，爬虫的基本工作由解析器完成。对于结构化数据的存储，一般采用大型的关系数据库，如 Oracle、MySQL；对于非结构化或半结构化数据，可以采用非关系数据库，如 HBase。在实际应用中，通常爬虫调度器、URL 管理器和网页解析器等组件合称为爬虫服务器，例如 Redis 系统常作为爬虫服务器的应用框架。

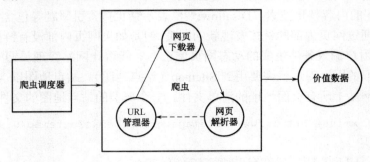

图 2.7　网络爬虫的系统架构

Web 网络爬虫系统一般会选择一些比较重要的、网页中超链接数较大的页面 URL（通常是网站首页）作为种子 URL 集合。网络爬虫系统以这些种子集合作为初始 URL，开始数据的抓取。因为网页中含有链接信息，通过已有网页的 URL 能得到一些新的 URL，可以把网页之间的指向结构视为一个森林，每个种子 URL 对应的网页是森林中的一棵树的根节点。网络爬虫系统根据广度优先算法或者深度优先算法遍历所有的网页。由于深度优先搜索算法可能会使爬虫系统陷入一个网站内部，不利于搜索比较靠近网站首页的网页信息，所以一般采用广度优先搜索算法采集网页。Web 网络爬虫系统首先将种子 URL 放入下载队列，然后简单地从队首取出一个 URL 下载其对应的网页；得到网页的内容并将其存储后，再经过解析网页中的链接信息可以得到一些新的 URL，将这些 URL 加入下载队列。然后取出一个 URL，对其对应的网页进行下载，再进行解析。如此反复，直到遍历整个网络或者满足某种条件后才会停止下来。

一个设计良好的爬虫系统需要考虑很多方面，例如爬虫种子的获取方式，爬虫调度器如何设计，下载页面是否需要保留 JavaScript 渲染，请求网页是否需要设置请求头，访问网站服务器的速度和频率以免因过度访问而被网站服务器封杀，哪些页面需要进行数据提取，页面的数据格式、解析规则以及获取到结果之后如何对结果进行整理、规范化和持久化等。此外，在设计爬虫时不要忘记隐藏自己的真实 IP，可以采用 IP 代理池技术。IP 代理池使每一次访问网站服务器都会使用不同的源 IP 地址，以避免被网站服务器封掉。最后网络爬虫应该善意地对待任何服务器资源，不要太过频繁以及无所节制地从网站服务器上获取资源。一般来说，网络爬虫的设计策略和原则如下：

- 避免重复下载；
- 增加多个工作队列，提高并行处理能力，其中工作队列有等待队列、处理队列、成功队列、失败队列；
- 利用网页代理（Proxy）缓冲，检查是否需要从远程下载；
- 同一站点的 URL 尽量映射到同一个线程处理，避免同时访问而给网站带来负担。

网络爬虫遍历策略

在爬虫系统中，待抓取 URL 队列是很重要的组成部分。待抓取 URL 队列中的 URL 以什么样的顺序排列也是一个很重要的问题，因为这涉及到先抓取哪个页面，后抓取哪个页面。而决定这些 URL 排列顺序的方法，叫作遍历策略。几种常见的网络爬虫遍历策略如下。

1. PageRank 算法

网络爬虫遍历策略与网页的评价指标有着密切的关系，网页质量可以使用 PageRank 算法进行计算，该算法在 1998 年 4 月举行的第七届国际万维网大会上由 Sergey Brin 和 Larry Page 提出。PageRank（PR）值通过计算页面链接的数量和质量来确定网站重要性的粗略估计。网页质量的评估遵循以下两个假设：

- 数量假设：一个节点（网页）的入度（被链接数）越大，页面质量越高；
- 质量假设：一个节点（网页）的入度的来源（哪些网页在链接它）质量越高，页面质量越高。

PageRank 算法的原理是：首先预先给每个网页一个 PR 值，PR 值在物理意义上为一个网页被访问概率，即 $1/N$（其中 N 为网页链出总数）。互联网中的众多网页可以看作一个有向图（DAG），如图 2.8（a）所示。这时 A 的 PR 值就可以表示为：

$$PR(A) = PR(B) + PR(C) + PR(D) \tag{2-1}$$

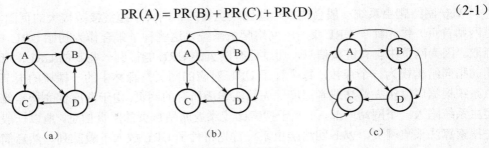

图 2.8 网页之间的链接关系

然而图 2.8（a）中除了 C 之外，B 和 D 都不止有一条出链，基于一个网页不能重复计算多次 PR 值的原则，B 网页的 PR 值只能均分给每一个链出的网页。所以，式（2-1）需要修正为：

$$PR(A) = \frac{PR(B)}{2} + \frac{PR(C)}{1} + \frac{PR(D)}{2} \tag{2-2}$$

式（2-2）实际上是根据链出总数平分一个网页的 PR 值，即

$$PR(A) = \frac{PR(B)}{L(B)} + \frac{PR(C)}{L(C)} + \frac{PR(D)}{L(D)} \tag{2-3}$$

其中 L 为网页的链出数。这就是 PR 计算模型中的简单浏览模型计算方法。对于任意网页 i，它的 PR 值可以表示为：

$$PR_i = \sum_{j \in M_i} \frac{PR_j}{L_j} \tag{2-4}$$

其中，PR_i 为网页 i 的 PR 值；PR_j 为网页 j 的 PR 值；L_j 为网页 j 的链出数；M_i 为链接到网页 i 的网页集合。

实际网络超链接环境并非如此理想，计算 PR 值的简单浏览模型可能存在缺陷。例如，某些网页可能不包含任何超链接，即没有出链，如图 2.8（b）中的 C 网页所示，它对其他网页没有 PR 值的贡献。对这种网页，如果设定其对所有的网页（包括自身）都有出链，则此时图 2.8（b）中 A 的 PR 值可表示为：

$$PR(A) = \frac{PR(B)}{2} + \frac{PR(C)}{4} + \frac{PR(D)}{2} \tag{2-5}$$

再考虑另一种情况。假如一个网页只包含指向自身的超链接，即只对自己有出链，或者几个网页的出链形成一个循环圈，如图 2.8（c）中的 C 网页所示；那么，在不断地迭代的过程中，一个或几个网页的 PR 值将只增不减，这明显不合理。为了解决这个问题，想象一个随机浏览网页的人，当他到达 C 网页后，显然不会一直点击链接自身的 C 网页。假定他有一个确定的概率会输入网址直接跳转到一个随机的网页，并且跳转到每个网页的概率是一样的，则图 2.8（c）中 A 的 PR 值可表示为：

$$PR(A) = \alpha \times \frac{PR(B)}{2} + \frac{(1-\alpha)}{4} + \alpha \times \frac{PR(D)}{2} \tag{2-6}$$

由此可以得出计算 PR 值的随机浏览模型的通用计算公式。假定一个上网者从一个随机的网页开始浏览，不断点击当前网页的链接开始下一个网页的浏览，那么当前网页的 PR 值为：

$$PR_i = \frac{(1-\alpha)}{N} + \alpha \times \sum_{j \in M_i} \frac{PR_j}{L_j} \tag{2-7}$$

其中，α 为阻尼因子，即按照概率 α 浏览网页中超链接，一般取 $\alpha=0.85$；N 为 M_i 中的网页总数；PR_i 为当前网页 i 的 PR 值；PR_j 为网页 j 的 PR 值；L_j 为网页 j 的链出数；M_i 为链接到网页 i 的网页集合。

2. 深度优先遍历策略

所谓深度优先，就是从起始网页开始，选择一个 URL 开始搜索，分析该 URL 获取网页中的内嵌 URL，选择此 URL 再进入。如此一个链接一个链接地深入追踪下去，处理完一条路线之后再处理下一条路线。例如页面 1（种子页）中含有超链接 2、3、4，页面 2 中含有超链接 5、6，页面 3 含有超链接 7，页面 4 含有超链接 8、9，如图 2.9 所示，则深度优先策略的遍历顺序为 1-2-5-6-3-7-4-8-9。然而，深度优先型网络爬虫存在一个问题，例如门户网站提供的链接往往最具价值，网页排名（PageRank）通常很高，而每深入一层，网页价值和 PageRank 都会相应地有所下降。这暗示了重要网页通常距离种子较近，而过度深入所抓取到的网页，其价值很低。

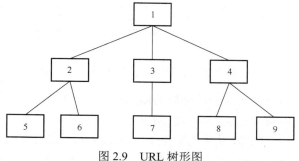

图 2.9　URL 树形图

3. 广度优先遍历策略

广度优先遍历策略又称为宽度优先遍历策略，其基本思想是将新下载网页所包含的超链接直接追加到待抓取 URL 队列末尾。这种策略效果很好，网页抓取顺序基本上是按照网页的重要性排序。一般情况下，如果某个网页包含很多超链接，则表明该网页比较重要。与深度优先策略相比，该网页上的超链接更有可能被广度优先遍历策略更早抓到。若图 2.9 中的网页采用广度优先遍历策略，则其遍历的顺序为 1-2-3-4-5-6-7-8-9。从网页质量计算方法能够看出，广度优先遍历策略要明显优于深度优先遍历策略。

4. 非完全 PageRank 策略

非完全的 PageRank 算法借鉴了 PageRank 算法的思想。对于已经下载的网页，连同待抓取 URL 队列中的 URL，形成网页集合。在此集合内利用 PageRank 算法计算每个页面的 PageRank 值，计算完之后再将待抓取 URL 队列中的 URL 按照 PageRank 值的大小由高到低排序，形成的序列就是爬虫接下来应该依次抓取的 URL 列表序列。

如果每抓取到一个新页面均要进行 PageRank 计算，则其计算量非常繁重，从而导致爬虫效率低下。为了降低 PageRank 的计算量，不再是每得到一个新网页就进行计算，而是将这些新网页数量攒够 N 个后再进行一次计算。对于已经下载下来的页面中分析出的新链接，也就是未知网页那一部分，暂时是没有 PageRank 值的。为了解决这个问题，会给这些页面一个临时的 PageRank 值，将这个网页所有入链传递进来的 PageRank 值进行汇总，这样就形成了该未知页面的 PageRank 值，从而参与排序。

如图 2.10 所示，设定每下载 3 个网页进行新的 PageRank 计算，此时已经有 {1, 2, 3} 这 3 个网页下载到本地。这 3 个网页包含的链接指向 {4, 5, 6}，即待抓取 URL 队列。如何决定下载顺序？将这 6 个网页形成新的集合，对这个集合计算 PageRank 的值，这样 4、5、6 就获得自己对应的 PageRank 值，由大到小排序，即可得出下载顺序。假设顺序为 5、4、6，当下载网

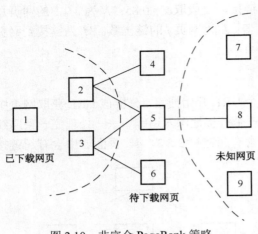

图 2.10 非完全 PageRank 策略

页 5 后抽取出链接,指向网页 8,此时赋予 8 临时 PageRank 值,如果这个值大于 4 和 6 的 PageRank 值,则接下来优先下载网页 8。如此不断循环,即形成了非完全 PageRank 策略。

5. OPIC 策略

Abiteboul 等人 2003 年提出了在线页面重要性计算(Online Page Importance Computation,OPIC)策略。该策略可以看作一种改进的 PageRank 算法。在算法开始之前,每个互联网页面都给予相同的"现金",每当下载了某个页面 P 后,P 就将自己拥有的"现金"平均分配给页面中包含的链接页面,把自己的"现金"清空;而对于待爬取 URL 队列中的网页,则根据其手头拥有的"现金"金额多少排序,优先下载"现金"最多的网页。

OPIC 从大的框架上与 PageRank 算法的思路基本一致。它与 PageRank 算法的区别在于:PageRank 算法每次需要迭代计算;而 OPIC 策略不需要迭代过程,所以其计算速度远远快与 PageRank 算法,适合实时计算。同时,PageRank 算法在计算时,存在向无链接关系网页的远程跳转过程,而 OPIC 策略没有这一计算因子。实验结果表明,OPIC 策略是较好的重要性衡量策略,其效果略优于广度优化遍历策略。

6. 大站优先搜索策略

大站优先搜索策略,即以网站为单位来确定网页重要性,将待爬取的 URL 队列中的网页根据所属网站归类,哪个网站等待下载的页面最多,就优先下载这些链接。其本质思想倾向于优先下载大型网站,因为大型网站往往包含更多的页面。鉴于大型网站往往是著名企业的内容,其网页质量一般较高,所以这个思路虽然简单,但是有一定依据。实验表明,该策略的效果也要略优于广度优先遍历策略。

7. 最佳优先搜索策略

最佳优先策略是指按照某种网页分析算法预测候选 URL 与目标网页的相似度或主题的相关性,选取评价最好的一个或几个 URL 进行进一步的爬取。这种策略的缺陷是可能会有很多相关网页被忽略,但是这种策略可以将无关网页数量降低 30%~90%。

8. 反向链接数策略

反向链接数是指一个网页被其他网页链接指向的数量,它表示的是一个网页的内容受到其他人推荐的程度。因此,很多时候搜索引擎的抓取系统会使用这个指标来评价网页的重要程度,从而决定不同网页的抓取先后顺序。

分布式爬虫(Nutch)

Apache Nutch 是一个具有高度扩展性、伸缩性的开源 Web 爬虫软件项目,起源于 Apache Lucene。Nutch 是一个非常成熟的产品化网络爬虫,有 1.x 和 2.x 两个版本。两个版本的主要区别在于底层的存储不同:1.x 版本支持细粒度配置,以 Apache Hadoop 数据结构为依托,提供了良好的批处理能力，底层存储使用的是 HDFS；而 2.x 通过使用 Apache Gora，使得 Nutch 可以访问 HBase、Accumulo、Cassandra、MySQL、DataFileAvroStore、AvroStore 等 NoSQL。

Nutch 主要分为爬虫（Crawler）和查询（Searcher）两部分。Crawler 主要用于从网络上抓取网页，并为这些网页建立索引；Searcher 主要利用这些索引检索用户的查找关键词来产生查找结果。

Nutch 采用广度优先搜索技术进行抓取，Nutch 爬虫着重两方面：存储和爬虫过程。Nutch 的存储主要使用数据文件，包括三类：Web 数据库、段（segment）和索引（index）。Web 数据库实际上是存储 URL 的数据库，主要用于存储网络爬虫抓取的网页之间的链接结构信息，包括两种实体信息：Page 和 Link。Page 描述网页的特征信息，包括网页内的链接数、网页的抓取时间、对网页的重要度评分；Link 描述两个 Page 实体的链接关系。Web 数据库存储着所抓取网页链接结构图，Page 实体是图的节点，Link 实体则代表图的边。Web 数据只为网络爬虫服务，不参与后面的检索与加载工作。段存储的是一次爬取过程中抓到的页面及这些网页的索引。爬虫爬行时会按照 Web 数据库中的链接关系，并以一定的策略生成每次抓取所需的 URL 预取列表，然后 Nutch 的抓取组件类（Fetcher）根据列表中的 URL 抓取网页并索引，并将索引存储在段中。存储时，段文件夹是以产生时间命名的，方便删除。索引是爬虫抓取的所有网页的索引，它是将所有段中的索引合并处理后得到的。Nutch 利用 Lucene 技术进行索引，但是 Lucene 中的段是索引的一部分，而 Nutch 中段和索引是各自独立的。

Nutch 爬虫的工作原理：首先根据 Web 数据库生成的一个待抓取网页的 URL 集合——预取列表，然后下载线程类 Fetcher 类开始根据预取列表进行网页抓取。如果下载的网页有很多个，那就生成很多个预取列表，也就是一个 Fetcher 线程类对应一个预取列表。爬虫根据抓取回来的网页更新 WebDB，根据更新后的 WebDB 生成新的预取列表。接着下一轮抓取循环重新开始，这个过程叫作"产生→抓取→更新"循环。同时，指向同一个主机上的 Web 资源的 URL 通常分配在同一个预取列表中，以防止网页服务器压力过大。

在 Nutch 中抓取操作的实现是通过一系列的子操作来完成的。Nutch 中提供了子命令可以单独调用这些子操作。子命令的功能如下：

（1）创建一个新的 WebDB（admin db -create），并将起始的 URL 写入 WebDB（inject）；
（2）根据 WebDB 生成预取列表 fetch list 并写入相应的 segment（generate）；
（3）根据预取列表的 URL 抓取网页（fetch）；
（4）解析获取的网页（parse）；
（5）根据网页内的 URL 更新 WebDB（updateDB）；
（6）循环以上（2）～（5）步直至预先设定的深度；
（7）根据 WebDB 得到的网页评分和链接更新 segments（updatesegs）；
（8）对抓取的网页进行索引（Index）；
（9）在索引中丢弃有重复内容的网页和重复的 URL（dedup）；
（10）将 segments 中的索引进行合并，并生成用于检索的最终 Index（merge）。

系统日志采集

日志是计算机领域中广泛使用的一个概念。计算机中的任何程序都可以输出日志，这些程序包括操作系统内核、各种应用服务器等。在各类程序产生的日志中，其内容、规模和用途各不相同。在此,日志特指互联网领域的 Web 日志,即服务器在运行过程中处理客户端各种请求以及记录错误的文件,有时也称为服务器日志或网站日志。在 Web 日志中,每条日志通常代表着用户的一次访问行为。例如,下面就是一条典型的 Apache 日志:

```
211.87.152.44 - - [18/Mar/2018:12:21:42 +0800] " GET / HTTP/1.1" 200 899
" http://www.baidu.com/" " Mozilla/4.0 (compatible; MSIE 6.0; Windows NT
5.1; Maxthon) "
```

从这条日志可以得到很多有用的信息,如访问者的 IP、访问的时间、访问的目标网页、源地址以及访问者所使用的客户端的 UserAgent 信息等。如果需要更多的信息,则要用其他手段去获取。例如,想得到用户屏幕的分辨率,一般需要使用 js 代码单独发送请求;而如果想得到用户访问的具体新闻标题等信息,则可能需要 Web 应用程序在自己的代码里输出。因此,日志文件是网站或系统软件管理员的重要辅助工具,也是业务系统运行状态忠实的记录者,几乎每台服务器都会产生大量的日志记录。

日志采集的目的

系统日志通常以文件的形式存在。在一些业务系统中,日志数据也可以直接存储在关系数据库中。例如在 Linux 系统中,系统日志存放在/var/log/目录中,如/var/log/boot.log 记录了系统启动时的日志。而应用日志主要是第三方应用服务器所产生的日志,如 Tomcat Web Server、Apache2 等服务器产生的日志文件,通常位于它们各自的安装目录下。

从软件开发的角度看,日志记录的内容主要包括两部分:一是软件运行数据的记录(如重要的业务数据修改),以便日后对修改数据的追踪,日志也能成为在事故发生后查明"发生了什么"的一个很好的取证来源;二是软件运行过程中异常行为的记录(如程序出现不该有的空指针异常等),以便为程序的代码调试提供方便。通常,一个精心编写的日志代码能够提供快速的调试,维护方便。因此,可以使用日志系统所记录的信息为系统进行排错,优化系统的性能,或者根据这些信息调整系统的行为。也可以通过收集日志文件的数据,分析出有价值的信息,提高系统、产品的安全性,达到完善代码,优化产品的目的。日志也可以为审计进行审计跟踪,系统用久了偶尔也会出现一些错误,此时通常需要借助日志进行系统排错、问题定位。

从大数据分析的角度来看,日志采集的主要目的是为了进行日志分析。Web 日志中包含了大量令人感兴趣的信息。例如,可以从日志记录中获取网站每个页面的访问量、访问用户的独立 IP 数。另外,还可以获取一些较为复杂的信息。例如,统计出关键词的检索频率、用户停留时间最长的页面,甚至可获取更复杂的信息。

Log4j 日志框架

在应用程序中添加日志记录,最普通的做法是在代码中嵌入许多的打印语句,这些打印语句可以输出到控制台或文件中。比较好的做法就是构造一个日志操作类来封装此类操作,而不是让一系列的打印语句充斥了代码的主体。为此,Apache 提供了一个强有力的日志操作软件包——Log4j。

Log4j 是一个用 Java 编写的可靠、快速和灵活的日志框架。它是高度可配置的,并通过对配置文件的设置影响日志的产生和输出。Log4j 是 Apache 的一个开源项目,通过使用 Log4j 可以控制日志信息输送的目的地是控制台、文件、GUI 组件,甚至是套接口服务器、其他进程等；可以控制每一条日志的输出格式；通过定义每一条日志信息的级别，能够更加细致地控制日志的生成过程。Log4j 框架中主要包括 3 个组件：
- Logger——日志记录器，负责捕获记录信息；
- Appender——日志发布器，负责发布日志信息，将日志存储在不同的目的地；
- Layout——日志展示器，负责格式化不同风格的日志信息。

Appender 为日志输出目的地，Log4j 提供的 Appender 有以下几种：
- org.apache.log4j.ConsoleAppender——控制台；
- org.apache.log4j.FileAppender——文件；
- org.apache.log4j.DailyRollingFileAppender——每天产生一个日志文件；
- org.apache.log4j.RollingFileAppender——文件大小到达指定尺寸时产生一个新的文件；
- org.apache.log4j.WriterAppender——将日志信息以流格式发送到任意指定的地方。

Layout 为日志输出格式，Log4j 提供的 Layout 有以下几种：
- org.apache.log4j.HTMLLayout——以 HTML 表格形式布局；
- org.apache.log4j.PatternLayout——自定义布局模式；
- org.apache.log4j.SimpleLayout——包含日志信息的级别和信息字符串；
- org.apache.log4j.TTCCLayout——包含日志产生的时间、线程、类别等信息。

Log4J 采用类似 C 语言中的 printf 函数的打印格式格式化日志信息，其格式说明如下：
- %F——输出日志消息产生时所在的文件名称；
- %m——输出代码中指定的消息；
- %p——输出日志优先级，即 debug、info、warn、error 和 fatal；
- %r——输出从应用程序启动到程序输出该日志信息耗费的毫秒数；
- %c——输出所属的类目，通常就是所在类的全名；
- %t——输出产生该日志事件的线程名；
- %n——输出一个回车换行符，Windows 平台为 "\r\n"，UNIX 平台为 "\n"；
- %d——输出日志时间点的日期或时间，默认格式为 ISO8601，也可以在其后指定格式，例如 %d{yyyy-MM-dd HH:mm:ss}，输出格式类似于 "2018-05-13 09:12:33"；
- %L——输出代码中的行号；
- %l——输出日志事件的发生位置，包括类目名、发生的线程，以及在代码中的行数。

Log4j 规定了默认的 6 个日志级别，分别是 trace、debug、info、warn、error、fatal。级别之间是包含的关系。例如，若设置日志级别是 info，则大于等于这个级别的日志都会输出，即 trace、debug 级别的日志将被输出。
- trace——追踪，一般记录程序的执行过程，所以 trace 应该会特别多，通常设置最低日志级别不让它输出；
- debug——调试，一般输出供程序调试的信息，程序正式运行时一般不输出该级别的信息；
- info——输出感兴趣的或者重要的信息，程序运行时一般要求输出；
- warn——有些信息不是错误信息，但是也要给程序员的一些提示；
- error——错误信息，这些错误一般不会导致程序崩溃或宕机；
- fatal——级别比较高，一般指重大的、知名的错误，程序中不应该出现的错误，通常会导致程序结束运行。

下面以一段 Java 程序为例说明 Log4j 的基本用法。图 2.11 所示为使用 Log4j 框架的 Java 程序代码，其中需要使用 Log4j 开发包，开发包可以到 Log4j 官网下载。该 Java 代码中 Logger 类是日志记录器，调用 configure 函数表示使用默认的配置信息，不需要额外的日志配置文件（log4j.properties），logger.setLevel(Level.INFO) 表示设置日志输出为 INFO 级。Test 程序运行结果如图 2.12 所示。

```
import org.apache.log4j.BasicConfigurator;
import org.apache.log4j.Level;
import org.apache.log4j.Logger;

public class Test {
    public static void main(String[] args) {
        Logger logger = Logger.getLogger(Test.class);
        BasicConfigurator.configure();
        logger.setLevel(Level.INFO);
        logger.info("this is an info");
        logger.warn("this is a warn");
        logger.error("this is an error");
        logger.fatal("this is a fatal");
    }
}
```

```
D:\test>set CLASSPATH=log4j-1.2.17.jar;./

D:\test>javac Test.java

D:\test>java Test
0 [main] INFO Test  - this is an info
1 [main] WARN Test  - this is a warn
1 [main] ERROR Test  - this is an error
1 [main] FATAL Test  - this is a fatal

D:\test>
```

图 2.11 使用 Log4j 框架的 Java 程序代码　　　　图 2.12 Test 程序运行结果

上述代码也可以通过 Log4j 的配置文件 log4j.properties 定制日志输出，去掉图 2.11 中的 BasicConfigurator.configure() 和 logger.setLevel(Level.INFO) 两句代码，重新编译运行该程序，则不会输出程序中的任何信息。如果在 Test.java 所在的 test 目录中添加 log4j.properties 文件，该文件内容如下：

```
# Define the root logger with appender file
log = d:/test
log4j.rootLogger=WARN, FILE, stdout

# Define the file appender
log4j.appender.FILE=org.apache.log4j.FileAppender
log4j.appender.FILE.File=${log}/log.out

# Define the layout for file appender
log4j.appender.FILE.layout=org.apache.log4j.PatternLayout
log4j.appender.FILE.layout.conversionPattern=%m%n

### 输出到控制台 ###
log4j.appender.stdout = org.apache.log4j.ConsoleAppender
log4j.appender.stdout.Target = System.out
log4j.appender.stdout.layout = org.apache.log4j.PatternLayout
log4j.appender.stdout.layout.ConversionPattern = %m%n
```

同时，在 Test.java 代码的开头添加下列语句：

```
PropertyConfigurator.configure( "D:/test/log4j.properties " );
```

重新编译运行，则发现在控制台输出信息的同时在 test 目录下生成 log.out 文件。log4j.properties 中的 log4j.rootLogger=WARN, FILE, stdout 表示输出日志级别为"WARN"，输出目的地为文件 FILE 和 stdout，而 FILE 和 stdout 在该文件的下面又有详细描述。org.apache.log4j.ConsoleAppender 说明日志输出到控制台，有关 Log4j 日志配置文件的参数说明内容非常多，在此不做详细描述，请参考 Log4j 官方文档。

日志采集方式

日志文件已经成为大数据处理的一大数据对象，大型网站服务商（如 FaceBook 等）已将日志文件处理作为其日常工作的一项主要工作。系统日志数据的采集一般是通过设备中的日志记录子系统来实现的。日志记录子系统能够在必要时生产日志消息。当然，具体的日志信息采集方式取决于采集的内容和目的。

早期，绝大多数的日志分析工具仅限于单机系统。常见的日志数据采集方式有：SNMP 自陷（SNMP Trap）机制采集、系统日志（Syslog）协议的采集、Telnet 采集及文本方式（Mail 或 FTP）采集等。而某些互联网公司使用 rsync（类 UNIX 系统下的数据镜像备份工具）服务定时地将数据传送到大数据平台上，然后由大数据平台的监测程序完成数据入库操作。

随着大数据技术的发展应用，当数据量的增长超过单机处理的范围时，传统的日志采集分析工具就无能为力了，开源的数据采集方案（如 Apache Flume、Hadoop 的 Chukwa、Facebook 的 Scribe 及 Kafka 等）都得到了不同程度的应用。在日志产生的软件技术方面，使用最为广泛的是 Log4j 框架，采集日志数据的主要开源平台是 Flume 平台。Cloudera 开源出来的 Flume 可以实现点对点的实时数据传输，且支持多种数据源的采集。LinkedIn 的 Kafka 是一个分布式、分区的、多副本的、多订阅者的"提交"日志系统，它采用的策略是：生产者把数据推到 Kafka 集群上，而消费者主动去集群上拉数据。这些工具均采用分布式架构，能满足每秒数百 MB 的日志数据采集和传输需求。

日志数据采集示例

在实际进行大数据采集工作中，数据采集可能涉及多个平台、多个来源，有公司内部的，也有来自外部系统的数据输入。面对这样复杂的大数据，必须做好采集系统的设计和采集软件工具的选用。目前，许多互联网企业都有自己的海量数据采集工具，多用于日志数据采集，如 Apache 的 Flume、Hadoop 的 Chukwa、Facebook 的 Scribe 等。其中，Flume 是一个高可用性、高可靠性、分布式的海量日志采集、聚合和传输的常用软件系统。在此，作为日志数据采集示例，由简单到复杂给出了采用 Flume 进行日志数据采集的 3 种方法。

【例 2-1】简单的独立 Agent 采集示例。在 Flume 系统上配置监听端口号为 4444，一旦该端口号上出现数据，则将该数据在控制台上输出。具体操作步骤如下：

第 1 步，编写配置文件 example1.cfg，其中 Agent 名称为 a1。以下是配置文件的内容，其中"#"开头的行表示注释，capacity 参数表示 Channel（通道）最多可以存储的 Event 数量，transactionCapacity 参数表示每次 Sink（槽）最多可以从 Channel 中取到 Sink 中的 Event 数量。

```
# Name the components on this agent
a1.sources = r1
a1.sinks = k1
```

```
a1.channels = c1
# Describe/configure the source
a1.sources.r1.type = netcat
a1.sources.r1.bind = localhost
a1.sources.r1.port = 4444
# Describe the sink
a1.sinks.k1.type = logger
# Use a channel which buffers events in memory
a1.channels.c1.type = memory
a1.channels.c1.capacity = 1000
a1.channels.c1.transactionCapacity = 100
# Bind the source and sink to the channel
a1.sources.r1.channels = c1
a1.sinks.k1.channel = c1
```

第 2 步，在命令行下启动 flume-ng 进程。

```
$>flume-ng agent -f example1.conf --name a1 -Dflume.root.logger=INFO,
console
```

其中，"--name a1" 是命名代理名，必须与配置文件的名称保持一致。因为最后输出采用的是 Log4j，所以需要指明日志级别和输出目的地，这里设置为 info 级别，以及目的地为控制台。

第 3 步，打开另一个终端进行测试，执行 telnet 命令并输入一行文字 "this is my first flume case"，如图 2.13 所示。这时可以发现在第一个的命令行终端上显示 Flume 采集的数据，但采集的数据有丢失，如图 2.14 所示。丢失的原因是因为 Flume 内部限制 Event body 最长默认为 16 B。图 2.15 所示是 Flume 的官方文档，其中说明可以通过参数 maxBytesToLog 来改变默认值，实际实验表明并未达到效果，这应该是 Flume 的 Bug。

图 2.13　连接本机 4444 端口并发送数据　　图 2.14　Flume 控制台接收 Event 并 Sink 到 Logger 系统

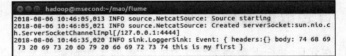

图 2.15　Flume Logger Sinker 的官方文档

【例 2-2】采集数据并保存到大数据平台。本例是在例 2-1 的基础上稍做改变而进行的，用来实现从命令行接收数据并保存到 Hadoop 分布式文件系统（HDFS）上的文件中。

第 1 步，编写配置文件 example2.cfg，内容与 example1.cfg 基本相同，只要改变或新增下列几行即可。其中 Source（源）为执行 tail 命令后的结果，Sink（槽）为 HDFS，必须预先在 HDFS 上建立 myflume 目录。

```
a1.sources.r1.type = exec
a1.sources.r1.comand=tail -F /home/hadoop/my.log
a1.sinks.k1.type = hdfs
a1.sinks.k1.hdfs.path=/myflume
```

第 2 步，建立 HDFS 目录 myflume。

```
$>hadoop hdfs -mkdir /myflume
```

第 3 步，在命令行下启动 flume-ng 进程。

```
$>flume-ng agent -f example2.conf --name a1
```

第 4 步，打开另一个终端进行测试，不断地向文件 my.log 中写入数据。

```
$> echo "hello world" >> my.log
```

通过浏览器查询 HDFS 上的目录 myflume，发现随着写入 my.log 文件的次数（每执行一次写入命令即为 1 次写入）的增加，myflume 目录中出现许多小文件，如图 2.16 所示。

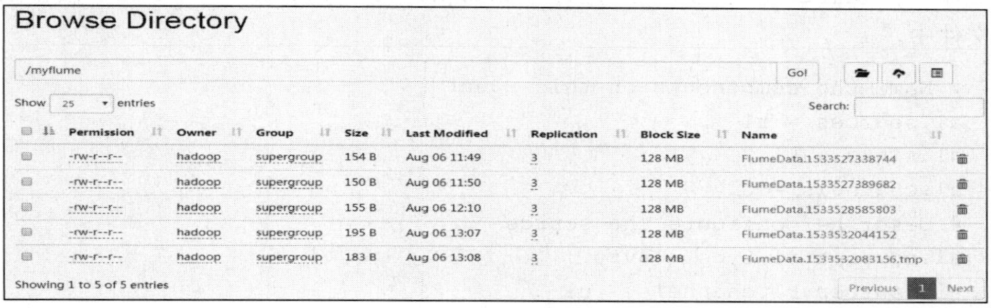

图 2.16　HDFS 目录中产生很多小文件

可以看到，在该图中列出了一些小文件。这些小文件不利于后续大数据平台的预处理或分析，有必要改变 Flume 产生许多小文件的做法。增加如下参数可解决这个问题：

```
a1.sinks.k1.hdfs.rollSize= 0
a1.sinks.k1.hdfs.rollCount= 0
```

其中，rollSize 默认值是 1024，当临时文件达到该大小（单位：B）时，滚动成目标文件；如果设置成 0，则表示不根据临时文件大小来滚动文件。rollCount 默认值是 10，当 Event 数据达到该数量时，将临时文件滚动成目标文件；如果设置成 0，则表示不根据 Event 数据来滚动文件。

【例 2-3】多 Agent 的日志采集。假设现有 3 台主机分别是 MS1、MS2 和 Master，3 台主机上分别安装 Flume 软件。使用 MS1、MS2 上 Agent 用来作为第一级的采集器，Master Agent 作为第二级的采集器。

第 1 步，在 MS1 和 MS2 主机上分别编写配置文件 example3.cfg。

```
# Name the components on this agent
a1.sources = r1
a1.sinks = k1
a1.channels = c1
# Describe/configure the source
a1.sources.r1.type = exec
```

```
a1.sources.r1.command = tail -F /home/hadoop/test.log
a1.sources.r1.channels = c1
# Describe the sink
a1.sinks.k1.type = avro
a1.sinks.k1.channel = c1
a1.sinks.k1.hostname = bigdata03
a1.sinks.k1.port = 4141
# Use a channel which buffers events in memory
a1.channels.c1.type = memory
a1.channels.c1.capacity = 1000
a1.channels.c1.transactionCapacity = 100
# Bind the source and sink to the channel
a1.sources.r1.channels = c1
a1.sinks.k1.channel = c1
```

第 2 步，在 Master 主机上编写配置文件 example4.cfg，Master 从 Avro 端口接收数据，并保存到文件中。

```
# Name the components on this agent
a1.sources = r1
a1.sinks = k1
a1.channels = c1
# Describe/configure the source
a1.sources.r1.type = avro
a1.sources.r1.channels = c1
a1.sources.r1.bind = 0.0.0.0
a1.sources.r1.port = 4141
# Describe the sink
a1.sinks.k1.type = file_roll
a1.sinks.k1.sink.directory = /home/hadoop/test
a1.sinks.k1.channel = c1
a1.sinks.k1.sink.rollInterval = 10
# Use a channel which buffers events in memory
a1.channels.c1.type = memory
a1.channels.c1.capacity = 1000
a1.channels.c1.transactionCapacity = 100
# Bind the source and sink to the channel
a1.sources.r1.channels = c1
a1.sinks.k1.channel = c1
```

第 3 步，编写一段 Shell 脚本分别在 MS1 和 MS2 主机上运行。

```
#!/bin/bash
for i in {1..50}
do
    echo "$1 write data"$i >> /home/hadoop/test.log
    sleep 0.3
done
```

将上述脚本保存为 myshell.sh 文件，授权 myshell.sh 可执行权限，执行命令如下：

```
$> chmod 777 myshell.sh
$>./myshell ms1      #在 ms1 机器上执行
$>./myshell ms2      #在 ms1 机器上执行
```

测试结果如图 2.17 所示，在 Master 主机/home/hadoop/test 目录下产生了一系列文件。Master 上采集的数据（部分）如图 2.18 所示。

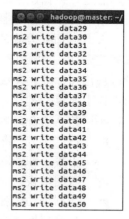

图 2.17　Master 采集的数据保存在/home/hadoop/test 目录下　　图 2.18　Master 上采集的数据

练习

1. 下列对网络爬虫的描述正确的是（　　）。
   a. 网络爬虫是一种病毒程序　　　　b. 网络爬虫对网站服务器而言有百害无一利
   c. 网络爬虫相当于一种木马程序　　d. 搜索引擎可以认为是一种网络爬虫
2. 网络爬虫 Robots 协议中 User-Agent 的值如果是"*"，则表示的含义是（　　）。
   a. 所有爬虫　　b. 名字带"*"的爬虫　　c. 所有服务器　　d. 非法字符
3. 经常用于评价网页质量的指标是（　　）。
   a. 网页链接数　b. PR 值　　　　c. 网页在网站中的位置　　d. PV 数
4. 如何计算网页的 PR 值？举例说明。
5. 下列哪个信息日志文件一般都会记录？（　　）
   a. 服务器编号　b. 日志记录时间　c. IP 地址　　　　d. 日志级别
6. Log4j 日志级别分为（　　）级。
   a. 2　　　　　b. 4　　　　　c. 5　　　　　d. 不确定

补充练习

在互联网上检索查找文献，讨论：
1. 网络爬虫的工作原理，网络爬虫常见的搜索策略有哪些？
2. 日志文件的主要作用是什么？使用 Log4j 的配置文件时，如果需要将日志信息输出到文件中，应该如何设置配置参数？
3. 按照本节例题所述方法尝试进行日志数据采集试验。

第三节 大数据清洗

由于大数据的数据源众多，数据采集的方法各不相同，因此所采集的原始数据可能存在错误、重复、无效、相互冲突等，这些数据通常形象地称之为"脏"数据。要在这样原始的数据基础上进行数据挖掘和做出决策，数据质量问题就变得非常关键了。错误的数据会导致错误的决策结果，影响信息服务质量。因此，数据挖掘之前必须对数据进行一系列的预处理工作。

大数据预处理就是对业务系统的原始数据进行必要的清洗、集成、转换、离散和规约等一系列的处理，并加载到数据仓库的过程，目的是使之达到挖掘算法进行知识获取研究所要求的最低规范和标准。大数据预处理是一个复杂的过程，包含有很多环节。具体来说，数据预处理的工作主要包括：

- 数据清洗：填补缺失数据、消除噪声数据等，把"脏"的数据"洗掉"。
- 数据集成：将所用的数据统一存储在数据库、数据仓库或文件中，形成一个完整的数据集，即消除冗余数据。
- 数据转换：对数据进行规格化操作，比如将数据值限定在特定的范围之内。
- 数据规约：剔除无法刻画系统关键特征的数据属性，只保留部分能够描述关键特征的数据属性集合。

大数据预处理是数据挖掘的基础，其任务非常繁重。大量事实表明，在数据挖掘工作中，数据预处理所占工作量要达到整个工作的 60%以上。本节仅讨论大数据预处理中有关大数据清洗的问题，包括数据清洗的对象和数据清洗的基本方法。

学习目标

- 掌握大数据清洗的基本概念、流程；
- 熟悉大数据清洗的基本方法。

关键知识点

- 针对不同质量的原始数据，大数据清洗的手段、方法和流程有很大区别。

数据质量问题

由于数据一般由多个业务系统中抽取而来，通常包含以往历史留存数据，因此也就不可避免地包含错误数据，或者有的数据相互之间有冲突。这些错误的或有冲突的数据显然是不想要的"脏"数据。数据清洗的任务就是过滤掉那些不符合要求的数据，将过滤的结果交给实际业务需求开发部门进行更有价值的数据处理。没有高质量的数据，就没有高质量的数据分析和挖掘结果。

对于数据质量，在不同的时期有不同的理解。早期，数据质量意味着数据的准确性，基本要素包括 3 点：

- 真实性，即数据是客观世界的真实反映；
- 及时性，即数据是随着时间及时更新的；

- 相关性，即数据是数据消费者关注和需要的。

从数据消费者的角度看，高质量的数据需可得、及时、完整、准确、一致。随着信息系统的发展，数据的来源越来越多样化，数据体量越来越大，数据涵盖面也越来越广泛，对于数据质量的定义表述开始从狭义走向广义。准确性不再是衡量数据质量的重要标准，当数据量增大、数据格式多样时，数据的适用程度逐渐成为数据质量中更为关键的因素。

一般认为，数据质量具有准确性、完整性、一致性和及时性四大基本要素，并用这些要素及可读性、不矛盾性和集成性等指标来描述。其中，把可读性考虑进去的原因是：在大数据背景下，单个或少部分准确的数据在巨大的数据量面前，其影响力已微乎其微，现今追求的目标是数据分析的效率。

数据质量问题是由多方面原因引起的，通常有不同的表现形式。在大数据采集过程中通常有一个或多个数据源，这些数据源包括同构或异构的数据库、文件系统、服务接口等，易受到噪声数据、数据值缺失、数据冲突等影响。一般认为，引发大数据质量问题的因素主要来源于信息因素、技术因素、流程因素和管理因素4个方面。

- 信息因素：产生这部分数据质量问题的主要因素是对元数据的描述及理解错误、数据度量的性质（如数据源格式不统一）得不到保证、变化频度不恰当等。
- 技术因素：主要是指由于大数据处理的具体技术环节（如数据创建、获取、传输、装载、维护与使用）异常所造成的数据质量问题。
- 流程因素：是指由于系统作业流程和人工操作流程设置不当而造成的数据质量问题。
- 管理因素：是指由于人员素质及管理机制而造成的数据质量问题。

大数据采集到的数据一般是非结构化数据，不遵循固定的格式。比如说"年龄"这个数据，有可能存在多种多样的形式，但都能体现年龄的含义，如可能是"43岁"、"43"、"四十三"、"4 3"（多了个空格）、"1000"等。这些数据有的格式不一致，有的有明显错误，如年龄不可能是1000。总的来说，原始数据中可能存在以下问题：

- 数据不一致——数据内涵出现不一致，超出正常范围，逻辑上不合理或者相互矛盾。
- 数据重复——从不同的数据源采集的数据一般存在大量的重复数据。
- 数据残缺不完整——感兴趣的属性没有值，如供应商的名称、分公司的名称、客户的区域信息缺失、业务系统中主表与明细表不能匹配等。
- 错误或异常——数据中存在明显的错误或偏离期望值的异常，如学生身高为负数。
- 高维度——原始数据往往含有很多维度，也就是列数。比如对于银行数据，通常含有几十个指标或属性。针对这类数据通常需要进行降维处理，即去掉一些不重要的列。

显然，数据质量问题并不局限于数据错误。换言之，即使数据本身没有错误，也可能随着新的数据处理要求，需要重新对原来的数据进行清洗。例如，当历史数据库在数据结构、数据属性等方面不能满足新的数据应用要求时，就需要通过数据清洗来提升数据质量。依据大数据处理的是单数据源还是多数据源以及质量问题出在模式层还是实例层，可以将数量质量问题分为以下4类（如图2.19所示）：

- 单数据源模式层问题：违反唯一性（同一个主键ID出现了多次）、违背字段的约束条件（如日期出现1月0日）、字段属性依赖冲突（两条记录描述同一个人的某一个属性，但数值不一样）。
- 单数据源实例层问题：单个属性值含有过多信息、拼写错误、冗余/记录重复、属性值冲突、空白值、噪声数据、过时数据等。

- 多数据源模式层问题：命名冲突，如同一个实体的不同称呼（笔名和真名）；结构冲突，如同一种属性的不同定义（字段长度定义不一致、字段类型不一致等）。
- 多数据源实例层问题：值的不同表示、数据的维度、粒度不一致（有的按 GB 记录存储量，有的按 TB 记录存储量；有的按照年度统计，有的按照月份统计）、数据重叠/重复记录等。

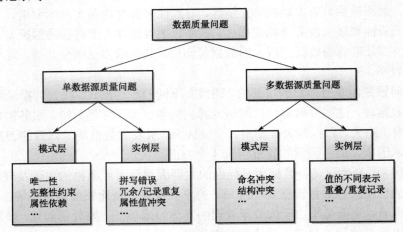

图 2.19　数据质量问题分类

此外，还有在数据处理过程中产生的"二次数据"，包括数据噪声、数据重复或错误的情况。数据的调整和清洗涉及格式、测量单位以及数据的标准化和归一化。显然，对于不同层级范围内的数据质量问题，相应的数据清洗方法也应有所不同。

大数据清洗的对象

对于大数据清洗，在不同的应用领域有不同的理解。从数据仓库的角度看，大数据清洗就是清除错误和不一致的数据，并解决元组重复问题。从数据挖掘的视角看，大数据清洗是对数据进行预处理的一个过程。例如，不同的数据库中的知识发现（Knowledge Discovery in Database，KDD）和数据仓库（Data Warehouse，DW）系统，都是针对特定的应用领域进行数据清洗的。从数据质量管理的角度看，大数据清洗是一个评价数据正确性并改善其质量的过程。因此，大数据清洗的对象可以按照对象的来源领域与产生的原因进行分类，前者属于宏观层面的划分，后者属于微观层面的划分。但无论如何，都需要对收集到的大数据集合进行预处理，以保证大数据分析与预测结果的准确性与价值性。

宏观领域的大数据清洗对象

就宏观领域而言，许多行业都涉及大数据的清洗，如数字化文献服务、搜索引擎、金融、电子政务等，这些行业部门的大数据清洗目的主要是为信息系统提供准确而有效的数据。

- 数字化文献服务：在进行数字化文献加工时，利用光学字符识别（Optical Character Recognition，OCR）软件，有时会造成字符识别错误，或由于标引人员的疏忽而导致标引词的错误等。这是大数据清洗需要完成的任务。
- 搜索引擎：是通过为某一网页的内容进行索引而实现的，而一个网页的哪些部分需要索引，则是大数据清洗需要关注的问题。
- ▶ 金融系统：在金融系统中也存在许多"脏"数据，主要表现为数据格式错误、数据不一致、数据重复、数据错误、业务逻辑不合理、违法业务规则等。
- ▶ 电子政务：电子政务系统与金融系统一样，也存在类似的"脏"数据。

微观领域的大数据清洗对象

在微观领域，大数据的清洗对象分为模式层数据清洗与实例层数据清洗，主要是过滤或者修改那些不符合要求的数据。
- ▶ 不完整数据：主要是一些应该有的信息缺失，如供应商的名称、分公司的名称、客户的区域信息等缺失。
- ▶ 数据错误：这类数据主要是由于业务系统不够健全、在输入后没有进行判断而直接写入后台数据库而造成的。例如，数字数据输入成全角数字字符、字符串数据后应该回车、日期不正确、日期越界等。
- ▶ 异常数据：数据记录中如果一个或几个字段间绝大部分遵守某种模式，其他不遵守该模式的记录，如年龄字段超越历史上的最高记录年限等，就属于异常数据。
- ▶ 重复数据：相似的重复记录。
- ▶ 其他数据：由于负责人或作者更换单位而造成的数据不一致情况、不同的计量单位、过时的地址等，也都属于大数据清洗的对象。

大数据清洗的基本方法

顾名思义，数据清洗就是把"脏"的"洗掉"，是发现和纠正数据文件中可识别的错误的过程，如检查数据一致性，处理无效值和缺失数据等。针对原始数据中所出现的数据问题以及业务需求的不同，数据清洗所采取的方法和策略同样会有较大的差别。

数据清洗通常需要遵循先后顺序，首先对原始数据进行缺失处理，去除/补全有缺失的数据，接着进行错误数据处理，然后是重复数据处理，最后对数据进行不一致性处理。在汇聚多个维度、多个来源、多种结构的数据之后就可以进行数据清洗，也就是对数据进行抽取、转换和集成加载。在这个过程中，除了更正、修复系统中的一些错误数据之外，更多的是对数据进行归并整理，并储存到新的存储介质中。下面提供几个通用的做法，这些做法在实践中被证明是有效的。

有空缺数据的清洗

理想情况下，数据集中的每条记录都应该是完整的。然而在现实世界中，存在大量的不完整数据。造成数据缺失的原因很多，包括人工输入时疏忽而漏掉，或者在填写调查问卷时调查对象不乐意公开的某些信息等。在实际应用中，有的空缺也是合理的，并不意味着数据有错误，例如在设计和填写学生信息表时，允许学生兴趣爱好一栏为空。对于某些不允许出现空缺的属性，一旦出现了空缺则很可能导致数据出现严重偏差，例如"学生所在班级"属性出现空缺，则在分析每个班级的学生情况时将出现"数据不能为空"的异常情况。对于有空缺数据的清洗，应根据空缺值属性的重要程度而采取不同的处理方法，对于某些关键属性更多的是采取忽略元组的做法。所谓元组，通常是指描述某种对象的数据；在关系数据库中，元组就是行。对于某些非关键属性，若缺少的数据量并不多，可以采取人工填写空缺值的方法。人工填写的值通常根据业务情况以及上下文估算得到。例如，少量学生的年龄缺空，根据业务系统是服务于大学新生的特点，则可以将空缺处一律填写为"18 岁"。当然，对于大批量数据出现空缺的情况，可以通过编写 SQL 语句或者应用程序进行处理；如果数据量为海量，则需要使用大数据平台，可以使用一个全局变量填充空缺值，也可以使用属性的平均值、中间值、最大值、最小值或更为复杂的概率统计函数值来填充空缺值，还可以用回归、贝叶斯形式化方法的基于推理的工具或决策树来填充缺失值。

噪声数据的消除

所谓噪声数据，是指数据集中的干扰数据，或对场景描述不准确的数据，是一种出现在某属性上的随机误差或变异的数据。实际应用中的数据基本上是有干扰的。例如，信用卡发放数据过程可能存在以下错误：

- 标记错误：应该发卡的客户标记成不发卡，或者两个数据相同的客户一个发卡一个不发卡。
- 输入错误：用户的数据本身就有错误，例如年收入少写一个 0、性别写反了等。

以上这些错误将给信用卡发放数据带来噪声数据。对噪声数据的处理方法通常是：

- 分箱（Binning）方法：通过考察属性值的周围值来平滑属性的值。属性值被分布到一些等深或等宽的"箱"中，用箱中属性值来替换"箱"中的属性值。具体有按箱平均值平滑、按箱边界平滑两种方法。
- 回归（Regression）方法：用一个函数拟合数据来平滑数据。线性回归涉及找出拟合两个属性（或变量）的"最佳"直线，使得一个属性可以用来预测另一个。多元线性回归是线性回归的扩充，其中涉及的属性多于两个，并且数据拟合到一个多维曲面。
- 离群点分析（Outlier Analysis）：可以通过聚类来检测离群点。聚类将类似的值组织成群或"簇"。直观地，落在簇集合之外的值被视为离群点。

不一致数据的处理

不一致数据主要体现为数据不满足完整性约束，可以通过分析数据字典、元数据等，或者梳理数据之间的关系来进行修正。不一致数据往往是因为缺乏一套数据标准而产生的，也与对相关标准没有很好地遵守有一定关系。有些数据不一致，可以使用其他材料人工加以更正。例如，数据输入时的错误可以使用纸上的记录加以更正。知识工程工具也可以用来检测违反限制的数据。比如，知道属性间的函数依赖，可以查找违反函数依赖的值。此外，数据集成也可能产生数据不一致。

重复数据的清洗

理想情况下，对于一个实体，数据库中应该有一条与之对应的记录。然而，在实际中数据可能存在数据输入重复的问题。在消除数据集中的重复记录时，首要的问题是如何判断两条记录是否重复。这需要比较记录的相关属性，根据每个属性的相似度和属性的权重，加权平均后得到记录的相似度。如果两条记录的相似度超过了某一阈值，则认为这两条记录是指向同一实体的记录；反之，则认为是指向不同实体的两条记录。

重复数据的检测算法可以细分为基于字段匹配的算法、递归的字段匹配算法、Smith Waterman 算法、基于编辑距离的字段匹配算法和改进余弦相似度函数。重复数据的处理可以按规则去重，编写一系列的规则对重复情况复杂的数据进行去重。例如不同渠道来的客户数据，可以通过相同的关键信息进行匹配，合并去重。目前，消除重复记录的基本思想是"排序和合并"，先将数据库中的记录排序，然后通过比较邻近记录是否相似来检测记录是否重复。消除重复记录的算法主要有近邻排序算法、优先队列算法和多趟近邻排序。

检测数据集中重复记录，其常用的方法是基于近邻排序算法。该算法的基本思想是：将数据集中的记录按指定的关键字排序，并在排序后的数据集上移动一个固定大小的窗口，通过检测窗口里的记录来判定它们是否匹配，以此减少比较记录的次数。具体来说，主要步骤如下：

- ▶ 生成关键字：通过抽取数据集中相关属性的值为每个实体生成一个关键字。
- ▶ 数据排序：按上一步生成的关键字为数据集中的数据排序。尽可能使潜在的重复记录调整到一个近邻的区域内，以将记录匹配的对象限制在一定的范围之内。
- ▶ 合并：在排序的数据集上依次移动一个固定大小的窗口，数据集中每条记录仅与窗口内的记录进行比较。如果窗口的大小包含 m 条记录，则每条新进入窗口的记录都要与先前进入窗口的 $m-1$ 条记录进行比较，以检测重复记录。在下一个窗口中，当最先进入窗口的记录滑出窗口后，窗口外的第一条记录移入窗口，且把此条记录作为下一轮的比较对象，直到数据集的最后位置。

日志文件数据清洗示例

大数据采集的数据量巨大，通常会达到百兆甚至千兆级别。对于海量数据的清洗通常需要采用大数据平台技术，如 Hadoop MapReduce、Spark 等。作为大数据清洗的示例，在此采用 Hadoop MapReduce 介绍日志文件数据的清洗。

用 Hadoop MapReduce 清洗日志文件数据，首先需要分析日志文件的存储方式。有些应用喜欢使用一个大文件存储所有的日志，每天产生的日志以追加的方式存储在同一个文件中。但更普遍的做法是按时间对日志用不同的文件进行存储，例如每天的日志存储在一个独立的日志文件中。怎样将这些文件传输到大数据平台上呢？如果数据量比较大，可以通过专门的分布式数据采集平台 Flume，当然也可以直接编写 Shell 脚本采用如下 HDFS Shell 命令完成文件的传输：

```
$> hadoop fs -put /usr/local/myapp/logs/{yea-month-day}.log /myapp/logs
```

然后，对日志文件的格式进行详细分析。若日志文件格式如图 2.20 所示，其中每行的每列内容依次分别是：应用程序编号（appId）、IP 地址、访问日期、登录 ID、Request 请求资源、HTTP 请求响应状态码和访问量。

```
1001  211.167.248.22   03/January/2013:17:38:20 +0800  2212  GET  /top HTTP/1.0         200  1245
1003  222.68.207.11    10/January/2013:15:30:12 +0800  0     GET  /tologin HTTP/1.1     504  0
1001  61.53.137.50     13/February/2013:10:31:07 +0800 1452  GET  /update/pass HTTP/1.0 200  7890
1000  221.195.40.145   11/May/2013:11:22:14 +0800      7914  GET  /user/add HTTP/1.1    200  1220
1000  121.11.87.171    18/May/2013:12:30:09 +0800      0     GET  /top HTTP/1.0         200  8872
```

图 2.20　原始日志文件内容格式

其中的几个字段含义为：

- ▶ appId：1000 表示 Web 客户端，1001 表示 Android 客户端，1002 表示 IOS 客户端，1003 表示 IPAD 客户端。

- 登录 ID 为 0 表示未登录。
- HTTP 请求响应状态码：200 表示成功返回，404 表示未发现网页，408 表示请求超时，500 表示互联网服务器错误，504 表示网关超时等。

假设针对该日志文件只需计算每天不同应用的访问量，那么该文件中的 IP 地址、登录 ID、Request 请求资源、HTTP 请求响应状态码可以忽略，访问量为 0 的行可以剔除。此外，日期仅需要精确到天，格式需要转换为 yyyy-mm-dd 格式，如 2013-01-03。清洗后的日志文件格式应如图 2.21 所示。

```
1001    2013-01-03    1245
1001    2013-02-13    7890
1000    2013-05-11    1220
1000    2013-05-18    8872
```

图 2.21　清洗后的日志文件内容格式

接下来，编写 MapReduce 程序按上述要求清洗日志，程序代码如图 2.22 所示。其中，LoggerMapper 类和 LoggerReducer 类是作为客户端类 LoggerMr 的内部类提供，这样只需编写

```java
import org.apache.hadoop.io.*;
import org.apache.hadoop.mapreduce.*;
import org.apache.hadoop.conf.Configuration;
import org.apache.hadoop.mapreduce.lib.input.*;
import org.apache.hadoop.mapreduce.lib.output.*;
import org.apache.hadoop.fs.Path;
import java.util.*;
import java.text.*;
import java.io.*;

public class LoggerMr{
    public static class LoggerMapper extends Mapper<LongWritable, Text, LongWritable, Text> {
        Text outputValue = new Text();

        protected void map(LongWritable key,Text value,Context context)
            throws IOException, InterruptedException {

            SimpleDateFormat format = new SimpleDateFormat("d/MMM/yyyy:HH:mm:ss",Locale.ENGLISH);
            SimpleDateFormat format1 = new SimpleDateFormat("yyyy-MM-dd");
            String item = value.toString();
            int index = item.indexOf(" ");
            String appId = item.substring(0,index);
            item = item.substring(index).trim();

            index = item.indexOf(" ");
            item = item.substring(index).trim();
            index = item.indexOf(" ");
            String sdate = item.substring(0,index);
            try{
                Date date = format.parse(sdate);
                sdate = format1.format(date);
            }
            catch(Exception ex){}

            index = item.lastIndexOf(" ");
            String visitCount = item.substring(index).trim();
            if(Integer.parseInt(visitCount)>0){
                outputValue.set(appId + "\t" + sdate + "\t" + visitCount);
                context.write(key,outputValue);
            }
        }
    }

    public static class LoggerReducer extends Reducer<LongWritable, Text, Text, NullWritable>{
        protected void reduce(LongWritable k2,Iterable<Text> v2s, Context context)
            throws java.io.IOException, InterruptedException {
            for (Text v2 : v2s) {
                context.write(v2, NullWritable.get());
            }
        }
    }

    public static void main(String[] args) throws Exception {
        Configuration conf = new Configuration();
        Job job = Job.getInstance(conf, "logger mapreduce");
        job.setJarByClass(LoggerMapper.class);
        job.setMapperClass(LoggerMapper.class);
        job.setReducerClass(LoggerReducer.class);
        job.setOutputKeyClass(LongWritable.class);
        job.setOutputValueClass(Text.class);
        FileInputFormat.addInputPath(job, new Path(args[0]));
        FileOutputFormat.setOutputPath(job, new Path(args[1]));
        System.exit(job.waitForCompletion(true) ? 0 : 1);
    }
}
```

图 2.22　LoggerMr 程序 Java 源代码

一个 Java 文件，即 LoggerMr.java 文件。在 LoggerMapper 类的 Map 方法中，Hadoop 默认以一行数据为一个<key,value>值，因此第 19 行实际上是返回日志文件中的一行数据，通过解析每一行数据取出所要关注的三个值：appId、访问时间和访问次数。在取到时间值后再进行时间格式转换，第 28~32 行是进行时间日期转换的代码。第 38 行取到访问量值，并判断如果访问量值大于 0 则该行数据的 appId、访问时间和访问次数重新组织作为此次 key 的 value 值，否则丢弃该行数据。LoggerReducer 类仅仅将汇聚后的 Map 数据输出的文件中，其中 key 不需要写入文件，所以第 46 行中使用了 NullWritable 类。

编译该 Java 代码需要用到 Hadoop 的 jar 包，可以采用 Hadoop 的命令自动设置 classpath，在/etc/profile 命令中设置如下 classpath 值：

```
export HADOOP_HOME=/usr/local/hadoop
export CLASSPATH=${CLASSPATH}:$(${HADOOP_HOME}/bin/hadoop classpath)
```

编译完成后进行 jar 打包，并将该 jar 包通过 Hadoop 命令提交作业到 hadoop 平台运行，运行前必须确保日志文件已传输到 hadoop 平台。Hadoop 平台正确运行的结果如图 2.23 所示。

图 2.23 Hadoop 平台正确运行的结果

在图 2.23 中最后一行 Bytes Written 的值不为 0，一般表示运行成功。打包与运行命令如下：

```
$>jar cvf myjar.jar *.class
$>hadoop jar myjar.jar LoggerMr /test /out1
```

最后，通过命令 $> hdfs dfs -cat /out1/* 查看输出文件结果，如图 2.24 所示。

图 2.24 LoggerMr 清洗程序最后输出结果

练习

1. 大数据预处理的主要任务有哪些？
2. 为什么要进行大数据清洗？

3. 针对空缺值的大数据清洗，常见的处理方法有哪些？

4. 清洗数据缺失值的技术有哪些？阐述每种技术的主要特点。

补充练习

1. 在互联网上检索文献，讨论按照问题需求大数据清洗技术可以分为哪几类，并阐述其相应清洗技术的优劣。

2. 编写 MapReduce 清洗程序，要求去除下列数据文件中重复的身份证信息。

```
0000101101000011011011100001011101111010010101101111000011000010010000#/TEST/003/05/1/张姓_41088139/3101/6010.JPG
1000110100110010011001001111111001010011010110101110010101001011000100#/TEST/003/05/1/张姓_320121197710280511.JPG
0010110110011001010111001001101111110101101101011101010110101010000#/TEST/003/05/1/张姓_320113197303192438.JPG
1000101100001010011001001001000010110100010001101110101001011111110#/TEST/003/05/1/张姓_320124197501071433.JPG
1000111100001011001101011001010101010101101001100100011111111110#/TEST/003/05/1/张姓_341122197909145012.JPG
1001101101111010000101101011001010101011011010111000000010101001101100#/TEST/003/05/1/王姓_320105198206020620.JPG
1010111000011110011101001001011111101001011011011101100100#/TEST/003/05/1/赵姓_320107198910045015.JPG
0000111010001001001001110011100001010001111101011011001100001#/TEST/003/05/1/张姓_320668198205255172.JPG
0011101101110111011111001000011100011001011010111011100101#/TEST/003/05/1/张姓_362324198812283024.JPG
1000101100101010001001011000000011010010001011010111010110#/TEST/003/05/1/张姓_655101196907300048.JPG
1000111001101100011001110110101010001011100010100010110110#/TEST/003/05/1/张姓_320113197410033213.JPG
1000101101111010001000011011011010101010101101010111111000#/TEST/003/05/1/赵姓_320107199001135018.JPG
1001101010101100010111001010101111111010100001011111100#/TEST/003/05/1/孙姓_320113197701063236.JPG
0000001010101001011000001100010001011001111011011110000010#/TEST/003/05/1/张姓_342626196509225063.JPG
1000101101001011101101010101010111110001010001110011#/TEST/003/05/1/张姓_411302198410153257.JPG
0100111010111010110100101011001010001011101001110000110011#/TEST/003/05/1/张姓_320113197302013258.JPG
1000110100001010110110010001001100101010101010011101011011100#/TEST/003/05/1/张姓_320113197710253234.JPG
1000110100010010110010010011100011000010110101010101101110010110100#/TEST/003/05/1/张姓_320113197512293219.JPG
```

第四节 大数据采集和预处理工具

大数据分析工具让企业能够从数据仓库获得洞察力，从而在数据驱动的业务环境中彰显竞争优势。为了满足旺盛的市场需要，大数据分析工具正在迅速遍地开花。其中许多工具一开始就像最初的大数据软件框架 Hadoop 那样是开源项目，但后来商业公司迅速涌现，为开源产品提供新工具或商业支持和开发。本节简单介绍当前大数据采集、数据抓取和大数据预处理常见的几种软件工具。

学习目标

▶ 了解常见的几种大数据采集和预处理工具，包括商用网络爬虫软件；
▶ 熟悉 Flume 软件的基本构成、使用方法；
▶ 掌握一种大数据采集和预处理工具的使用方法。

关键知识点

▶ 日志文件数据采集工具 Flume 具备极好的灵活性，其 Source、Channel、Sink 三个组件均可通过配置文件进行裁减和定制。

Apache Flume

Flume 是 Apache 旗下的一款开源、高可靠性、高扩展性、容易管理、支持客户扩展的数据采集系统（https://flume.apache.org/），其官方网站如图 2.25 所示。Flume 初始的发行版本现在被统称为 Flume OG（Original Generation），属于 Cloudera 项目。Flume 是一个分布式、可靠性和高可用性的海量日志采集、聚合和传输系统，它支持在日志系统中定制各类数据发送方，同时，Flume 还能对数据进行简单处理，并写入各种数据（如文本、HDFS、HBase 等）到接收方。2009 年，Flume 被捐赠给 Apache 软件基金会，成为 Hadoop 相关组件之一。

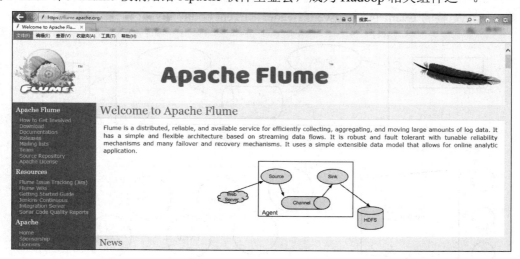

图 2.25　Flume 官方网站

图 2.26 所示为一种常见的使用 Flume 进行数据采集的大数据处理流程。Flume 采集数据后进入 MapReduce 进行清洗，对原始数据进行整形，去掉无用数据，清洗后的数据被存入实时非关系数据库 HBase，再利用 Hive 数据仓库进行统计分析，存入 Hive 表，并通过 Sqoop 将大数据平台的数据导出到关系数据库，最后利用 Web 技术进行信息展示。

图 2.26　一种常见的使用 Flume 进行数据采集的大数据处理流程

Flume Agent 组件

Flume 使用 JRuby 来构建，依赖 Java 运行环境。Flume 的核心是把数据从数据源收集过来，然后将收集到的数据送到指定的目的地。为了保证输送的过程一定成功，在送到目的地之前，会先缓存数据。图 2.27 示出了 Flume 的框架，它由源（Source）、带缓存的通道（Channel）、槽（Sink）三部分组成。Source 是数据收集的组件，在图 2.27 中 Source 从 Web Server 中收集到数据，该数据被打包成 Event（事件），然后被传递给 Channel。Channel 相当于一个临时仓库，即中转 Event 的一个临时存储器，保存由 Source 组件传递过来的 Event；Channel 连接 Source 和 Sink。Sink 负责从 Channel 中读取 Event，并将 Event 传递到目的地，然后删除 Channel 中的 Event；目的地包括 HDFS、Logger、Avro、Thrift、Ipc、File、Null、Hbase、Solr 以及自定义的 Sink。

在整个数据的传输过程中，流动的是 Event，即事务保证是在 Event 级别进行的，如图 2.28 所示。所谓 Event，就是将传输的数据进行封装后的实体，它是 Flume 传输数据的基本单位，对于文本文件，Event 通常是一行记录；它也是事务的基本单位。Event 实际上是一个字节数组，可携带头部信息。Event 代表着一个数据的最小完整单元。Event 可以是日志记录、Avro 对象等。一个完整的 Event 包括：Event Header、Event body、Event 信息。

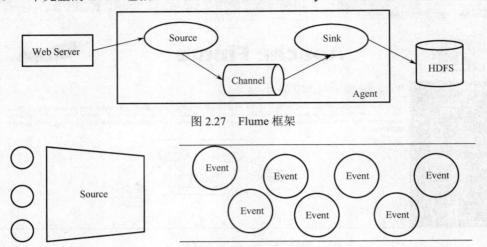

图 2.27　Flume 框架

图 2.28　Flume Event 在 Channel 中流动

1. Flume Agent

Flume 的核心是 Agent（代理）。一个独立的 Flume 进程，包含组件 Source、Channel、Sink，Agent 使用 Java 虚拟机（JVM）运行。每台机器运行一个 Agent，可以在一个 Agent 中包含多个 Source 和 Sink。Flume 可以支持多级 Flume 的 Agent，即 Flume 可以前后相继。例如，Sink 可以将数据写到下一个 Agent 的 Source 中，从而形成流的处理流水线（Flow PipleLine），如图 2.29 所示。Flume 还支持扇入（Fan-in）、扇出（Fan-out）。所谓扇入，就是 Source 可以接收多个输入；所谓扇出，就是 Sink 可以将数据输出到多个目的地。

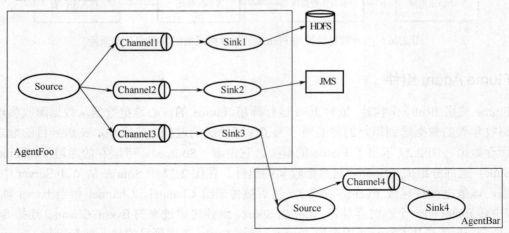

图 2.29　Flume Agent

Flume Agent 能够与大数据平台 HDFS 结合在一起使用。如图 2.30 所示，不同的 Web Server（Tomcat）上都会部署一个 Agent 用于该 Server 上日志数据的采集，之后不同 Web Server 的 Flume Agent 采集的日志数据会下沉到另外一个被称为 Flume Consolidation Agent（聚合 Agent）

的 Flume Agent 上，该 Flume Agent 的数据最后输出到 HDFS。Agent1、Agent2、Agent3 作为 Agnet4 的数据源，这就是 Flume 的扇入操作。

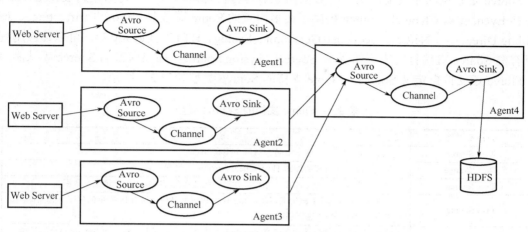

图 2.30　多个 Agent 的数据汇聚到同一个 Agent

图 2.31 所示是一种典型的扇出操作。当系统日志、Java 输出、nginx 服务器日志、Tomcat 服务器日志等数据混合在一起的日志流开始流入一个 Agent 后，需要将 Agent 中混杂的日志流分开，并分别采集到不同的处理平台。为此，Flume 需要给每种日志建立一个自己的传输通道，并对不同的通道设置不同的 Sink。例如，图 2.31 中的 AgentFoo 所采集的混合日志流，最终被分别输出到 HDFS、JMS 以及另一个 Flume Agent。

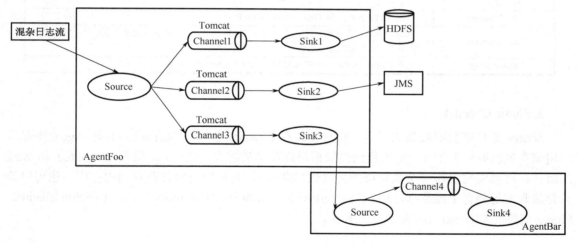

图 2.31　混杂日志流的分离

Flume 使用事务性的方式保证传送 Event 整个过程的可靠性。Sink 必须在 Event 被存入 Channel，或者已经被传送到下一站 Agent 中，或者已被存入外部数据目的地之后，才能把 Event 从 Channel 中移除掉。这样，数据流中的 Event 无论是在一个 Agent 中还是在多个 Agent 之间流转，都能保证可靠；因为以上的事务保证了 Event 会被成功储存起来。例如，Flume 支持在本地保存一份文件 Channel 作为备份，而内存 Channel 将 Event 保存在内存队列里，速度快，但丢失后无法恢复。

2. Flume Source

Source 是数据的收集端，负责将数据捕获后进行特殊的格式化，将数据封装到 Event 中，然后将 Event 传给 Channel。Flume 提供了很多内置的 Source，支持 Avro、Thrift、Exec、Jms、Spooling Directory、NetCat、Sequence Generator、Syslog、HTTP、Legacy 等。可以让应用程序同已有的 Source 直接打交道，如 Avro Source、Syslog Source。如果内置的 Source 无法满足需要，Flume 还支持自定义 Source。Flume 支持的 Source 类型如表 2.1 所示。

表 2.1　Flume 支持的 Source 类型

Source 类型	说明
Avro Source	监听 Avro 端口，从 Avro 客户端流中接收 Event
Thrift Source	监听 Thrift 端口和从外部 Thrift Client Streams 接收 Event
Exec Source	在启动时运行一个 UNIX 命令行，并期望此过程在标准输出上连续生产数据
JMS Source	从 JMS 队列或者主题读取消息。JMS 应用程序可以与任何 JMS 提供的程序一起工作，但只能使用 ActiveMQ 进行测试
Spooling Directory Source	通过将被提取文件放置在磁盘 Spooling 目录下的方式提取数据。该 Source 将会监控指定目录的新增文件，当新文件出现时解析 Event。Event 解析逻辑是可插入的。当一个给定文件被全部读取进 Channel 之后，它会被重命名，以标识为已完成（或者可选择删除）
Taildir Source	监视指定目录下的文件，一旦有文件增加新行，则接收 Event
Kafka Source	从 Kafka topics 读取消息
NetCat Source	监听一个给定的端口，然后把文本文件的每一行转换成一个 Event
Sequence Generator Source	一个简单的序列生成器可以不断生成 Event 带有 counter 计数器，从 0 开始，以 1 递增，在 totalEvents 停止。当不能发送 Event 到 Channel 时，会不断尝试
Syslog Source	读取系统日志
HTTP Source	通过 HTTP POST 和 GET，接收 Flume Event
Stress Source	Stress Source 是内部负载生成 Source 的实现，这对于压力测试是非常有用的。它允许用户配置 Event 有效载荷的大小
Legacy Source	允许 Flume 1.x Agent 接收来自 Flume 0.9.4 Agent 的 Event

3. Flume Channel

Source 组件把数据收集来以后，临时存放在 Channel 中，即 Channel 组件在 Agent 中是专门用来存放临时数据的——对采集到的数据进行简单的缓存。Channel 是连接 Source 和 Sink 的组件，可以将它看作一个数据缓冲区（数据队列），既可以将事件暂存到内存中，也可以持久存放到本地磁盘上或数据库中，直到 Sink 处理完该事件，如 Memory Channel 和 File Channel。Flume 支持的 Channel 类型如表 2.2 所示。

表 2.2　Flume 支持的 Channel 类型

Channel 类型	说明
Memory Channel	Event 数据存储在内存中
JDBC Channel	Event 数据持久化保存在数据库中
Kafka Channel	Event 存储在 Kafka 集群中，Kafka 提供高可用性和高可靠性软件架构
File Channel	Event 保存在磁盘文件中
Spillable Memory Channel	Event 首先存储在内存中；如果内存已满，则将内存中的数据溢写到磁盘文件中
Pseudo Transcation Channel	Pseudo Transaction Channel 只用于单元测试，而不用于生产环境

4. Flume Sink

Sink 从 Channel 中取出事件，然后将数据发送到其他目的地。其他目的地可以是文件、数据库、HDFS，也可以是其他的 Agent。Flume 支持的 Sink 类型如表 2.3 所示。

表 2.3　Flume 支持的 Sink 类型

Sink 类型	说　　明
HDFS Sink	数据写入 HDFS
Hive Sink	数据写入 Hive 数据仓库
Logger Sink	软件写入日志文件
Avro Sink	数据被转换成 Avro Event，然后发送到配置的 RPC 端口
Thrift SInk	数据被转换成 Thrift Event，然后发送到配置的 RPC 端口
IRC Sink	数据写入 IRC（Internet Relay Chat）目的地
File Roll Sink	在本地文件系统中存储事件。每隔指定时长生成文件，以保存在这段时间内收集到的日志信息
Null Sink	丢弃接收到的所有数据
HBase Sinks	数据写入 HBase 数据库
Morphline Solr Sink	从 Flume Event 提取数据并转换，在 Apache Solr 服务端实时加载，Apache Solr Server 为最终用户或者搜索应用程序提供查询服务
Elastic Search Sink	数据发送到 Elastic Search 集群
Kite Dataset Sink	数据写入 Kite Dataset
Kafka Sink	数据写入 Kafka Topic
HTTP Sink	数据通过 HTTP POST 发送到远程服务。Event 内容作为 POST body 发送

5. Flume Interceptor

Flume 中拦截器（Interceptor）的作用是改变 Event Header 内容，当 Source 读取数据并将 Event 发送到 Sink 时，会在 Event Header 中加入一些有用的信息，或者对 Event 的内容进行过滤，完成初步的数据清洗工作。这在实际业务场景中非常有用。当需要对数据进行过滤时，除了对 Source、Channel 和 Sink 进行代码修改之外，还可以使用 Flume 所提供的多个拦截器形成链式拦截。拦截器（Interceptor）的位置在 Source 和 Channel 之间，如图 2.32 所示。当为 Source 指定拦截器后，在拦截器中会得到 Event，根据需求可以对 Event 进行保留或者抛弃；抛弃的数据不会进入 Channel 中。

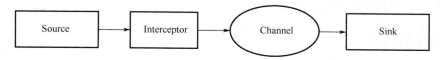

图 2.32　Flume Interceptor 所在位置

Flume 内置了以下拦截器：
- Timestamp Interceptor：时间戳拦截器。
- Host Interceptor：主机拦截器。
- Static Interceptor：静态拦截器，用于在 Event Header 中加入一组静态的 key 和 value。
- UUID Interceptor: UUID 拦截器，用于在每个 Event Header 中生成一个 UUID 字符串，例如：b5755073-77a9-43c1-8fad-b7a586fc1b97。所生成的 UUID 可以在 Sink 中读取并使用。

- Morphline Interceptor：形态型拦截器。
- Search and Replace Interceptor：搜查与替换拦截器。
- Regex Filtering Interceptor：表达式过滤拦截器。
- Regex Extractor Interceptor：表达式抽取拦截器。

Flume 拦截器的使用仅需要在配置文件中增加 interceptors 参数设置。图 2.33 所示就是为 Agent a1 的数据源 r1 配置两个拦截器 i1、i2，系统执行时首先执行 r1 拦截器，然后执行 i2 拦截器，其中 i1 为表达式过滤拦截器，i2 为时间戳拦截器。

```
a1.sources.r1.interceptors=i1 i2
a1.sources.r1.interceptors.i1.type=regex_filter
a1.sources.r1.interceptors.i1.regex=\\{.*\\}
a1.sources.r1.interceptors.i2.type=timestamp
```

图 2.33　为 Agent a1 的数据源 r1 配置拦截器 i1 和 i2

Flume 的安装

Flume 的安装很简单，但要满足以下基本条件：
- Java 运行环境，要安装 Jdk1.7 以上版本；
- 系统内存要足以运行 Agent 组件 Source、Channel 和 Sink；
- 磁盘空间要足够；
- 对于目录权限，Agent 要有足够的读写权限。

下载最新 Flume 版本后，进行解压即可，但要确保安装了 Java 运行环境。

注意：默认情况下 Flume 不支持 Windows 系统，没有 bat 的启动命令。如果本地有一个 flume-ng.cmd（不是启动文件，只是启动了一个 powershell）软件，也可以在 Windows 下运行 Flume。

目前，Flume 主要应用场景是电子商务网站、内容推送、ETL 工具等。例如，在做一个电子商务网站时，如果想从消费用户访问特定节点区域分析出消费者行为或购买意图，以便更加快速地将其所想要的内容推送到界面上，可以将获取到的访问页面以及该用户点击的产品数据等日志信息收集并移交给 Hadoop 平台进行分析。现在流行的内容推送（如广告定点投放和新闻私人定制），也可以基于 Flume 实现。

Flume 应用

Flume 提供了大量内置的 Source、Channel 和 Sink 类型，而且不同类型的 Source、Channel 和 Sink 可以自由组合。其组合方式在相应的配置文件中完成，因此 Flume 使用非常灵活。通过一个 Shell 脚本可以启动 Flume Agent，可以命名 Agent 并指定所使用的配置文件。

启动 Flume Agent 的命令如下：

```
$ bin/flume-ng agent -n $agent_name -c conf -f conf/flume-conf.properties.template
```

Splunk Forwarder

Splunk 是一个分布式的机器数据平台（https://www.splunk.com/），是一个优秀的商业产品，它具有完整的数据采集、数据存储、数据分析和处理以及数据展现的能力，其官方网站如图 2.34 所示。

图 2.34　Splunk 官方网站

Splunk 产品包括服务器（Splunk）和客户端（Splunk Forwarder）。Splunk 的服务器就是索引器和接收器，客户端就是数据的转发器。顾名思义，就是数据可由客户端转发至服务器端进行索引，客户端只起到转发数据的作用。Splunk 内置了对 Syslog、TCP/UDP、Spooling 的支持，同时，用户可以通过开发 Input 和 Modular Input 的方式来获取特定的数据。在 Splunk 提供的软件仓库中有很多成熟的数据采集应用，如 AWS、数据库（DBConnect）等，可以方便地从云或者数据库中获取数据进入 Splunk 的数据平台做分析。

Splunk 是一个托管的日志文件管理工具，主要有 3 个角色：Search Head 负责数据的搜索和处理，提供搜索时的信息抽取；Indexer 负责数据的存储和索引；Forwarder 负责数据的收集、清洗、变形，并发送给 Indexer。需要注意的是，Search Head 和 Indexer 都支持 Cluster 的配置，即具有高可用性、高扩展性；但是 Splunk 现在还没有针对 Farwarder 的 Cluster 的功能：如果有一台 Farwarder 的机器出了故障，则数据收集也会随之中断，并不能把正在运行的数据采集任务切换到其他的 Farwarder 上。

Splunk 的版本分为 Splunk Enterprise（企业版）、Splunk Free（免费版）、Splunk Cloud、Splunk Hunk（大数据分析平台）、Splunk Apps（基于企业版的插件）等。企业版按索引的数据量收费；免费版每天最大数据索引量为 500 MB，可实现大多数企业版功能。一般来说，如果用 Splunk 检测 4 个节点的 Hadoop 集群，数据量就会超出免费版限制。Splunk 安装包有两个（下载地址为 https://www.splunk.com/，要先注册）：

- ▶ 服务器：splunk-6.5.2-67571ef4b87d-linux-2.6-x86_64.rpm；
- ▶ 客户端：splunkforwarder-6.5.2-67571ef4b87d-linux-2.6-x86_64.rpm。

国内常见的大数据处理软件

随着国内大数据战略的实施,数据抓取和信息采集工具也迎来大发展机遇,大数据采集产品数量迅猛增长。国内公司已经开发出许多功能比较完善的大数据分析工具软件。在此简单介绍其中几款工具软件。

熊猫采集软件

熊猫采集软件是面向普通大众的可视化操作平台,其功能强大,应用广泛。该软件作为通用的大数据采集软件,操作非常简单,具有全程智能化辅助功能。利用软件自带的"客户资料采集模板",它可以实现对主流网站的企业名录、联系人电话号码的采集。熊猫采集软件的主界面(http://www.caijiruanjian.com/)如图 2.35 所示。

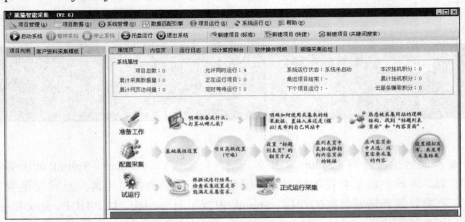

图 2.35 熊猫采集软件的主界面

熊猫采集软件利用其精准搜索引擎的解析内核,实现对网页内容的仿浏览器解析。在此基础上,利用原创的技术实现对网页框架内容与核心内容的分离、抽取,并实现相似页面的有效比对、匹配。用户只需指定一个参考页面,该软件就可以据此匹配类似的页面,实现对用户所需采集资料的批量采集。在此过程中,用户不再需要使用非常专业的"正则表达式"技术,也不需要借助技术高手来编写采集匹配规则。熊猫采集软件系统会将参考页面的内容解析分解后,由用户点击鼠标选择需要采集的对象即可,系统据此就可以知道用户需要采集的内容。熊猫采集软件的模板定制过程,是一个对目标页面进行机器学习、机器训练的过程。熊猫采集软件的技术特点如下:

- ▶ 搜索引擎解析内核。该软件利用的是搜索引擎的智能解析内核,实现对网页内容的仿浏览器解析、分解、内容提取、近似页面比对等。
- ▶ 内置分词/索引/检索引擎。内置有独立研发的分词索引检索引擎,用于文章的分词、文章内容相似度的分析匹配,摘要自动生成等应用。
- ▶ 视觉模拟技术。熊猫采集软件会模拟人的视觉来分析网页,在此基础上利用参考(模板)页面实现采集匹配工作。
- ▶ 网站页面逻辑关系分析技术。这是特有的原创技术,是熊猫采集软件所依赖的基础技术之一。

魔镜

苏州国云大数据分析软件（简称魔镜）是一款面向企业的大数据商业智能产品（http://www.labbigdata.com/）。通过魔镜可采集来自企业内部、外部的各种数据，如网站数据、销售数据、ERP 数据、财务数据、社会化数据、MySQL 数据库等，并可以将它们整合在魔镜中进行实时分析。同时，魔镜还推出了大数据协同育人计划，并提供"大数据实验科研平台"；该平台提供大数据网络课程、实验操练环境、真实的实验数据和工具、知识问答社区。魔镜官网如图 2.36 所示。

图 2.36　魔镜官网

魔镜为企业提供从数据清洗、数据仓库、数据分析挖掘到数据可视化展示的全套解决方案；同时针对企业的特定需求，提供定制化的大数据解决方案，从而推动企业实现数据智能化管理，增强核心竞争力，将数据价值转换为商业价值。

集搜客（GooSeeker）

集搜客网络爬虫由深圳市天据电子商务有限公司（http://www.gooseeker.com）开发。集搜客网页抓取软件经过 10 年的演进，先从火狐插件开始，目前已发展成一个独立的软件，运行起来就像一个浏览器，只是多了几个用于爬网页数据的按钮，因此也称为具有网络爬虫能力的浏览器。

乐思网络信息采集系统

乐思网络信息采集系统（http://www.knowlesys.cn）基于互联网采集监控技术而研发，具有发现快、信息全、分析准等优势。它可让用户眼观六路耳听八方，及时发现负面舆情。

火车采集器

火车采集器（http://www.locoy.com/）是目前使用人数较多的互联网数据抓取、处理、分析、挖掘软件。该软件凭借其灵活的配置与强大的性能，赢得了众多用户的认可。

练习

1. Flume 是什么？它可以用来做什么？
2. Source、Channel、Sink 分别有什么作用？
3. Flume 有哪些关键特性？
4. 下列哪种组件不能成为 Flume Agent 的 Source？（　　）
   a. Flume Agent　　　b. File　　　c. Kafka　　　d. Hadoop
5. 下列哪种组件不能成为 Flume Agent 的 Channel？（　　）
   a. 内存　　　b. JDBC　　　c. HDFS　　　d. Kafka
6. Flume 用于采集静态数据文件的 Source 是（　　）。
   a. Spooling Directory Source　　　b. Avro Source Thrift
   c. Taildir Source　　　d. Kafka Source
7. Flume 用于采集实时数据文件的 Source 是（　　）。
   a. Spooling Directory Source　　　b. Avro Source Thrift
   c. Taildir Source　　　d. Kafka source
8. Flume Agent 中数据的传输顺序是（　　）。
   a. Sink-Channel-Source　　　b. Source-Sink-Channel
   c. Source-Channel-Sink　　　d. Sink-Source-Channel

补充练习

1. 请写出使用 Flume 采集工具直接将采集的数据直接保存到 MySQL 数据库的操作步骤。
2. 在互联网上查找文献，探讨与 Flume 类似的系统软件还有哪些。

本 章 小 结

本章主要介绍了大数据采集的概念、数据来源、采集的技术方法和大数据的预处理，以及大数据采集和预处理的一些工具、简单的采集任务执行范例。

为了获得大数据的价值，控制大数据解决方案中数据的流入和流出，方法论十分重要。在大数据技术方案中，数据采集和预处理是大数据处理的基础性环节。

互联网背景下的数据采集主要包括系统日志采集、网络数据采集和数据接口采集三种类型，主要对网络媒介（如搜索引擎、新闻网站、论坛、微博、博客、电子商务网站等）的各种页面信息和用户访问信息进行采集，采集的内容主要有文本信息、URL、访问日志、日期和图片等。值得注意的是，在大数据采集过程中，由于数据量庞大以及网络访问并发严重，某些业务要求数据采集与处理应具有较好的实时性。例如，目前各大电子商务平台使用的信息推送系统。当然，也有相当数量的业务并不需要很强的实时性，典型的例子是日志文件的采集处理。

大数据必须经过清洗、分析、建模、可视化才能体现其潜在的价值，数据清洗是整个大数据分析过程中不可缺少的一个环节，清洗后的数据质量直接关系到后续数据分析和挖掘的效果和最终结论。数据清洗的目的是能够使数据达到一致性、准确性、完整性、时效性、可信性、可解释性。数据清洗实际上就是发现并纠正数据文件中可识别的错误，包括检查数据是否具有一致性、处理无效值或缺失值等。如果这些有错误或缺陷的数据量不大，可以通过人工方式或自己编写一些独特的小应用程序完成数据清洗工作。如果处理的数据量庞大，则需要使用大数据平台进行必要的数据清洗工作，如采用 Hadoop MapReduce、Spark 等技术。

目前，用于大数据采集的工具软件比较多，如 Apache Flume、Splunk Forwarder 等。利用分布式的网络连接，大多数软件工具都能实现一定程度的扩展性和高可靠性。其中，Flume 是被使用较多的开源产品。Splunk 作为一个优秀的商业产品，它的数据采集还存在一定的限制，相信 Splunk 很快会开发出更好的数据采集的解决方案。国内也开发出一系列大数据采集工具软件，如熊猫采集软件、魔镜等。

小测验

1. 在应用 Log4j 的程序中，如果需要改变日志输出的格式，应该修改 Log4j 的（　　　）部分。

  a. Logger   b. Appender   c. Layout   d. Logdir

2. 在 Log4j 中提供了多种日志打印格式，如果应用程序想要打印的日志信息包含代码行号，应该采用的格式是（　）。

  a. %F%m   b. %L%m   c. %p%m   d. %t%m

3. 请说明网络爬虫的基本原理。
4. 什么是日志采集？日志采集的主要目的是什么？
5. 常用的数据清洗工具有哪些？试分析其中一种工具的应用场景。
6. Flume 通常有哪些组件构成，这些组件各自的作用是什么？
7. 如果需要采集的数据来自另一个应用程序的网络端口 789，请写出配置 Flume 的 Source 参数。
8. 假设公司内部有 10 台 Web Server 服务器，每台服务器每天产生大量的日志数据，这些日志数据每天产生一个新文件，现在要求将这些日志文件采集到大数据平台 Hadoop 上保存，要求采集过程中自动实现文件合并，每天 10 台服务器的日志文件合并为一个大文件保存在 HDFS 中。请写出 Flume 采集设计方案和具体参数配置。

第三章 大数据存储与管理

概　述

数据存储是计算机处理系统首先需要考虑的问题，自从冯·诺伊曼计算机系统结构提出以来，计算（CPU）与存储（硬盘）一直是计算机软、硬件技术发展的重点。数据的存储除了考虑如何保证存储数据信息的安全性之外，还需要考虑计算组件如何更快、更方便地获取存储的数据。从存储技术的发展过程来看，存储介质随着技术的进步越来越小型化，而且种类越来越多，如软盘、硬盘、固态硬盘、光盘、U 盘、SD 卡等。存储的方式从最初的集中存储形式（CPU与硬盘在同一机箱内）到后来硬盘独立成为一台设备，随之又发展为直连式存储（Direct-Attached Storage，DAS）、存储区域网络（Storage Area Network，SAN）和网络接入存储（Network-Attached Storage，NAS）等形式。存储技术一直在围绕如何存储更多的数据，获取数据更方便、更安全等需求而发展着。

随着大数据时代的到来，传统的计算能力明显不足，依靠单台主机（或大型机）处理海量数据已经很难做到及时、有效。因此，分布式计算开始应用于互联网。在分布式计算环境下，如果数据还是集中存储，那么必然会造成计算与数据的分离，计算所需的数据需要从远端存储设备上通过网络传输。若传输的数据量比较大，用于网络传输的时间就比较长，进而影响整个系统的处理速度和能力。于是一种新的存储方式——分布式存储系统应运而生，数据不再集中存放，而是分散存储在距离计算最近的"地方"。分布式存储不再以文件为存储单元，而是以"块（Block）"作为存储单元。简单地说，过去是一个完整的文件只能存储在一台存储设备（如硬盘）中，而且该硬盘空闲的存储空间必须大于被存储的文件，否则该文件就无法保存。在分布式存储系统中，一个大文件可以被分成许多 Block 分别存储在不同的存储设备上，Block 的大小一般远小于文件的大小。为了追求更好的存取速度，对于不同类型的数据，其数据存储的结构也可以不一样。分布式数据库能够更好、更快、更便捷地存储非结构化和半结构化的数据。

显然，在大数据时代必须首先解决海量数据的高效存储问题。为此，Google 公司为了满足迅速增长的数据处理需求，设计了分布式文件系统（Google File System，GFS），通过网络实现了文件在多台机器上的分布式存储。GFS 与过去的分布式文件系统具有许多相同的性能指标，如性能、可伸缩性、可靠性以及可用性等。之后，Apache 软件基金会开发出了 Hadoop 分布式文件系统（Hadoop Distributed File System，HDFS）。HDFS 的目标是把超大数据集存储到分布在网络中的多台普通商用计算机上，并且能够提供高可靠性和高吞吐量的服务。HDFS是一个具有高度容错性和高吞吐量的海量数据存储解决方案。

本章在简要介绍分布式存储概念的基础上，重点讨论 HDFS 的体系结构、数据读写原理和实际应用；然后介绍非关系数据库 NoSQL 的特点、类型、技术基础和应用方法；最后讨论构建在 HDFS 之上、面向列的 NoSQL 数据库——HBase。

第一节　分布式存储系统

存储系统从集中式到分布式的发展历程,恰好是计算机处理信息量由小到大的一个变化过程。早期计算机的数据处理能力较低,存储量通常几 KB 就够了,因此那时主要的存储介质是小容量的硬盘和软盘。后来随着数据量的增大,需要更大容量的硬盘、光盘等存储介质;再后来硬盘的数量不再是一台服务器配一块,而是几块、几十块地增加,最后发展成磁盘柜、磁盘阵列等独立的存储设备,由此形成了传统存储技术的进步阶梯——DAS、SAN 和 NAS 等。随着数据的海量式增长,存储技术不仅要考虑存储数据的容量增长,还要考虑数据存储与数据处理之间的关系,于是分布式存储技术得到人们的重视。数据不再集中存储在一堆独立的存储设备中,而是被分布式存储系统软件巧妙地分散布置到各种服务器自带的附加存储设备中。这些分散在各种服务器设备上的存储介质在分布式存储软件系统的支配下,仿佛是一块"巨大容量"的存储系统对外提供服务。

学习目标

▶ 掌握分布式存储的主要特征,分布式存储的 CAP 理论和 Quorum 机制;
▶ 掌握分布式存储的分类和一般结构。

关键知识点

▶ 分布式存储系统将存储数据分配到网络中各个节点设备的存储空间中,形成一个逻辑上统一的存储空间。

集中式存储

自从 20 世纪 60 年代大型和超大型主机问世之后,凭借其超强的计算和 I/O 处理能力以及在稳定性、安全性方面的卓越表现,在很长一段时间内,大型主机引领了计算机行业以及商业计算领域的发展。在大型主机时代,由于其卓越的性能和良好的稳定性,大型主机在单机处理能力方面的优势非常明显,此时信息处理系统以集中式系统为主。集中式系统的典型特征是有一个大型的中央处理系统。该系统由一台或数台高性能、可扩充、非常昂贵的中央计算机组成,所有的数据、运算、处理任务全部在中央计算机系统上完成。这种计算与存储紧密结合的集中式存储系统,虽有利于计算速度的提高,但不利于大数据量的存储。

在集中式系统中,数据的存储集中存储于中心节点设备上,并且整个系统的所有业务单元都集中部署在这个中心节点上,系统所有的功能均由该系统集中处理。在集中式系统中,每个终端或客户端仅仅负责数据的输入和输出,而数据的存储与控制处理完全交由主机来完成。集中式系统的最大特点是部署结构简单。由于集中式系统往往基于底层性能卓越的大型主机,因此无须考虑如何对服务进行多个节点的部署,也就不用考虑多个节点之间的分布式协作问题。集中式存储的缺点主要体现在设备昂贵、维护复杂、物理介质集中布置等方面,因此设备安全、房间温度/湿度,以及空间大小等环境条件需要格外注意。

分布式存储

分布式存储系统是分布式系统3个研究方向（分布式存储系统、分布式计算系统和分布式管理系统）中的一个重要分支。顾名思义，分布式存储系统就是将大量的普通服务器（一般为廉价的硬件）作为数据存储设备（不是专用的存储服务器），通过高速网络实现互联，对外作为一个整体提供数据存储服务。简单来说，分布式存储在物理上是分散的，在逻辑上是统一的，不但能够提高系统的可靠性、可用性和存取效率，还易于扩展。对于普通用户而言，分布式存储系统与普通的PC硬盘的使用没有区别。

分布式存储的发展过程

分布式存储技术的发展过程可以归纳为4个阶段，如图3.1所示。由图3.1可知，最初的分布式文档系统应用发生在20世纪80年代，之后逐渐扩展到各个领域。从早期的NFS到现在的HBase、Storage Tank，分布式存储系统在体系结构、系统规模、性能、可扩展性、可用性等方面经历了巨大的变化。

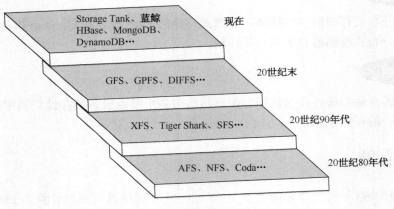

图3.1　分布式存储技术发展过程

早期的分布式文件系统只是起到了网络磁盘的作用，其最大问题是不支持容错和错误恢复。1978年分级存储管理（Hierarchical Storage Management，HSM）首先应用于IBM的大型机系统。20世纪80年代，源自Sun公司的NFS（Network File System）自1985年出现至今已经历了4个版本的更新，被移植到几乎任何主流的操作系统中，成为分布式文档系统事实上的标准。在NFS的应用中，本地NFS的客户端应用可以透明地读写位于远端NFS服务器上的文件，就如同访问本地文件一样。

20世纪90年代推出的Tiger Shark并行文档系统，是针对大规模实时多媒体应用而设计的。它采用多种技术策略来确保多媒体传输的实时性和稳定性，其中包括：采用资源预留和优化的调度手段，确保数据实时访问性能；通过加大文档系统数据块的大小，最大限度地发挥磁盘的传输效率；通过将大文档分片存储在多个存储设备中，取得尽量大的并行吞吐率；通过复制文档系统元数据和文档数据，克服单点故障，提高系统的可用性。

2003年Google的工程师Sanjay、Howard和Shun-Tak共同撰写并发表《The Google File System》一文，提出了GFS文件系统的概念。GFS系统现在已部署在Google的服务器上，得到了很好的使用。GFS 最初的设计目的主要是为了存储海量的日志文件、网页等文本信息，并对其进行批量处理。

随着大数据时代的来临，需要处理的数据急剧增长，必须解决海量数据的高效存储问题。为此，陆续开发出了 HBase、Storage Tank 等分布式存储系统。这类分布式存储系统将计算与数据"合"起来了，这种"合"不是简单地将主机和硬盘在形式上装配在一起，而是一种逻辑上的"合"。分布式存储完全体现了这种"合"，数据不再集中存放在一起，而是分成许多"块"，并把这种块和计算能力"合"在一起。简单来说，分布式存储就是数据要分，数据和计算要"合"。例如，目前的一种针对 x86 服务器的超融合架构已被提出，该融合架构将分布式存储、网络、虚拟化等数据中心必备的资源统一融入一台标准的 x86 服务器中，不但省去了一系列繁复的设备，也使得数据中心的逻辑结构因超融合而精练、清晰了许多。

分布式存储系统的类型

根据存储数据类型的不同以及 I/O 读写速度的差异，分布式存储系统具有结构化存储系统、非结构化存储系统、半结构化存储系统和内存缓存系统 4 种类型。

1. 结构化存储系统

结构化数据是一种用户定义的数据类型，它包含了一系列的属性，每个属性都有一个数据类型，在关系数据库（又称关系型数据库）中通常用一个二维表结构来表达实现的数据。结构化存储的典型例子就是事务处理系统或者关系数据库（RDBMS）。例如，Oracle、SQL Server 或 MySQL 等就是典型的关系数据库。传统的结构化存储系统强调的是结构化数据之间的关系、数据的强一致性、随机访问等特性。正是由于这些特性，结构化存储系统的可扩展性通常都不太好，在一定程度上限制了结构化存储在大数据环境下的应用。当系统规模大到单一节点的数据库无法支撑时，通常需要对数据库进行切分。数据库切分有垂直切分与水平切分之别。垂直切分是按照功能切分数据库，将不同功能的数据存储在不同的数据库中。这样，一个大数据库就被切分成了多个小数据库，从而实现数据库的扩展。水平切分是按照数据行进行切分，即将表中的某些行切分到一个数据库中，而另外的某些行被切分到其他数据库中。为了能够比较容易地判断各行数据切分到了哪个数据库，切分总是需要按照某种特定的规则进行，如按照某个数字字段的范围、某个时间类型字段的范围切分，或者按照某个字段的 Hash 值切分。垂直扩展与水平扩展各有优缺点，一般一个大型系统会将水平扩展与垂直扩展结合使用。

2. 非结构化存储系统

相对于结构化数据而言，不方便使用数据库二维逻辑表来表现的数据即称为非结构化数据。非结构化数据的字段长度不等，并且每个字段的记录又可以由可重复或不可重复的子字段构成，没有规律可循，如办公文档、文本、图片、XML、HTML、各类报表、图像和音频/视频等数据。非结构化存储的特点是具有高可扩展性。与结构化存储系统相比，虽然分布式文件系统的可扩展性好，吞吐量非常高，但无法支持随机访问，通常只能进行文件追加操作。这种限制使得非结构化存储系统难以应对低延迟、实时性较强的应用。

3. 半结构化存储系统

半结构化数据是介于完全结构化数据（如关系数据库、面向对象数据库中的数据）和完全无结构的数据（如声音、图像文件等）之间的数据。HTML 文档就属于半结构化数据，它一般是自描述的,数据的结构和内容混在一起,没有明显的区分。半结构化数据没有严格的模式(Schema)定义,不适合用传统的关系数据库进行存储。结构化数据即行数据,存储在数据库里,可以用二维表结构来逻辑表达实现。结构化数据的模式和内容是分开的,数据模式需要预先定义。为解决结构化、非构化存储系统存在的问题,提出了半结构化存储。适合半结构化数据存储的存储系统称作"NoSQL"数据库,如 NoSQL、Key-Value Store、Protobuf、Thrift 等都属于半结构化存储系统。其中,NoSQL 的发展应用尤为强劲。NoSQL 被称作下一代的数据库,是具有非关系型、分布式、轻量级、支持水平扩展等特点,且一般不保证遵循 ACID 原则的数据储存系统。NoSQL 系统既有分布式文件系统所具有的可扩展性,又有结构化存储系统的随机访问能力。该系统在设计时通常选择简单键值(K-V)进行存储,抛弃了传统 RDBMS 中的复杂 SQL 查询以及 ACID 事务。比较典型的 NoSQL 系统是 Bigtable、HBase、Dynamo、Cassandra 等非关系数据库。

4. 内存缓存系统

随着业务的并发度越来越高,存储系统对低延迟的要求也越来越高。基于内存的存储系统将数据存储在内存中,从而获得读写的高性能,其中比较有名的系统是 Memcached 和 Redis。Memcached 是一个高性能的分布式内存对象缓存系统,用于动态 Web 应用以减轻数据库负载。Redis 采用内存中(in-memory)存储数据集的方式,支持数据的持久化,可以每隔一段时间将数据集转存到磁盘上。另外,还有一些偏向于内存计算的系统,如分布式共享内存(DSM)、RamCloud、Tachyon 等。其中 RamCloud 是由斯坦福大学提出的完全使用内存(DRAM)的一种存储系统,它的所有数据都保存到内存中。

分布式系统中的读写原则

分布式系统是由多个节点构成的,由于网络异常、主机宕机等原因,这些节点并不能保证完全正常工作。特别是当节点数量很多时,出现异常状况几乎是必然的。为了保证系统的正常运行,提供可靠服务,分布式系统采用多份数据副本来保证数据的可靠性。当客户端在其中一个节点上读取数据失败时,可以转向另外一个存有相同数据副本的节点读取。这个过程对于客户端来说是透明的,但随之而来的是副本数据的不一致性问题。也就是说,数据的高可用性、一致性与系统故障之间是矛盾的。解决这些读写矛盾所依据的基本原则是 CAP 定理、WARO 机制和 Quorum 机制。

1. CAP 定理

2000 年,美国加利福尼亚 Berkeley 分校的 Eric Brewer 教授在 PODC 的研讨会上提出了 CAP 猜想;2002 年,Lynch 与其他人证明了 Brewer 猜想,从而把 CAP 上升为一个定理。CAP 定理又被称作布鲁尔定理,其核心思想是:任何基于网络的数据共享系统最多只能满足数据一致性(Consistency)、可用性(Availability)和分区容忍性(Partition Tolerance)三个特性中的两个,三者不可兼得。

- 一致性是指在分布式系统中的所有备份,在同一时刻均为同样的值。也就是说,每一次数据更新操作成功并返回客户端后,所有节点在同一时间能够读取的数据是完全一致的,等同于所有节点拥有数据的最新版本。
- 可用性是指在系统中任何用户的每一个操作均能在一定时间内得到一个及时的、非错的响应,即便集群中的部分节点发生故障,集群整体仍能响应客户端的读写请求,但是不保证请求的结果是基于最新写入的数据的。

▶ 分区容忍性是指在遇到某节点或网络分区故障时,仍然能够对外提供满足一致性和可用性的服务,即使一些消息丢失或者延迟,整个系统仍然可以继续提供服务。就实际效果而言,分区相当于对通信的时限要求。系统如果不能在时限内达成数据一致性,就意味着发生了分区,必须就当前操作在一致性和可用性之间做出选择。

为什么以上三者不可兼得呢?这是因为,提高分区容忍性的办法是将一个数据项复制到多个节点上;出现分区之后,这一数据项就可能分布到各个区里,分区容忍就提高了。然而要把数据复制到多个节点,就会带来一致性的问题,即多个节点上的数据可能是不一致的。要保证一致性,每次写操作都要等待全部节点写成功,而这等待又会带来可用性的问题。

由于分布系统的数据处理不在本机上进行,而在分布式网络中的众多机器上进行,它们之间需要相互通信,因此网络分区、网络通信故障问题(分区容忍性)就无法避免。因此,只能尽量地在一致性和可用性之间寻求平衡。对于数据存储而言,为了提高可用性,采用了副本备份。例如,对于 HDFS,默认每块数据存三份。当需要修改数据时,就需要更新所有的副本数据,这样才能保证数据的一致性。因此,需要在一致性和可用性之间权衡。

2. WARO 机制

WARO(Write All Read One)是一种简单的副本控制协议,即在更新时写所有的副本,只有在所有的副本上更新成功后,才认为更新成功,从而保证所有副本数据一致。这样,在读取数据时可以读任一副本上的数据。WARO 的特点是写操作很脆弱,因为只要有一个副本更新失败,此次写操作就视为失败了。但读操作很简单,因为所有的副本保持一致,只需读任何一个副本上的数据即可。假设有 N 个副本,$N-1$ 个都宕机了,剩下的那个副本仍能提供读服务;但是只要有一个副本宕机了,写服务就不会成功。WARO 牺牲了更新服务的可用性,最大限度地增强读服务的可用性。将 WARO 的条件放宽,从而使得可以在读写服务可用性之间做出折中,Quorum 机制就是更新服务和读服务之间进行的一个折中。

3. Quorum 机制

Quorum 机制是分布式系统中常用的、用来保证数据冗余和最终一致性的一种算法。Quorum 机制定义如下:

假设有 N 个副本,更新操作在 W 个副本中更新成功之后,才认为此次更新操作成功。对于读操作而言,至少需要读 R 个副本才能读到此次更新的数据。W 和 R 必须满足公式:

$$W + R > N \tag{3-1}$$

例如,假设系统中有 5 个副本,$W=3$,$R=3$。初始时数据为 $(V_1, V_1, V_1, V_1, V_1)$,成功提交的版本号为 1,当某次更新操作在 3 个副本上成功后,就认为此次更新操作成功。数据变成为 $(V_2, V_2, V_2, V_1, V_1)$,本次操作成功提交后,版本号变成 2。对于版本 2 的数据最多只需读 3 个副本,一定能够读到 V_2。剩余的 V_1 同步到 V_2 工作交给后台服务器完成,而不需要让客户端知道。

仅依赖 Quorum 机制是无法保证强一致性的;因为仅有 Quorum 机制是无法确定最新已成功提交的版本号,除非将已提交的最新版本号作为元数据由特定的元数据服务器或元数据集群管理。所谓强一致性,就是指任何时刻任何用户或节点都可以读到最近一次成功提交的副本数据。强一致性是程度最高的一致性要求,也是实践中最难以实现的一致性。

Quorum 机制的一种改进做法是选取 R 个副本中版本号最高的副本作为 Primary,新选出的 Primary 不能立即提供服务,还需要至少与 W 个副本完成同步后,才能提供服务。例如:在 5 个节点(V_2, V_2, V_1, V_1, V_1)上,$R=3$,如果读取的 3 个副本是(V_1, V_1, V_1),则高版本的 V_2 需要丢弃;如果读取的 3 个副本是(V_2, V_1, V_1),则低版本的 V_1 需要同步到 V_2。

分布式存储基本架构

分布式存储架构通常由客户端、元数据服务器和数据服务器三部分组成。客户端负责发送读写请求,缓存文件元数据和文件数据;元数据服务器负责管理元数据和处理客户端的请求,是整个系统的核心组件;数据服务器负责存放文件数据,保证数据的可用性和完整性。该架构的好处是性能和容量能够同时拓展,系统规模具有很强的伸缩性。

以 GFS 为例,分布式存储的基本架构如图 3.2 所示。GFS 将整个系统分为客户端(Client)、主服务器(Master)、数据块服务器(Chunk Server)三类。

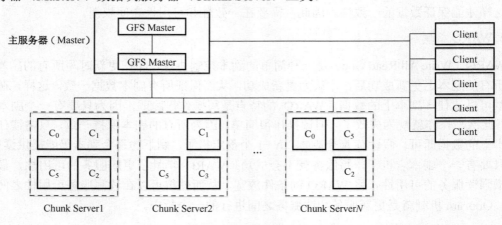

图 3.2 分布式存储 GFS 的基本架构

(1)客户端(Client):Client 是 GFS 提供给应用程序的访问接口,它是一组专用接口,不遵守 POSIX 规范,以库文件的形式提供。应用程序直接调用这些库文件,并与这些库文件链接在一起。

(2)主服务器(Master):Master 是 GFS 的管理节点,主要存储与数据文件相关的元数据,而不是数据块(Chunk)。元数据包括命名空间(Name Space,即整个文件系统的目录结构),一个能将 64 bit 标签映射到数据块的位置及其组成文件的表格,Chunk 副本位置信息和哪个进程正在读写特定的数据块等。还有,Master 节点会周期性地接收来自每个 Chunk 节点的"心跳"(Heartbeat)信号,以使元数据保持最新状态。

(3)数据块服务器(Chunk Server):Chunk Server 负责具体的存储工作,用来存储 Chunk。GFS 将文件按照固定大小进行分块,块的默认大小是 64 MB;每个块称为一个 Chunk,每个 Chunk 以 Block 为单位进行划分,大小为 64 KB;每个 Chunk 有一个唯一的 64 bit 标签。GFS 采用副本的方式实现容错,每个 Chunk 有多个存储副本(默认 3 个)。Chunk Server 的个数可以有多个,其数目直接决定 GFS 的规模。

分布式存储系统的特点

- 高可用性：指分布式存储系统在面对各种异常时可以提供正常服务的能力。系统的可用性可以用系统停止服务的时间和正常服务时间的比例来衡量。例如，4 个 9 的可用性（99.99%）要求一年停机的时间不能超过 $365 \times 24 \times 60$ min$/10000 \approx 53$ min。
- 高可靠性：主要指分布式系统的数据安全性指标。要实现数据可靠、不丢失，主要采用多机冗余、单机磁盘 RAID 等措施。
- 高扩展性：指分布式存储系统通过扩展集群服务器规模从而提高系统存储容量、计算和性能的能力。随着业务量的增大，对底层分布式存储系统的性能要求越来越高，一般通过增加服务器数量等方法来提升服务能力。系统的可扩展性主要是集群具有线性可扩展性，系统整体性能应与服务器数量呈线性关系。
- 数据一致性：指分布式存储系统多个副本之间的数据一致性，有强一致性、弱一致性、最终一致性、因果一致性和顺序一致性之分。
- 高安全性：指分布式存储系统不受恶意访问和攻击，保护存储数据不被窃取。互联网是开放的，任何人在任何时间任何地点通过任何方式都可以访问，针对现有的和潜在的各种攻击与窃取手段，要有相应的应对方案。
- 高性能：衡量分布式存储系统性能的常见指标，是系统的吞吐量和系统的响应延迟。系统的吞吐量是指在一段时间内可以处理的请求总数，常用 QPS（Query Per Second）和 TPS（Transaction Per Second）衡量。系统的响应延迟是指某个请求从发出到接收、再到返回结果所消耗的时间，通常用平均延迟来衡量。这两个指标往往是矛盾的，追求高吞吐量，比较难做到低延迟；追求低延迟，吞吐量会受影响。
- 高稳定性：这是一个综合指标，考核分布式存储系统的整体健壮性。对于任何异常，系统都能坦然面对，系统的稳定性越高越好。

练习

1. 数据存储系统中数据的存储结构有两类，分别是集中式存储和分布式存储。与分布式存储比较，集中式存储的优点是（   ）。
       a. 数据安全性强　　　　b. 系统健壮性好　　　　c. 网络传输量少　　　　d. 便于管理维护
2. DAS 存储技术的主要缺点是（   ）。
       a. 容量有限　　b. 增加或更换硬盘需要停机　　c. 设备昂贵　　　　d. 安全性差
3. 分布式存储架构一般为（   ）。
       a. 主从机构　　　　　b. P2P 架构　　　　　c. 并行架构　　　　d. 以上都不是
4. 如何理解分布式存储系统中的计算本地化思想？
5. 请举出一些属于非结构类型的数据。
6. Quorum 机制的主要用途是什么？

补充练习

1. 讨论 CAP 理论的核心思想。
2. 与集中式存储相比，分布式存储的主要有哪些优点和缺点？

第二节　Hadoop 分布式文件系统（HDFS）

Hadoop 分布式文件系统（HDFS）是 Hadoop 生态系统的核心模块之一。HDFS 类似于操作系统的文件系统，提供了海量数据的存储和管理，具有高容错性、高吞吐量等优点，并提供了多种访问模式。如果把整个 Hadoop 集群看作一台逻辑上的虚拟计算机，那么 Hadoop 就是这台虚拟计算机的"操作系统"，HDFS 则是该"操作系统"中的"文件系统"。因此，HDFS 管理数据的方式与普通的 Linux 文件系统很相似，例如根目录为"/"。HDFS 能够做到对上层用户的绝对透明，使用者无须了解其内部结构就能够得到 HDFS 提供的服务。另外，HDFS 还提供了一系列的 API，帮助开发者及研究人员进行快速编程。

本节将详细介绍 HDFS 的体系架构和实现原理，包括一些基本概念、HDFS 的文件读写机制、如何访问 HDFS 存储的文件，以及 HDFS Java 访问编程接口等。

学习目标

- 掌握 HDFS 的系统架构和工作原理；
- 熟悉 HDFS Shell 基本命令；
- 掌握 HDFS Java 访问编程接口。

关键知识点

- HDFS 是一种主从结构的分布式集群文件系统，以 Block 为存储基本单元；
- HDFS 既然是一种文件系统，同样具有管理文件、目录的各种操作命令。

HDFS 的相关概念

由于 HDFS 分布式文件系统概念相对较为复杂，先对 HDFS 中相关概念包括块、名称节点、数据节点和第二名称节点做如下简单介绍。

块（HDFS Block）

计算机设备的物理磁盘中涉及块的概念，磁盘的物理块（Block）是磁盘操作的最小单元，读写操作均以 Block 为最小单元。文件系统的块是在物理块之上的抽象，文件系统的块是物理磁盘块的整数倍，其大小一般为 4 KB，这也是文件系统操作的最小单元。可见，块的概念早已存在并广泛应用于文件系统中。HDFS 的 Block 要比一般单机文件系统的块大得多，其在 Hadoop 1.x 版本中的默认大小为 64 MB，Hadoop2.0 以后默认为 128 MB。HDFS 的大文件被拆分成多个块，每个块作为一个独立的存储单元。比 Block 小的文件不会占用整个 Block，只会占据实际大小。例如，一个文件大小为 1 MB，则在 HDFS 中只会占用 1 MB 的空间，而不是 128 MB。

Block 的拆分使得单个文件的大小可以大于某个磁盘的容量，构成文件的 Block 可以分布在整个 HDFS 集群中，理论上单个文件可以占据集群中所有机器上的磁盘。Block 的抽象简化了存储系统。对于 Block 无须关注其权限、所有者等，这些内容在文件级别上进行控制。此外，

Block 也作为容错和高可用机制中的副本单元，即以 Block 为单位进行复制。

HDFS 的 Block 多大合适呢？由于 Block 是分布式存储的，所以定位 Block 需要一定的网络传输时间。若 Block 太小，大文件将被拆分成更多的 Block，不仅造成管理这些 Block 的成本增加，也会使数据操作变慢。假设定位到 Block 所需的时间为 10 ms，磁盘传输速度为 100 MB/s，如果要将定位到 Block 所用时间占传输时间的比例控制为 1%，则 Block 的大小约为 100 MB。如果 Block 设置过大，在 MapReduce 任务中，Map 可能的任务数远远不能满足并发运算的需要，从而使得数据处理的效率变低。

可以使用 HDFS 中的 fsck 命令查看 Block 的信息。例如，使用下列命令可以列出 HDFS 文件系统中所有文件的 Block：

```
$> hadoop fsck / -files -blocks
```

元数据

元数据（Metadata）是描述其他数据的数据，或者说是用于提供某种资源的有关信息的结构数据（Structured Data）。在 HDFS 系统中，元数据信息包括名称空间、文件到文件块的映射、文件块到数据节点的映射。

名称节点

在 HDFS 中，名称节点（NameNode）的主要功能是管理文件系统的命名空间，并控制对存储在 HDFS 集群中文件的客户端认证，它还处理存储在不同数据节点（DataNode）中数据的映射。NameNode 是整个文件系统的管理节点，维护着整个文件系统的文件目录树、文件/目录的元数据和每个文件对应的数据块列表，并接收客户端用户的操作请求。

NameNode 上的数据结构如图 3.3 所示。NameNode 维护两个文件：一个是命名空间镜像（File System Image, FSImage），也称文件系统镜像；另一个是命名空间镜像的编辑日志（EditLog）。FSImage 保存了最新的元数据检查点，包含整个 HDFS 文件系统的所有目录和文件的信息。对于文件来说，FSImage 包含了数据块描述信息、修改时间、访问时间等；而对于目录来说，它包括修改时间、访问权限控制等信息。FSImage 文件的内容仅仅在 NameNode 启动时进行更新，这时 NameNode 进入保护模式。在 NameNode 运行期间，FSImage 的内容不会改变。NameNode 在运行过程中，对 HDFS 进行的各种更新操作的记录均写入 EditLog 文件。HDFS 客户端执行的所有写操作都被记录到 EditLog 中。在 NameNode 启动后，所有对目

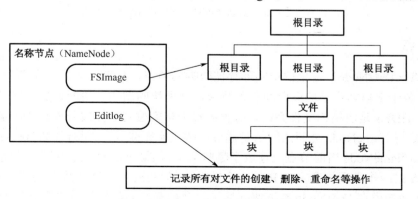

图 3.3　NameNode 上的数据结构

录结构的增加、删除、修改等操作也都记录到 EditLog 文件中,并不同步记录在 FSImage 中。总之,FSImage 是在 NameNode 启动时对整个文件系统的快照,EditLog 则是在 NameNode 启动后对文件系统改动情况的记录。在 NameNode 保护模式下,FSImage 完成与 EditLog 的同步工作,之后 FSImage 数据读入内存,NameNode 始终在内存中存储元数据,使得"读操作"更快。

NameNode 维护文件与数据块的映射表以及数据块与数据节点的映射表。例如,一个文件被切分成几个数据块(Block)?这些数据块分别存储在哪些数据节点上?NameNode 对集群内的数据节点运行状态进行记录,一旦有数据节点宕机或者网络阻塞,它就能很快通过心跳机制获知哪个数据节点出现故障,并且将故障节点上的数据块转移至其余空闲节点。Hadoop 提供了 Web 管理界面,可以查看发生故障的数据节点以及故障原因,如图 3.4 所示。图 3.5 示出了 DataNode MS37 由于磁盘空间不足而出现故障。

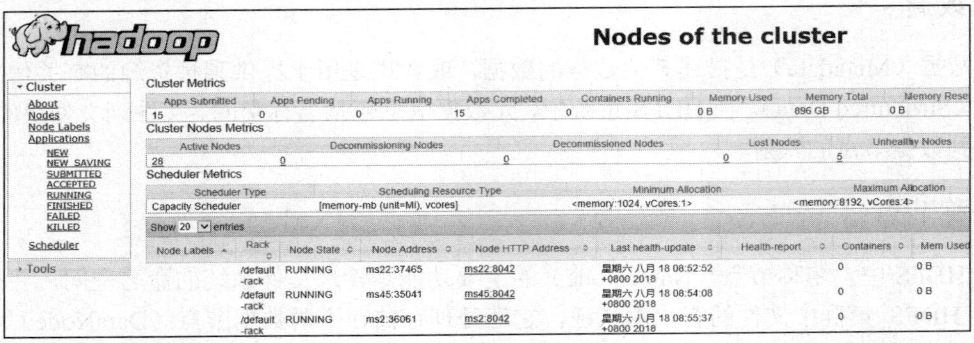

图 3.4 Hadoop 的 Web 管理界面

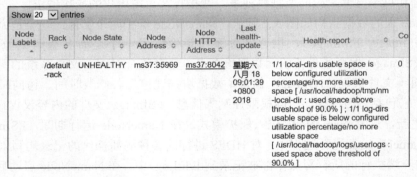

图 3.5 DataNode MS37 出现故障的原因

数据节点

数据节点(DataNode)是集群中实际存储数据的节点,集群中一般存在多个 DataNode。DataNode 服务于来自客户端的读取和写入请求,处理块的创建、块的删除,以及复制相关数据块的操作。HDFS 是块结构文件系统,这意味着所有单独的文件被分成具有固定大小的数据块。DataNode 与 NameNode 之间的通信是通过心跳机制完成的,心跳机制默认 3 s 一次,心跳数据能够告知 NameNode 当前节点上存放了哪些数据。如果 NameNode 中记录的是某 DataNode 存放了文件 A 的两个数据块和文件 B 的一个数据块,但心跳中只有文件 A 的一个数据块信息,NameNode 就会知道该 DataNode 数据块损坏了,会把损坏的数据块转移到其他 DataNode。

第二名称节点（Secondary NameNode）

第二名称节点（Secondary NameNode）是 HDFS 架构的一个重要组成部分。每个集群只能有一个 Secondary NameNode，这是 NameNode 发生故障时的备用节点，主要用来保存 NameNode 中对 HDFS 元数据信息的备份，并减少 NameNode 的重启时间。因为在 NameNode 上，只有 NameNode 重启时 EditLog 才会合并到 FSImage 文件中，从而得到一个文件系统的最新快照。但是在集群中 NameNode 是很少重启的，随着 NameNode 运行时间的延长，EditLog 文件会变得越来越大。在这种情况下可能会导致以下问题：

- NameNode 的重启会花费很长时间，因为有很多改动要合并到 FSImage 文件上；
- EditLog 文件会变得很大，如何管理此文件是一个问题；
- 如果 NameNode 出现宕机，会使保存在内存中的一些数据无法写入 EditLog 文件，导致数据丢失。

HDFS 为了解决这些问题，在文件系统中引入了 Secondary NameNode。Secondary NameNode 的主要职责就是将 EditLog 合并到 FSImage 文件中。

在 HDFS 系统中，Secondary NameNode 会按照一定规则被唤醒，然后进行 FSImage 文件与 edits 文件的合并，防止 EditLog 文件过大而导致 NameNode 启动时间过长。唤醒 Secondary NameNode 受三个参数控制，这三个参数分别是：

- fs.checkpoint.period——检查点控制周期（以 s 为单位，默认值为 3 600 s）；
- fs.checkpoint.size——控制日志文件超过多少时进行合并操作（以 B 为单位，默认值是 64 MB）；
- dfs.http.address——表示 HTTP 地址，这个参数在 Secondary NameNode 为单独节点时需要设置。

Secondary NameNode 一般部署在一台机器上。Secondary NameNode 与 NameNode 之间完成 EditLog 文件与 FSImage 文件的数据更新操作，如图 3.6 所示。其工作流程如下：

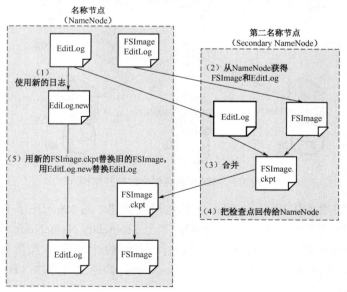

图 3.6 Secondary NameNode 工作流程

（1）使用新的日志：Secondary NameNode 定期与 NameNode 通信，请求其停止使用 EditLog 文件，暂时将新的写操作写到一个新的文件 EditLog.new 上。这个操作是瞬间完成的，上层写日志的函数完全感觉不到差别。

（2）从 NameNode 获得 FSImage 和 EditLog：Secondary NameNode 通过 HTTP GET 方式从 NameNode 上获取 FSImage 和 EditLog 文件，并下载到本地相应目录下。

（3）合并：Secondary NameNode 将下载的 FSImage 载入到内存，然后一条一条地执行 EditLog 文件中的各项更新操作，使得内存中的 FSImage 保持最新。这个过程就是 EditLog 和 FSImage 文件合并。

（4）把检查点回传给 NameNode：Secondary NameNode 执行完步骤（3）操作之后，通过 post 方式将新的 FSImage 文件发送到 NameNode 上。

（5）替换：NameNode 用从 Secondary NameNode 接收到的新 FSImage.ckpt 替换旧的 FSImage 文件；同时将 EditLog.new 替换为原来的 EditLog 文件。这个过程使得 EditLog 文件重新变小。

HDFS 的系统架构

HDFS 是跨多台计算机存储的文件系统，它以流式数据访问模式来存储超大文件，可运行在普通的硬件集群上。HDFS 是 Hadoop 平台的基石，MapReduce 和 Spark 数据处理框架均建立在 HDFS 之上。一个典型的 HDFS 集群中至少有 1 个名称节点（NameNode）、1 个第二名称节点（Secondary NameNode）和 1 个数据节点（DataNode）。HDFS 的典型网络拓扑结构如图 3.7 所示。所有的数据均存放在运行 DataNode 进程的节点的块（Block）中。

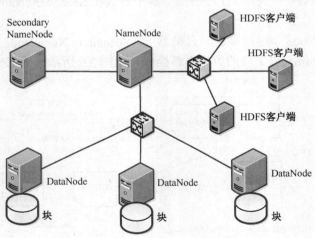

图 3.7　HDFS 的典型网络拓扑结构

一般，HDFS 采用主从（Master/Slave）结构模型构建。图 3.8 示出了 HDFS 的系统组成和工作情况。该 HDFS 集群包括 1 个 NameNode、1 个 Secondary NameNode 和若干个 DataNode，NameNode 和 DataNode 都以 Java 程序的形式运行在普通的计算机上，操作系统一般采用 Linux。其中，主节点称为 NameNode，从节点称为 DataNode，数据文件以块（Block）的方式存放在分布式的 DataNode 上。

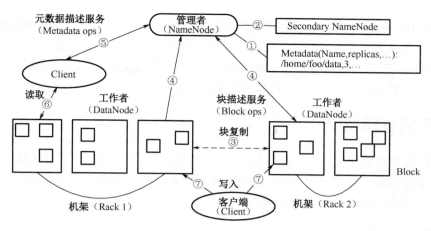

图 3.8　HDFS 系统组成和工作情况

（1）连线①：NameNode 是 HDFS 系统中的管理者，它对 Metadata（元数据）进行管理，负责管理文件系统的命名空间、维护文件系统的文件树以及所有的文件和目录的元数据。

（2）连线②：SecondaryNameNode 一般部署在一台单独的计算机上运行，它与 NameNode 保持通信，按照一定的时间间隔保存文件系统元数据的快照，以备 NameNode 发生故障时进行数据恢复。Secondary NameNode 的功能包括：定时到 NameNode 获取 EditLog，并更新到 Secondary NameNode 自己的 FSImage 上；一旦有了新的 FSImage 文件，就将其拷贝回 NameNode；NameNode 在下次重启时会使用这个新的 FSImage 文件，从而减少重启时间；Secondary NameNode 的整个目的是在 HDFS 中提供一个检查点，它只是 NameNode 的一个辅助节点。这也是在社区内被认为是检查点节点的原因。

（3）连线③：HDFS 中的文件通常被分割为多个 Block，存储在多个 DataNode 中。DataNode 上存有 Block ID 和 Block 内容，以及它们之间的映射关系。

（4）连线④：NameNode 中保存了每个文件与 Block 所在的 DataNode 的对应关系，并管理文件系统的命名空间。DataNode 定期向 NameNode 报告其存储的 Block 列表，以备使用者直接访问 DataNode 获得相应的数据。DataNode 还周期性地向 NameNode 发送心跳信号，告知 DataNode 是否工作正常。DataNode 与 NameNode 还进行交互，对文件块的创建、删除、复制等操作进行指挥与调度。在交互过程中，DataNode 只有收到了 NameNode 的命令后才开始执行指定操作。

（5）连线⑤：Client 是 HDFS 文件系统的使用者，在进行读写（R/W）操作时，Client 需要从 NameNode 获得文件存储的元数据信息。

（6）连线⑥⑦：Client 从 NameNode 获得文件存储的元数据信息后，与相应的 DataNode 进行读写操作。

实际中，一个典型的 HDFS 集群，一般要包含 1 台 NameNode 服务器、数十台至数千台 DataNode 服务器以及 1 台对 NameNode 进行辅助管理的 Secondary NameNode 服务器。对于 Hadoop 早期版本（如 1.0），在一个集群中只能有 1 个 NameNode，因而存在单点故障问题（SPOF）。对于只有 1 个 NameNode 的集群，如果 NameNode 机器出现意外停工期（Downtime），那么整个集群将无法使用，直到 NameNode 重新启动。在 Hadoop2.0 以后的版本中，提供了高可用性（High Availability，HA）方案，HDFS 的 HA 功能允许一个集群使用两台 NameNode，即 Active NameNode 和 Standby NameNode，两台 NameNode 形成互备：一台处于 Active 状态，为主 NameNode；另外一台处于 Standby 状态，为备 NameNode。只有主 NameNode 对外提供读写服务。一旦 Active NameNode 出现故障，就切换到 Standby NameName 来提供管理服务。Client 读写数据需要与 NameNode 和 DataNode 同时进行交互。一个机架（Rack）内的 DataNode 服务器形成一个 Rack 区，数据备份需要使用 Rack 区这个概念。

HDFS 的存储机制

HDFS 是用来为大数据提供可靠存储的，它通过数据冗余存储、副本存放策略、数据容错与恢复机制来提供高可靠性和可用性。因此，HDFS 是一个高度容错系统，能够提供高吞吐量的数据访问，适合应用于大规模数据集。

数据的冗余存储

为了保证系统的容错性和可用性，HDFS 采用多副本（HDFS 默认为 3 个）方式对数据进行冗余存储。通常一个 Block 的多个副本会被分布到不同的 DataNode 上，如图 3.9 所示。其中，Block 1 被分别存放到数据节点 A 和 C 上，Block 2 被存放在数据节点 A 和 B 上，……。

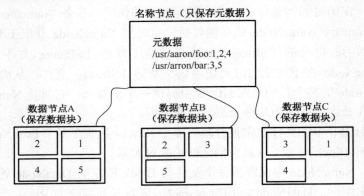

图 3.9　HDFS 数据块多副本冗余存储

这种多副本方式具有以下优点：
- 提高数据传输速度：当多个客户端需要同时访问同一个文件时，可以让各客户端分别从不同的 Block 副本中读取数据，以加快数据的传输速度。
- 易于检查数据错误：HDFS 的数据节点之间通过网络传输数据，采用多个副本易于判断数据传输是否出错。
- 保证数据可用性：即使某个数据节点出现故障，也不会造成数据丢失。

数据存放策略

在 HDFS 系统中 NameNode 负责整个集群的数据备份和分配，在分配过程中主要考虑两个因素：一是数据安全，即在某个节点发生故障时不会丢失数据备份；二是网络传输开销，在备份数据同步过程中尽量减少网络传输中的带宽开销。这两个因素看起来是有些相互矛盾的：想要保证数据安全，就应尽量把数据备份到多个节点上，但这需要向多个节点传输数据；想要减少网络传输开销，就要尽可能把数据备份到一个节点内部或者一台机架内部，因为系统内部的数据传输速度会远大于网络传输的速度。

为了提高数据的可靠性与系统的可用性，以及充分利用网络带宽，HDFS 在网络安全和减少网络传输之间做了一种平衡：采用以机架感知（Rack-aware）为基础的数据存放策略，即 DataNode 复制与放置策略，如图 3.10 所示。图 3.10 中描述了 HDFS 中的机架（Rack）的概念。HDFS 认为一个 Rack 内部数据传输速度远大于 Rack 之间的传输。对于每个数据备份，比如 A 要放在 Rack1 中，在写入 HDFS 时首先会在 Rack1 中创建一个备份，同时在 Rack2 中也创建一个备份。这样做在一定程度上兼顾了数据安全和网络传输的开销。

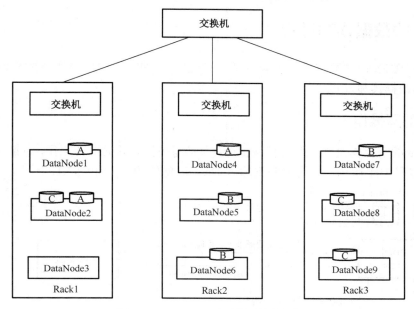

图 3.10 DataNode 复制与放置策略

数据容错与恢复

HDFS 具有较高的容错性，可以兼容廉价的硬件。它把硬件出错看作一种常态，而不是异常，其中设计了相应的机制检测数据错误，并进行自动恢复。HDFSD 容错与恢复机制主要包括 NameNode 出错检测、DataNode 出错和数据错误检测。

（1）NameNode 出错检测。NameNode 保存了所有的元数据信息，其中两大核心数据结构是 FSImage 和 EditLog。如果这两个文件发生损坏，那么整个 HDFS 实例将失效。因此，HDFS 设置了备份机制，把这些核心文件同步复制到备份服务器 Secondary NameNode 上。当 NameNode 出错时，就可以根据备份服务器 Secondary NameNode 中的 FSImage 和 EditLog 数据进行恢复。

（2）DataNode 出错检测。每个 DataNode 会定期向 NameNode 发送"心跳"信息，向 NameNode 报告自己的状态。当 DataNode 发生故障或者网络发生断网时，NameNode 就无法收到来自一些 DataNode 的心跳信息；这些 DataNode 就会被标记为"宕机"，这些节点上的所有数据都会被标记为"不可读"，NameNode 也不会再给它们发送任何 I/O 请求。这时，有可能出现一种情形，即由于一些 DataNode 的不可用，会导致一些 Block 的副本数量小于冗余因子。NameNode 会定期检查这种情况，一旦发现某个 Block 的副本数量小于冗余因子，就会启动数据冗余复制，为它生成新的副本。HDFS 与其他分布式文件系统的最大区别，是可以调整冗余数据的位置。

（3）数据错误检测。网络传输和磁盘错误等都会造成数据错误。Client 在读取到数据后，会采用 MD5 和 SHA1 对 Block 进行校验，以确定读取到正确的数据。在文件被创建时，Client 就会对每一个 Block 进行信息摘录，并把这些信息写入同一个路径的隐藏文件中。当 Client 读取文件时，会先读取该信息文件，然后利用该信息文件对每个读取的 Block 进行校验；如果校验出错，Client 就会请求到另外一个 DataNode 读取该 Block，并且向 NameNode 报告这个 Block 有错误。NameNode 会定期检查并且重新复制这个 Block。

HDFS 的数据读写过程

Client 向 HDFS 读写数据是一个非常复杂的过程。在此简单介绍在不发生任何异常的情况下，HDFS 的数据读写过程。

HDFS 的写操作

DataNode 的写操作流程主要包括两部分：一是写操作之前的准备工作，包括与 NameNode 的通信等，如图 3.11 所示；二是将数据写入 DataNode 的操作，如图 3.12 所示。

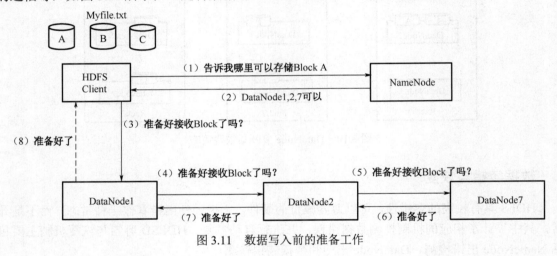

图 3.11 数据写入前的准备工作

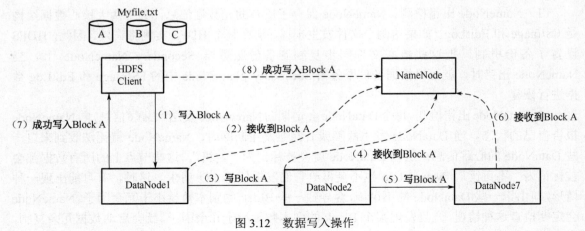

图 3.12 数据写入操作

例如，假设目前有文件 Myfile.txt，该文件被分成 3 块，分别称为为 Block A、Block B 和 Block C，且同一块数据不会再被拆分并存储在不同的 DataNode 上。为了数据安全考虑，HDFS 通常将 Block 进行冗余存储，备份的份数可以通过配置参数设置。假设配置为 3 份，则数据写入 DataNode 之前的准备工作流程如下：

- 首先 HDFS 客户端询问 NameNode：查看哪些 DataNode 可以存储 3 份 Block A。因为 NameNode 存储了整个文件系统的元数据，所以知道哪些 DataNode 上有空间可以存储 Block。Myfile.txt 文件的拆分是在 HDFS Client 中完成的，前面已假设 Myfile 按条件被拆分成 3 个 Block（A、B 和 C）。
- 由于需要存储 3 份 Block A，所以 NameNode 通过查看元数据信息，发现 DataNode1、DataNode2、DataNode7 上有空间可以分别存储 3 份 Block A 数据，并将此信息告诉 HDFS Client。
- HDFS Client 接到 NameNode 返回的 DataNode 列表信息后，它会通过 TCP/IP 连接第一个数据节点 DataNode1，让它准备接收 Block A；然后将 Block A 和 NameNode 返回的所有关于 DataNode1 的元数据一并传给 DataNode1。
- DataNode1 与 DataNode2 之间、DataNode2 与 DataNode7 之间也建立上述关系。
- 当 HDFS Client 接收到 DataNode1 的成功反馈信息后，说明这 3 个 DataNode 都已经准备好了，HDFS Client 就会开始往这 3 个 DataNode 写入 Block A。

在 DataNode1、DataNode2、DataNode7 都准备好接收数据后，HDFS Client 开始往 DataNode1 写入 Block A 数据。同准备工作一样，当 DataNode1 接收完 Block A 数据后，它会顺序将 Block A 数据传输给 DataNode2，然后 DataNode2 再传输给 DataNode7。每个 DataNode 在接收完 Block A 数据后，会发消息给 NameNode，告诉它 Block A 数据已经接收完毕。NameNode 同时会根据它接收到的信息更新它保存的文件系统元数据信息，即记录在 EditLog 文件中。当 Block A 被成功写入 3 个 DataNode 之后，DataNode1 会发送一个成功消息给 HDFS Client；同时 HDFS Client 也会发一个 Block A 成功写入的信息给 NameNode。之后，HDFS Client 才能开始继续处理下一个 Block。等到 Block B 和 Block C 均完成写入操作，文件 Myfile 也就完整地存储在 HDFS 系统中了。

在 HDFS 写操作过程中，每个 DataNode 会周期性地向 NameNode 发送心跳信号和文件块状态报告。如果存在 DataNode 失效的情况，NameNode 会调度其他 DataNode 执行失效节点上文件块的复制处理，以保证文件块的副本数达到规定数量。

HDFS 的读操作

HDFS 读数据的操作相对简单一些，其流程如图 3.13 所示。首先 HDFS Client 询问 NameNode，Myfile.txt 总共分为几个 Block，而且这些 Block 分别存放在哪些 DataNode 上。由于每个 Block 都会存储若干个副本，所以 NameNode 会把 Myfile.txt 文件组成的 Block 所对应的所有 DataNode 列表都返回给 HDFS Client。然后 HDFS Client 会选择 DataNode 列表里的第一个 DataNode 去读取对应的 Block。比如，Block A 存储在 DataNode1,2,7 上，那么 HDFS Client 会到 DataNode1 去读取 Block A；Block C 存储在 DataNode7,8,9 上，那么 HDFS Client 就回到 DataNode7 去读取 Block C。既然 Block A 在 DataNode1,2,7 上都存储了相同的数据，那么读取时为什么要一定选择 DataNode1 呢？这是由于 DataNode 复制与放置策略所致。

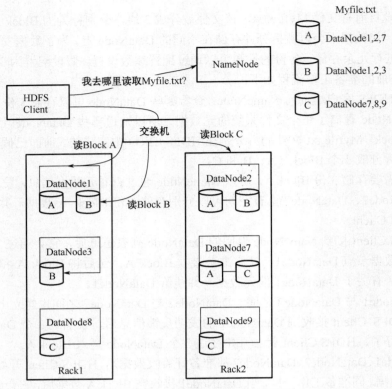

图 3.13　HDFS 读数据操作流程

HDFS 应用编程

作为 HDFS 的应用编程实例，在此简单介绍 Linux 操作系统中关于 HDFS 文件操作的常用 Shell 命令，利用 Web 界面查看和管理 Hadoop 文件系统的方法，以及利用 Hadoop 提供的 Java API 进行基本的文件操作的方法等。

HDFS Shell 配置参数

在 Hadoop 软件的安装目录下有许多涉及 Hadoop 的配置文件，涉及 HDFS 有关配置的参数主要在 core-site.xml 和 hdfs-site.xml 两个文件中，其中有些参数仅影响 DataNode。在 HDFS 主从架构中，DataNode 充当客户端角色，因此称这些参数为客户端有效参数。

下列参数需在 hdfs-site.xml 文件中配置：

（1）dfs.name.dir——NameNode 元数据存放位置，默认情况下使用 core-site.xml 中的 ${hadoop.tmp.dir}/dfs/name。

（2）dfs.replication——指定 DataNode 存储 Block 的副本数量，默认值是 3。当上传文件到 HDFS 系统时，如果当时设置 Hadoop 的副本参数是 3，那么这个文件的 Block 副本数就是 3 份，无论以后怎么更改系统副本数，这个文件的副本数都不会改变。也就是说，上传到 HDFS 的文件副本数由当时的副本数参数决定，不会因 dfs.replication 的更改而变化，除非用命令来强制更改文件的副本数。在 Hadoop 集群的运行过程中，各 DataNode 的数据占用情况可能出现较大的差异，有的磁盘使用率非常高，有的则可能比较低。在这种情况下，需要平衡各

DataNode 之间的磁盘使用率。Hadoop 的 balance（平衡）工具恰好能够达到这一目的。该工具通常用于平衡 Hadoop 集群中各 DataNode 中的文件块分布，以避免出现部分 DataNode 磁盘占用率高的问题。

（3）dfs.block.size——指定每个文件块的大小。对于新文件切分的大小（单位为 B），Hadoop 1.x 默认的是 64 MB，Hadoop 2.0 以后默认的是 128 MB。

（4）dfs.datanode.data.dir——指定 DataNode 在本地磁盘存储 Block 的位置，可以是以逗号分隔的目录列表。DataNode 循环向磁盘中写入数据，每个 DataNode 可单独指定与其他 DataNode 不一样的目录列表。指定的目录 Hadoop 用户必须有写权限，默认情况下该属性的值为${hadoop.tmp.dir}/dfs/data。

（5）dfs.heartbeat.interval——DataNode 的心跳检测时间间隔，默认值为 3 s。DataNode 周期性地向 NameNode 发送心跳信息，NameNode 如果在一段时间内没有收到该心跳信号，则会认为此 DataNode 出现故障。若 DataNode 进程死亡或者因网络故障而造成 DataNode 无法与 NameNode 通信，NameNode 不会立即把该节点判定为死亡，而要经过一段时间，这段时间称为超时时长。HDFS 默认的超时时长为 10 min 30 s。如果定义超时时间为 timeout，则超时时长的计算公式为：

```
timeout=2*dfs.namenode.heartbeat.recheck-interval+10*dfs.heartbeat.interval
```

而默认的 heartbeat.recheck.interval 大小为 300 000 ms（5 min），dfs.heartbeat.interval 的默认值为 3 s。

以下参数在 core-site.xml 文件中配置：

（1）fs.default.name——指定文件系统的名字，通常是 NameNode 的机器名（或 IP 地址）与端口号，每个需要访问 Hadoop 集群的节点均需要设置。例如，hdfs://matser:9000，其中"master"是 NameNode 机器名。

（2）fs.trash.interval——HDFS 会在每个用户目录下创建一个回收站目录，即：/user/username/.Trash。当一个文件被删除以后，它会被移到.Trash 目录下，该目录相当于回收站。文件不是立即被删除掉，而是经过此参数设置的分钟数之后再被删除掉；默认值是 0，表示禁用此功能。在回收站中的文件，用户可以随时恢复该文件。该参数经常与 fs.trash.checkpoint.interval 参数一起使用。后者表示前后两次检查点的创建时间间隔（单位是 min）；新的检查点被创建后，随之旧的检查点就会被系统永久删除。如果用户当前删除的文件/目录在用户的回收站中已经存在，则 HDFS 会将这个当前被删除的文件/目录重命名。其命名规则很简单，就是在这个被删除的文件/目录名后面紧跟一个编号（从 1 开始，直到没有重名为止）。

（3）hadoop.tmp.dir——HDFS 依赖的基础配置，很多路径都依赖它。默认是/tmp/hadoop-${user.name}，其中/tmp 是 Linux 临时存放文件的路径。当 Linux 系统重启，或者数据量太大时，Linux 系统会自动删除其中某些数据，从而有可能导致之前对 Hadoop 做的很多操作无效。因此，需要在所有的节点中事先设定 hadoop.tmp.dir 的目录，使该路径定位到当前用户目录下。由经验可知，一旦 HDFS 文件系统格式化，改变 hadoop.tmp.dir 将导致 Hadoop 运行出错，所以该属性在 HDFS 文件系统格式前必须慎重考虑。

HDFS Shell 命令

HDFS 是存取数据的分布式文件系统，对 HDFS 的操作就是文件系统的基本操作，如文件的创建、修改、删除、修改权限,以及文件夹的创建、删除、重命名等。HDFS 提供了一个名为"HDFS Shell"的命令行界面,让用户与 HDFS 中的数据进行交互。此命令行界面的语法类似于 Linux Shell 操作命令,如 ls、mkdir、rm 等。

HDFS Shell 命令分为两类:一类是与文件或目录操作有关的命令;另一类是与系统管理有关的命令。执行 hdfs dfsadmin 命令能够显示所有与 HDFS 管理有关的命令,与系统管理有关的命令对普通用户来说通常很少使用,在此不做详细论述。在 Linux 命令提示符下执行 hadoop fs 或 hadoop dfs 可以列出 Hadoop 中与 HDFS 有关的所有文件操作命令。表 3.1 所示是 HDFS Shell 命令汇总。

表 3.1 HDFS Shell 命令汇总

命令	使用方式	说明
-ls	-ls <路径>	查看指定目录的当前目录结构
-lsr	-lsr <路径>	递归查看指定路径的目录结构
-du	-du<路径>	统计目录下文件大小
-dus	-dus<路径>	汇总统计目录下文件(夹)大小
-count	-count[-q]<路径>	统计文件夹数量
-mv	-mv<源路径><目的路径>	移动
-cp	-cp<源路径><目的路径>	复制
-rm	-rm[-skipTrash]<路径>	删除文件或者空白文件夹
-rmr	-rmr[-skipTrash]<路径>	递归删除
-put	-put[多个 Linux 上的文件><HDFS 路径>	上传文件
-copyFromLocal	-copyFromLocal<多个 Linux 上的文件><HDFS 路径>	从本地复制
-moveFromLocal	-moveFromLocal<多个 Linux 上的文件><HDFS 路径>	从本地移动
-getmerge	-getmerge<源路径><Linux 路径>	合并到文件
-cat	-cat<HDFS 文件内容>	查看文件内容
-text	-text<HDFS 文件内容>	查看文件内容
-copyToLocal	-copyToLocal[-ignoreCrc][-crc][HDFS 源路径][Linux 目的路径]	从本地复制
-moveToLocal	-moveToLocal [-crc] <HDFS 源路径> <Linux 目的路径>	从本地移动
-mkdir	-mkdir<HDFS 路径>	创建空白文件夹
-setrep	-setrep[-r][-w]<副本数><路径>	修改副本文件
-touchz	-touchz<文件路径>	创建空白文件
-stat	-stat[format]<路径>	显示文件统计信息
-tail	-tail[-f]<文件>	查看文件尾部信息
-chmod	-chmod[-R]<权限模式>[路径]	修改权限
-chown	-chown[-R]属主][:[属组]]路径	修改属主
-chgrp	-chgrp[-R] 属组名称 路径	修改属组
-help	-help [命令选项]	帮助

下面对 HDFS Shell 中的一些常用命令举例说明。
(1)显示文件目录结构。
命令格式:hadoop fs -ls <路径>
其中路径一般不能省略,如果省略则默认路径为/user/ <当前用户>。例如,当前用户为

hadoop，则默认路径为/user/hadoop。与 Linux 操作系统有当前目录的概念不同，HDFS 不存在当前目录的说法，因此也就没有相对路径的概念；HDFS Shell 命令中所有使用路径之处均为绝对路径。例如，要显示系统根目录“/”的所有文件及目录，其命令如下：

```
hadoop fs -ls /
```

其结果如图 3.14 所示，其显示的文件或目录与 Linux 的命令“-ls –l”显示的内容格式非常相似。

```
hadoop@master:/$ hadoop fs -ls /
Found 11 items
drwxr-xr-x   - hadoop supergroup          0 2018-07-16 08:03 /hbase
drwxr-xr-x   - hadoop supergroup          0 2018-05-24 11:20 /img
drwxr-xr-x   - hadoop supergroup          0 2018-06-07 13:08 /pict
drwxr-xr-x   - hadoop supergroup          0 2018-06-07 13:29 /pict1
drwxr-xr-x   - hadoop supergroup          0 2018-06-07 13:25 /qqOut
drwxr-xr-x   - hadoop supergroup          0 2018-06-07 13:22 /qqSeq
drwxr-xr-x   - hadoop supergroup          0 2018-06-07 13:38 /qqout
drwxr-xr-x   - hadoop supergroup          0 2018-06-07 13:36 /seq
drwxr-xr-x   - hadoop supergroup          0 2018-06-12 09:09 /test
drwx------   - hadoop supergroup          0 2018-05-12 13:27 /tmp
drwxr-xr-x   - hadoop supergroup          0 2018-05-07 10:38 /user
hadoop@master:/$
```

图 3.14 HDFS Shell -ls 命令使用示例

（2）创建新目录。

命令格式：hadoop fs -mkdir <路径>

创建新目录的名称最好不要使用一些特殊名称，如“hbase”和“hive”；因为这些名称在一些其他软件系统中有特殊含义。例如，创建“/app”目录的命令如下：

```
hadoop fs -mkdir /app
```

（3）删除目录。

命令格式：hadoop fs -rm -rfR <路径>

（4）本地文件或目录上传到 HDFS 目录。

命令格式：hadoop fs -put <本地文件或目录> <路径>

本地文件或目录就是指 Linux 系统中的文件或目录。例如，将本地文件 a.txt 上传到 HDFS 上的 /app 目录中，其命令如下：

```
hdfs fs -put a.txt /app
```

（5）HDFS 上的文件或目录下载到本地。

命令格式：hadoop fs -get <路径>

（6）查看 HDFS 上的文件内容。

命令格式：hadoop fs -cat <路径>/<文件>

（7）查看 HDFS 上的文件或目录大小。

命令格式：hadoop fs -du <路径>/<文件>

例如，执行下列命令可以显示根目录各个目录中文件的大小：

```
$> hdfs dfs -du -h
```

其结果如图 3.15 所示。

```
hadoop@master:~$ hdfs dfs -du -h /
35.5 K    106.5 K   /app
130.5 K   391.4 K   /hbase
4.8 G     14.3 G    /img
828       2.4 K     /myflume
84        252       /out1
84        252       /out2
1.2 G     3.5 G     /pict
183.7 M   551.0 M   /pict1
52.4 M    157.1 M   /qqOut
1.1 G     3.4 G     /qqSeq
74.4 M    223.3 M   /qqout
174.5 M   523.5 M   /seq
472       1.4 K     /test
339.3 M   1.0 G     /tmp
29        87        /user
hadoop@master:~$
```

图 3.15 HDFS Shell -du 命令使用示例

（8）强制修改目录下文件的复制份数。

命令格式：hadoop fs -setrep [-w] [-R] <复制份数> <路径>/<文件>

例如，执行下列命令可以强制将 /user 目录的所有文件复制份数改为 2：

```
hadoop dfs -setrep -w 2 -R /user
```

其中，"-w"表示该命令等待所有文件复制份数复制完成后结束，因此可能会导致该命令执行时间较长；"-R"表示如果有子目录，则修改子目录的复制份数。

HDFS 的 Web 界面

HDFS 内置了一个 Web Server 用于管理 HDFS 文件系统。在配置好 Hadoop 集群之后，可以通过浏览器登录"http//[NameNodeIP]:50070"访问 HDFS 文件系统。其中，[NameNodeIP]表示名称节点的 IP 地址。例如，若在本地计算机上完成 Hadoop 的伪分布式安装后，就可以登录 http//localhost:50070 来查看文件系统信息，如图 3.16 所示。

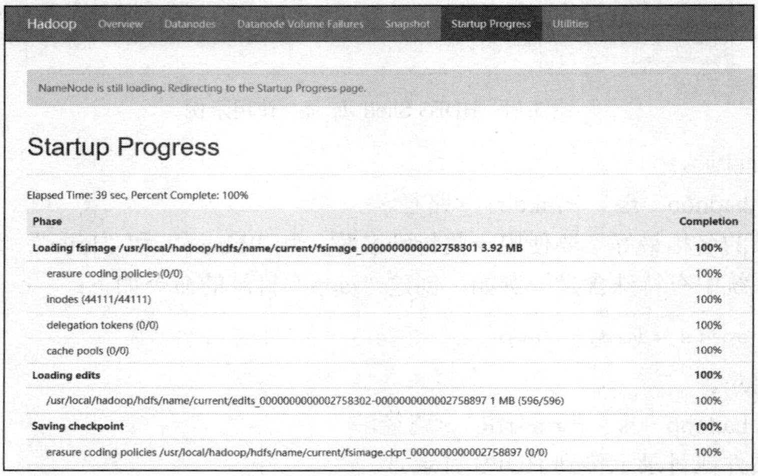

图 3.16　HDFS 的 Web 界面

在 Web 界面上，可以查看当前文件系统的中各个节点的分布信息，浏览名称节点上存储的登录日志，或者下载某个数据节点上某个文件的内容。该 Web 界面的所有功能都能通过 Hadoop 提供的 Shell 命令或者 Java API 来等价实现。通过 Web 界面可以管理所有文件和目录，包括创建目录、删除文件以及从本地硬盘上传文件到 HDFS 系统等操作，但需要有操作权限。

HDFS Java 编程接口

文件在 Hadoop 中表示为一个 Path（路径）对象，可以把路径看作 Hadoop 文件系统的 URI，例如：hdfs://master:9000/demo/a.txt，该 URI 表示的是 HDFS 目录/demo 的文件 a.txt。

FileSystem 是 Hadoop 中文件系统的抽象父类，Configuration 对象封装了客户端或者服务器端的配置信息。通过 FileSystem 类访问 Hadoop 中的文件，其基本方法是先通过 FileSystem 类的 get 方法获取一个实例，然后调用它的 open 方法获得输入流。FSDataInputStream 是 HDFS 的文件输入流，FileSystem.open() 方法返回的就是 FSDataInputStream 类的对象；FSDataOutputStream 是 HDFS 的文件输入出流，FileSystem.create() 方法返回的就是 FSDataInputStream 类的对象。Configuration、FileSystem 两个类主要是管理 HDFS 目录或文件的操作功能，而 FSDataInputStream、FSDataOutputStream 是读写文件内容的类；后两个类与

Java 的输入输出流的操作几乎相同。

1. Configuration

org.apache.hadoop.conf.Configuration 用于配置文件管理，它可以用来解析 XML 格式的文件。例如，它可以读取并解析下列形式的 xml 文件（cfg.xml）：

```xml
<configuration>
  <property>
    <name>name</name>
    <value>wang jun</value>
    <final>true</final>
  </property>
  <property>
    <name>age</name>
    <value>21</value>
  </property>
</configuration>
```

Configuration 主要方法有：

```
public void set(String name, String value)
public void addResource(String name)
public void addResource(URL url)
public void addResource(Path file)
public void addResource(InputStream in)
```

通过这些方法可以设置属性或读取 XML 配置文件中的属性。

通过 set 方式设置的属性优先级比通过 addResource 设置的要高。如果都使用 set 方式或者都通过 addResource 设置属性，那么后面的属性值会覆盖前面设置的属性值；但是如果都是通过 addResource 设置属性，而且前面有些属性使用了 final 属性，那么后面的设置不能覆盖前面的设置。因此，如果 Configuration 加载的配置文件中有相关的属性被设置为 final，那么用户程序中不管是通过 set 方式还是 addResource 方式设置的，都无法覆盖系统的设置。通常会将一些系统级别的属性设置为 final，以防止该参数被无意中修改。例如：

```
Configuration conf = new Configuration();
conf.set("age", "30");
conf.set("age", "17"); //后面的 17 替换了 30，age 为 17
conf.addResource(new Path("/cfg.xml"));  //set 优先级高于 addResource,age 还是 17
conf.set("name","lijun");//因为 name 属性被置为 final，所以 name 还是 wangjun。
```

2. FileSystem

Hadoop 类库中最终面向用户提供的接口类是 FileSystem。FileSystem 类是一个抽象类，通过以下两种静态方法可以获取 FileSystem 实例：

```
public staticFileSystem.get(Configuration conf) throws IOException
public staticFileSystem.get(URI uri, Configuration conf) throws IOException
```

```
public boolean mkdirs(Path f) throws IOException  //创建目录
public FSOutputStream create(Path f) throws IOException  //返回一个用于写入
```
数据的输出流，`create()`有多个重载版本，允许指定是否强制覆盖已有的文件、文件备份数量、写入文件缓冲区大小、文件块大小以及文件权限
```
Public boolean copyFromLocal(Path src, Path dst) throws IOException  //
```
将本地文件拷贝到文件系统
```
Public boolean exists(Path f) throws IOException  //检查文件或目录是否存在
Public boolean delete(Path f, Boolean recursive)  //永久性删除指定的文件或目
```
录，如果 f 是一个空目录或者文件，那么 recursive 的值就会被忽略。只有当 recursive=true 时，一个非空目录及其内容才会被删除

3. FileStatus

FileStatus 类封装了文件系统中文件和目录的 Metadata 信息，包括文件的长度、块大小、备份数、修改时间、所有者以及权限等信息，通过 FileStatus.getPath() 可查看指定 HDFS 中某个目录下所有文件。FileStatus 的主要属性如下：

```
private Path path;                      // 路径
private long length;                    // 文件长度
private boolean isdir;                  // 是不是目录
private short block_replication;        // 块的副本数
private long blocksize;                 // 块大小
private long modification_time;         // 修改时间
private long access_time;               // 访问时间
private FsPermission permission;        // 权限
private String owner;                   // 所有者
private String group;                   // 所在组
private Path symlink;                   // 符号链接,如果 isdir 为 true，则 symlink 必须为 null
```

HDFS 的应用编程示例

【例 3-1】读取 HDFS 文件内容并显示，代码如图 3.17 所示。

```
1   import java.net.URI;
2   import org.apache.hadoop.conf.Configuration;
3   import org.apache.hadoop.fs.FSDataInputStream;
4   import org.apache.hadoop.fs.FileSystem;
5   import org.apache.hadoop.fs.Path;
6
7   public class ReadFileTest{
8       public static void main(String[] args) {
9           try
10          {
11              String dsf = "hdfs://master:9000/demo/a.txt";
12              Configuration conf = new Configuration();
13              FileSystem fs = FileSystem.get(URI.create(dsf),conf);
14              FSDataInputStream fstream = fs.open(new Path(dsf));
15
16              byte[] data = new byte[1024];
17              int len = fstream.read(data);
18              while(len!=-1){
19                  System.out.write(data, 0, len);
20                  len = fstream.read(data);
21              }
22
23              fstream.close();
24              fs.close();
25          }
26          catch (Exception e) {
27              e.printStackTrace();
28          }
29      }
30  }
```

图 3.17 例 3-1 代码：读取 HDFS /demo 目录中的文件 a.txt

该代码第 8 行含有 main 方法,所以是一个 Java 应用程序。需要注意的是该代码是为 HDFS 系统编写的,前面说过可以把 Hadoop 看作一台虚拟机器,HDFS 是这台机器的文件系统,因此基于该虚拟机编写的程序自然应该提交到该虚拟机上运行。因此,编译完该 Java 代码,直接在 Linux 命令行下运行该程序是错误的。例如,下列运行命令是错误的:

```
$> javac ReadFileTest.java        //编译 Java
$> java ReadFileTest              //这样运行是错误的
```

而应该使用 hadoop 命令提交到 Hadoop 平台上运行,命令如下:

```
$> jar cvf test.jar *.class               //将目录下的所有 class 文件打包
$> hadoop jar test.jar ReadFileTest       //提交 Hadoop 平台运行
```

例 3-1 中第 10 行设置 fs.defaultFs 值,该值必须是 NameNode 的能够被访问到的 URI,属性名称不能任意更改,在 Hadoop 系统中已经有特殊含义。第 11 行的/demo 目录必须事先创建,即在程序运行前先利用下列命令创建/demo 目录:

```
$> hadfs dfs -mkdir /demo
```

【例 3-2】向 HDFS 的/demo/a.txt 文件写入一段文字,其代码如图 3.18 所示。

```
1   import java.net.URI;
2   import org.apache.hadoop.conf.Configuration;
3   import org.apache.hadoop.fs.FSDataOutputStream;
4   import org.apache.hadoop.fs.FileSystem;
5   import org.apache.hadoop.fs.Path;
6
7   public class WriteFileTest{
8       public static void main(String[] args) {
9           try
10          {
11              String dsf = "hdfs://master:9000/demo/a.txt";
12              Configuration conf = new Configuration();
13              FileSystem fs = FileSystem.get(URI.create(dsf),conf);
14              FSDataOutputStream fstream = fs.create(new Path(dsf));
15              fstream.write("example2:hello world\r\n".getBytes("UTF-8"));
16              fstream.close();
17              fs.close();
18          }
19          catch (Exception e) {
20              e.printStackTrace();
21          }
22      }
23  }
```

图 3.18 例 3-2 代码:向 HDFS /demo/a.txt 文件中写入字符串

在这段代码中,第 14 行使用 create 方法创建/demo/a.txt 文件,并返回文件系统输出对象 fstream,利用该对象的 write 方法写入数据。write 不支持 String 类的数据写入,但支持 byes 数组数据,因此需要调用 String 类的 getBytes()方法将字符串转化为字节数组。程序执行成功后,能够看到"example2:hello world"字符串被写入文件 a.txt 中,如图 3.19 所示。

```
hadoop@master:~/mao/hdfs$ hadoop jar a.jar WriteFileTest
hadoop@master:~/mao/hdfs$ hdfs dfs -cat /demo/a.txt
example2:hello world
hadoop@master:~/mao/hdfs$
```

图 3.19 写入 HDFS /demo/a.txt 文件中的内容

【例 3-3】演示 HDFS 文件的操作功能,例如将本地文件上传到 HDFS,将 HDFS 文件下载到本地以及删除 HDFS 文件等,其代码如图 3.20 所示。其中,第 12 行表示将本地目录中的文件/home/hadoop/a.txt 上传到 HDFS 的/demo 目录下。注意,上传前/demo 目录不能有 a.txt 文件。

```
/*例子3: 执行从本地目录上传、下载、删除文件*/
1  import org.apache.hadoop.conf.Configuration;
2  import org.apache.hadoop.fs.Path;
3  import org.apache.hadoop.fs.FileSystem;
4  import java.io.*;
5
6  public class HdfsTest
7  {
8      public static void upload() throws IOException {
9          Configuration conf = new Configuration();
10         conf.set("fs.defaultFS","hdfs://master:9000");
11         FileSystem fs = FileSystem.get(conf);
12         fs.copyFromLocalFile(new Path("/home/hadoop/a.txt"),new Path("/demo"));
13     }
14
15     public static void download() throws IOException {
16         Configuration conf = new Configuration();
17         conf.set("fs.defaultFS","hdfs://master:9000");
18         FileSystem fs = FileSystem.newInstance(conf);
19         fs.copyToLocalFile(new Path("/demo/a.txt"),new Path("/home/hadoop/b.txt"));
20     }
21
22     public static void removeFile() throws IOException {
23         Configuration conf = new Configuration();
24         conf.set("fs.defaultFS","hdfs://master:9000");
25         FileSystem fs = FileSystem.newInstance(conf);
26         fs.delete(new Path("/demo/a.txt"),true);
27     }
28
29     public static void main(String[] args) throws IOException
30     {
31         if(args[0].equals("upload"))
32             HdfsTest.upload();
33         else if(args[0].equals("download"))
34             HdfsTest.download();
35         else if(args[0].equals("delete"))
36             HdfsTest.removeFile();
37     }
38 }
```

图 3.20　上传、下载和删除文件的示例代码

练习

1. 记录 HDFS 的文件存储在哪个节点上？（　　）
   a. NameNode　　b. 任何一台 DataNode　　c. Secondary NameNode　　d. 客户端
2. 在 Hadoop 2.0 以后版本中，默认情况下 Block 的大小是（　　）。
   a. 4 KB　　　　b. 64 MB　　　　c. 128 MB　　　　d. 不确定
3. HDFS 中的 Block 默认保存几个备份？（　　）。
   a. 3 份　　　　b. 2 份　　　　c. 1 份　　　　d. 不确定
4. 下面哪个进程负责 MapReduce 任务调度？（　　）
   a. NameNode　　　　　　　　b. JobTracker
   c. TaskTracker　　　　　　　d. SecondaryNameNode
5. 下列哪个 HDFS Shell 命令可以恢复 Hadoop 回收站的文件？（　　）
   a. -put　　　　b. -mv　　　　c. -rm　　　　d. -ls
6. HDFS 为什么要采用多个 Block 副本进行存储？多个副本存储策略是什么？
7. 请详述 HDFS 客户端读取文件数据的流程。
8. 查看 HDFS 某个文件所在 Block 的信息的命令是什么？
9. 写出计算 HDFS 某目录下文件 a.txt 大小的 HDFS Shell 命令。

补充练习

1. 编写一个 HDFS Java 程序，判断某 HDFS 目录/demo 是否存在；如果不存在，则创建该目录。
2. 编写一个 HDFS Java 程序，读出本地目录下的文件 a.txt 的内容，并将这些内容写入 HDFS 上的/demo/b.txt 文件中。

第三节　非关系数据库（NoSQL）

经典的关系数据库可以较好地支持结构化数据存储和管理。它以完善的关系代数理论作为基础，具有严格的模式约束，支持事务的 ACID 属性，借助索引机制可以实现高效的查询。自 20 世纪 70 年代问世以来，关系数据库一直被视为数据库领域的主流技术。但随着 Web 2.0 的迅速应用发展以及大数据时代的到来，提出了一种不再强调关系的数据库设计理念：不再有固定的模式，可以按需动态添加所需的列；不再需要像关系数据库那样设计很多表，一张表就可以包含几百万个列；没有复杂的查询关系，数据可以很容易拆分并且可以分布式保存到不同的数据节点上。总之，这是一种非关系型的数据库，并称之为非关系数据库（NoSQL）。在大数据技术应用需求的推动下，各种新型的 NoSQL 数据库不断涌现，并逐渐获得应用市场的青睐。

本节首先介绍 NoSQL 兴起的原因、发展历程及特点；然后介绍 NoSQL 的技术基础及 NoSQL 的四大类型，最后介绍几种典型的 NoSQL 工具。

学习目标

- ▶ 熟悉非关系数据库的特点以及一致性策略；
- ▶ 了解 NoSQL 的技术基础；
- ▶ 掌握非关系数据的种类及其各种适用场合。

关键知识点

- ▶ 非关系数据库不再预先设计模式，其模式可随数据的变化而变化，它重点考虑数据检索的性能，而不是按照数据之间严密的关系来保存数据。

NoSQL 概述

针对大数据时代表现出的数据量大、结构复杂、格式多样、存储要求不一致等特点，提出了许多新兴的数据存储方案，人们将其称为 NoSQL。通常情况下，把 NoSQL 理解为非结构化或非关系型数据的管理方法。其实，NoSQL 比较准确的解释是：Not only SQL，即不仅仅是结构化查询语言（Structured Query Language，SQL），它是对不同于关系数据库的数据库管理系统的统称，泛指非关系型的数据管理技术。目前，NoSQL 已越来越多地被认为是关系数据库的可行替代品，特别适用于超大规模数据的存储。

NoSQL 的兴起

自从 1970 年 E. F. Codd 提出关系模型的论文《A relational model of data for large shared data banks》发表以后,关系数据库无论是理论还是实际应用都得到了快速发展。结构化查询语言(SQL)是用于访问和处理关系数据库的标准语言,其功能包括数据查询、数据操作、数据定义和数据控制等。SQL 是标准的,因此不同关系型数据系统中的 SQL 语句用法基本一致。例如,SQL Server 和 Oracle 在 SQL 语句只有微小的差别,几乎一致。由于 SQL 语言不具有过程化操作的能力,例如不具备 if 判断,所以在 SQL 完成复杂计算和查询方面就显得无能为力了。为此,数据库厂商通常在 SQL 标准语言之外提供特有的过程化语言支持,比如 Oracle 提供了 PL 语言,因此经常把在 Oracle 上的编程称为 PL/SQL 编程,把 SQL Server 上的编程称为 T/SQL 编程。这些数据库厂商提供的特有过程化语言一般是不标准的,移植性较差。当然,也可以采用熟悉的语言加 SQL 语句编程,例如在 C 语言中嵌入 SQL 语句,Java 采用 JDBC 实现数据库操作等。因此,关系数据库得到了广泛的应用。常见的关系数据库有 Oracle、DB2、PostgreSQL、Microsoft SQL Server、Microsoft Access、MySQL 等。

尽管关系数据库的事务和查询机制能够较好地满足诸如银行、电信之类商业公司数据业务的管理需求,但 Web 2.0 的迅速应用发展以及大数据时代的到来,使得关系数据库已经越来越力不从心,出现了许多难以克服的缺陷。面对大数据处理的需求,关系数据库所存在的技术障碍主要体现在以下方面:

(1)无法满足海量数据的计算需求。像搜索引擎和电信运营商级的经营分析系统等大型应用,通常需要能够处理 PB 级的数据量,同时需要应对 MB 级实时流量。在数据量达到一定规模时,面对高并发读写数据库,负载将会变得非常重,容易发生死锁以及磁盘 I/O 性能瓶颈等问题,从而使得读写速度下降。因此,关系数据库无法满足海量数据的计算需求。

(2)无法胜任大规模集群管理需求。面对由很多服务器节点组成的大规模集群,需要集群资源管理系统(Cluster Resource Management System)。一个运行着成千上万项作业的集群管理器,同时还管理着很多个应用集群,每个集群都有成千上万台机器,这些集群之上运行着很多不同的应用。资源管理系统的价值就是所谓的"Datacenter as a Computer",像管理和使用一个台电脑一样简单地管理和使用数据中心。显然,传统的关系数据库无法胜任大规模集群管理的需求。

(3)难以处理非结构化数据。关系数据库主要用于处理结构化数据,在数据存储之前要预先定义表结构。在大数据时代,往往会面对大量的半结构化和非结构化数据,关系数据库难以对其进行快速处理与存储。

(4)无法满足高可扩展性和高可用性需求。由于关系数据库有着严格的关系模型,在处理复杂请求时,会进行多表联合等操作,从而导致数据库很难通过简单地增加服务节点来扩展性能,况且数据库升级必须在停机状况下完成。这对需要提供 7×24 小时服务的业务来说是不可接受的。关系数据库是一种"纵向扩展"的技术,想要扩展容量(无论数据存储还是 I/O),都需要更换性能更强的服务器。现代应用结构的解决却是使用"横向扩展",无须新购更大的服务器,只需在负载均衡器下增加一般的服务器、虚拟机或云服务器就可以实现扩展。

为了解决上述问题,NoSQL 应运而生。

NoSQL 发展历程

NoSQL 最早出现于 1998 年,它是 Carlo Strozzi 开发的一个轻量、开源、不提供 SQL 功能的关系数据库。

2003 年,Google 发表的一篇论文《The Google File System》,提出了 GFS 分布式文件系统。

2004 年初，Google 开始研发 BigTable。BigTable 实现的目标包括：广泛应用、可扩展、高性能和高可用性。目前 BigTable 已被用于超过 60 个的 Google 产品和工程，包括 Google 分析、Google 金融、Orkut、个人搜索、Writely 和 Google Earth。

2007 年，Amazon 发表论文《Dynamo: Amazon's Highly Available Key-value Store》提出了 NoSQL 的经典代表——Dynamo 的设计理论。Dynamo 是 Amazon 设计的高可用性、分布式 Key-Value 存储平台。

2009 年，Last.fm 的 Johan Oskarsson 发起了一次关于分布式开源数据库的讨论，来自 Rackspace 的 Eric Evans 再次提出了"NoSQL"的概念。这时的 NoSQL 主要指非关系型、分布式、不提供具有 ACID 特性的数据库设计模式。

2009 年在亚特兰大举行的"no:sql(east)"讨论会是一个里程碑事件，其口号是"select fun, profit from real_world where relational=false"。因此，对 NoSQL 最普遍的解释是"非关联型的"，强调 Key-Value Store 和文档数据库的优点，而不是单纯的反对 RDBMS。

2010 年下半年，Facebook 选择 HBase 作为实时消息存储系统，替换原来开发的 Cassandra 系统。这使得很多人开始关注 HBase。

NoSQL 的特点

NoSQL 是一种抛开关系数据库中严格的事务、完整性等特性，利用分布式应用和并行计算的优势，追求对海量数据的高效存储访问来满足用户对数据库高并发读写、高可扩展性、高可用性需求的优秀数据库。NoSQL 一般具有以下特点。

（1）灵活的数据模式。关系数据库在插入数据前是需要预先定义模式（如表结构），且在数据操作过程中不能改变。NoSQL 无须事先定义数据模式和表结构，数据中的每条记录都可能有不同的属性和格式；在保存数据时，并不需要预先定义数据模式，其模式可以随着数据类型的变化而变化。

（2）无共享结构。相对于将所有数据存储至区域网络中的全共享架构（如 SAN 存储），NoSQL 采用分布式存储结构，将数据分块后存储在各个本地服务器上。因为计算时从本地磁盘读取数据的性能一般要远远好于通过网络传输读取数据的性能，从而提高了系统的整体性能。

（3）分区。NoSQL 数据库最常用的扩展技术是"分区"，即对数据进行划分，然后存储到不同的服务器上。相对于将数据存放于同一个节点，NoSQL 数据库需要将数据进行分区，将记录分散在多个节点上，并且在分区的同时通常还要进行复制，这样既提高了并行性能，又能保证没有单点失效问题。例如，HBase 数据库底层采用 HDFS 的分块技术（Block），同时自身也设计了按列族分段存储的 Store 结构。

（4）横向可扩展。当计算或存储性能不足时，NoSQL 可以很方便地通过增加节点的方式增加计算或存储能力。在系统运行时，它还可以动态添加或删除节点，并不需要停机维护，而且数据可以自动完成迁移。

（5）异步复制。与 RAID 存储系统相比，NoSQL 中的复制往往是基于日志的异步复制，数据可以尽快地写入一个节点，而不会因网络传输引起迟延。但其缺点是并不总是能保证一致性，一旦出现故障，可能会丢失少量数据。

（6）拥有 BASE 特性。相对于关系数据库的 ACID 特性，NoSQL 数据库拥有 BASE 特性，即基本可用（Basically Available）、软状态（Soft-state）和最终一致性（Eventual Consistency）。基本可用是指当系统中一部分出现问题时整个系统仍能正常使用，允许分区失败；软状态则表现在允许状态有一段时间不同步，可以有一定的滞后性；最终一致性是指经过一段时间后，后续的访问操作必须能够读取到更新后的数据。

NoSQL 的技术基础

NoSQL 技术对大数据管理非常重要，那它是怎么实现的呢？其中又要遵循哪些基本原则呢？在大数据管理的众多方面，数据一致性理论是实现对海量数据进行管理的最基本的理论。

CAP 定理

分布式系统的 CAP 定理：在一个分布式系统中，一致性（C）、可用性（A）和分区容忍性（P）三者不可兼得。该定理又称 CAP 原则，它是构建 NoSQL 数据库的基石。依据 CAP 定理不难知道，系统不能同时满足一致性、可用性和分区容忍性这三个特性，在同一时间只能满足其中的两个，因此系统设计者必须在这三个特性中做出抉择，如图 3.21 所示。通常，将 NoSQL 数据库分成满足 CA 原则、满足 CP 原则和满足 AP 原则三大类型。当处理 CAP 问题时，常依照如下原则做出选择：

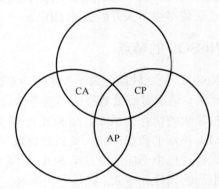

图 3.21　根据 CAP 定理规划 NoSQL 数据库系统

- CA 型：满足一致性（C）和可用性（A），放弃分区容忍性（P）。最简单的做法是把所有与事务相关的内容都放到同一台机器上。显然，这种做法会严重影响系统的可扩展性。传统的关系数据库（如 MySQL、SQL Server 和 PostgreSQL）都采用了这种设计原则。
- CP 型：满足一致性（C）和分区容忍性（P），放弃可用性（A）。当出现网络分区情况时，受影响的服务需要等待数据一致，因此在等待期间就无法对外提供服务。MongoDB、HBase、Redis 等就采用了这种设计原则。
- AP 型：满足可用性（A）和分区容忍性（P），放弃一致性（C），允许系统返回不一致的数据。对一致性要求低一些的系统，如 CouchDB、Cassandra、Dynamo、Riak 等，采用了这种设计原则。

BASE 理论

"BASE"是基本可用（Basically Available）、软状态（Soft-state）和最终一致性（Eventual Consistency）三个短语的简写。BASE 是对 CAP 定理中一致性和可用性权衡的结果，它来源于对大规模互联网系统分布式实践的结论，是基于 CAP 定理逐步演化而来的，其核心思想是即使无法做到强一致性（Strong Consistency），但每个应用都可以根据自身的业务特点，采用适当的方式来使系统达到最终一致性。在介绍 BASE 理论之前，先介绍 ACID 的概念。

1. 数据库事务执行的基本要素

数据库事务正确执行的四个基本要素包含：原子性（Atomicity）、一致性（Consistency）、隔离性（Isolation）、持久性（Durability），缩写为 ACID。一个支持事务（Transaction）的数据库，必须要具有这四种特性，否则在事务过程（Transaction Processing）当中无法保证数据的正确性，交易过程极可能达不到交易方的要求。因此，一个数据库事务必须具有 ACID 四性。

- 原子性（A）：指事务必须是原子工作单元，对于其数据的修改，要么全都执行，要么全都不执行。
- 一致性（C）：指事务在完成时，必须使所有的数据都保持一致状态。
- 隔离性（I）：指由并发事务所做的修改必须与任何其他并发事务所做的修改隔离。
- 持久性（D）：指事务完成之后，它对于系统的影响是永久性的，该修改即使出现致命的系统故障，也将一直保持。

2. BASE

BASE 的基本含义是基本可用、软状态和最终一致性。其中：

（1）基本可用。基本可用是指当一个分布式系统的一部分发生问题变得不可用时，其他部分仍然可以正常使用，也就是允许分区失败的情形出现。以下就是"基本可用"的典型例子：

- 响应时间上的损失：正常情况下，一个在线搜索引擎需要在 0.5 s 内返回给用户相应的查询结果；但由于出现异常（比如系统部分机房发生断电或断网故障），查询结果的响应时间增加到了 1~2 s。
- 功能上的损失：正常情况下，在一个电子商务网站上进行购物，消费者几乎能够顺利地完成每一笔订单；但是在一些节日大促销购物高峰，由于消费者的购物行为激增，为了保护购物系统的稳定性，部分消费者可能会被引导到一个降级页面。

（2）软状态。软状态也称为弱状态，是与硬状态相对应的一种提法。软状态是指状态可以有一段时间不同步，具有一定的滞后性。当数据库保存的数据是硬状态时，可以保证数据一致性，即保证数据一直是正确的。

（3）最终一致性。最终一致性的本质是需要系统保证最终数据能够达到一致，而不需要实时保证系统数据的强一致性。最终一致性也是 ACID 的最终目的，只要最终数据是一致的即可，并不是每时每刻都保持实时一致。

最终一致性

最终一致性强调的是系统中所有的数据副本在经过一段时间的同步后，最终能够达到一个一致的状态。一致性的类型包括强一致性和弱一致性，二者的主要区别是：在高并发的数据访问操作下，后续操作是否能够获取最新的数据。对于强一致性而言，当执行完一次更新操作后，后续的其他读操作就可以保证读到更新后的最新数据；反之，如果不能保证后续访问读到的都是更新后的最新数据，那么就是弱一致性。而最终一致性只不过是弱一致性的一种特例，允许后续的访问操作可以暂时读不到更新后的数据，但经过一段时间之后，必须最终读到更新后的数据。

在实际工程实践中，根据更新数据之后各个进程访问到数据的时间、方式不同，最终一致性存在以下 5 个变种。

（1）因果一致性——如果进程 A 在更新完某个数据项后通知了进程 B，那么进程 B 之后对该数据项的访问都应该能够获取进程 A 更新后的最新值；但如果进程 B 要对该数据项进行更新操作，则务必基于进程 A 更新后的最新值，即不能发生丢失更新的情况。与此同时，与进程 A 无因果关系的进程 C 的数据访问则没有这样的限制，仍然遵守一般的最终一致性规则。

（2）读己之所写一致性——进程 A 更新一个数据项之后，它自己总是能够访问到更新过的最新值，而不会看到旧值。也就是说，对于单个数据获取者而言，其读取到的数据一定不会比自己上次写入的值旧。因此，读己之所写一致性也可以看作一种特殊的因果一致性。

（3）会话一致性——将对系统数据的访问过程框定在一个会话的上下文中，系统能保证在同一个有效的会话中实现"读己之所写"的一致性。如果由于某些失败情形令会话终止，就要建立新的会话，而且系统保证不会延续到新的会话。

（4）单调读一致性——如果一个进程从系统中读取出一个数据项的某个值后，那么系统对于该进程后续的任何数据访问都不应该返回在那个值之前的值。

（5）单调写一致性——系统保证来自同一个进程的写操作顺序执行。系统必须保证这种程度的一致性，否则就非常难以编程了。

那么，如何实现各种类型的一致性呢？对于分布式数据系统来说，需要依据 Quorum 机制。假设 N 表示数据复制的份数，W 表示更新数据时需要保证写完成的节点数，R 表示读取数据时需要读取的节点数，则：

- 如果 $W+R>N$，写的节点和读的节点重叠，则是强一致性。例如，对于典型的一主一备同步复制的关系数据库来说，若 $N=2$，$W=2$，$R=1$，则不管读的是主库还是备库的数据，都是一致的。一般设定是 $R+W=N+1$，这是保证强一致性的最小设定。
- 如果 $W+R\leqslant N$，则是弱一致性。例如，对于一主一备异步复制的关系数据库，$N=2$，$W=1$，$R=1$，则如果读的是备库，就可能无法读取主库已经更新过的数据，所以是弱一致性。

对于分布式系统，为了保证高可用性，一般设置 $N\geqslant 3$。不同的 N、W、R 组合，需要在可用性和一致性之间取一个平衡，以适应不同的应用场景。如果 $N=W$，$R=1$，任何一个写节点失效，都会导致写失败，因此可用性会降低；但由于数据分布的 N 个节点是同步写入的，因此可以保证强一致性。

实际中，通常 HBase 是借助其底层的 HDFS 来实现其数据冗余备份的。HDFS 采用的就是强一致性保证。在数据没有完全同步到 N 个节点前，写操作是不会返回成功的。也就是说它的 $W=N$，而读操作只需读到一个值即可，也就是说 $R=1$。

像 Voldemort、Cassandra 和 Riak 这类 Amazon Dynamo 系统，通常都允许用户按需设置 N、R、W 三个值，即使设置成 $W+R\leqslant N$ 也是可以的。也就是说，它们允许用户在强一致性和最终一致性之间自由选择。而在用户选择了最终一致性，或者 $W<N$ 的强一致性时，总会出现一段"各个节点数据不同步导致系统处理不一致的时间"。为了提供最终一致性的支持，这些系统会提供一些工具来使数据更新被最终同步到所有相关节点。

NoSQL 的数据存储类型

为了解决关系数据库无法满足大数据需求的问题，近年来 NoSQL 发展迅猛，出现了多种类型的 NoSQL 数据库技术。归结起来，典型的 NoSQL 数据库主要有 4 种数据存储类型：键值（Key-Value）存储数据库、列族（Column-oriented）存储数据库、文档型存储（Document Store）

数据库以及图形数据库（Graph Database）。

键值存储数据库

键值（Key-Value）存储数据模型是 NoSQL 中最基本、最重要的数据存储类型，其基本原理是在 Key 和 Value 之间建立一个类似于哈希函数的映射关系，如图 3.22 所示。在键值存储数据库中，只要定义好 Key 和 Value 之间的映射关系，当遇到一个 Key 时，就可以根据映射关系找到对应的 Value。其中，Value 的类型和取值范围等属性都是任意的。也就是说，通过主键可以查询数据库中的数据，这一特点决定了其在处理海量数据时具有较大的优势。

目前流行的键值存储数据库有 Redis、Riak、Memcached DB 等，如表 3.2 所示。

Key_1	Value_1
Key_2	Value_2
Key_3	Value_1
Key_4	Value_3
Key_5	Value_2
Key_6	Value_1
Key_7	Value_4
Key_8	Value_3

图 3.22　键值存储数据模型

表 3.2　键值存储数据库产品、应用和特点

项　目	描　　述
相关产品	Redis、Riak、Memcached DB、Berkeley DB 和 Amazon DB 等
数据模型	键（Key）/值（Value）对。Key 是一个字符串对象；Value 可以是任意类型的数据，包括整型、字符型、数组、列表、集合等
典型应用	涉及频繁读写、拥有简单数据模型的应用；内容缓存，如会话、配置文件、参数、购物车等
优点	扩展性好，灵活性好，在进行大量写操作时性能高
缺点	无法存储结构化信息，条件查询效率较低

键值存储模型对于 IT 系统来说，其优势在于使用简单、易部署。当然，键值存储数据库也有自己的局限性，条件查询就是其弱项。如果只对部分值进行查询或更新，效率就会比较低。因此，在使用键值存储数据库时应尽量避免多表关联查询。此外，键值存储数据库在发生故障时不支持回滚操作，无法支持事务。键值存储数据库的主要应用场景是内容缓存，可用于处理具有大量写操作的情况，也可用于一些日志系统的日志采集等。

列族存储数据库

列族存储数据库是以列相关存储架构进行数据存储的数据库，由多个行构成，每行数据包含多个列族，不同的行可以具有不同的列族，属于同一列族的数据会被放在一起。其中每行数据通过行键进行定位，与这个行键对应的是一个列族。列族存储数据模型如图 3.23 所示。列族存储数据库主要适用于批量数据处理和即时查询，存储在一个列族中的数据通常是经常被一起查询的相关数据。例如，如果有一个"住院患者"类，人们通常会同时查询患者的住院号、姓名和性别，而不是查询他们的过敏史和主治医生。在这种情况下，住院号、姓名和性别信息会被放入一个列族中，而过敏史、主治医生信息放入另一个列族中。

列族存储数据库的相关产品、数据模型、典型应用和优缺点如表 3.3 所示。

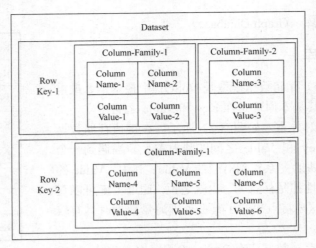

图 3.23 列族存储数据模型

表 3.3 列族存储数据库相关产品、数据模型、典型应用和优缺点

项 目	描 述
相关产品	BigTable、HBase、Cassandra、HadoopDB、HBase 和 Riak 等
数据模型	列族
典型应用	分布式数据存储与管理； 数据在地理上分布于多个数据中心的应用程序； 可以容忍副本中存在短期不一致情况的应用程序； 拥有动态字段的应用程序； 拥有潜在大量数据的应用程序，大到几百 TB 的数据
优点	查找速度快，可扩展性强，容易进行分布式扩展，复杂性低
缺点	功能较少，不支持强事务一致性

另外，与列族存储数据库相对应的是行式数据库，其中的数据以行相关的存储体系架构进行空间分配。行式数据库适用于小批量的数据处理，常用于联机事务型数据处理。

文档型数据库

文档型数据库中的"文档"与传统意义上的文档没有什么关系，它不是书、信或者文章；它其实是一个数据记录，能够对所包含的数据类型和内容进行"自我描述"，如 XML 文档、HTML 文档和 JSON 文档就属于这一类。文档格式可以是 XML、JSON、BSON 等。文档型数据库的灵感来自 Lotus Notes 办公软件。与键值存储数据库类似，文档型数据库中的数据模型是版本化的文档，文档是数据库的最小单位。文档型数据存储模型如图 3.24 所示。

在文档型数据库中，虽然每一种文档的部署

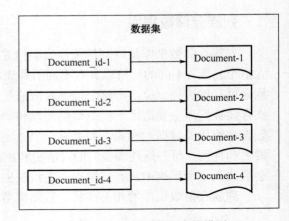

图 3.24 文档型数据存储模型

有所不同,但大都假定文档以某种标准化格式封装并对数据进行加密,同时用多种格式进行解码(包括 XML、YAML、JSON 和 BSON 等),也可以使用二进制格式(如 PDF、Office 文档等)。例如,SequoiaDB 就是使用 JSON 格式的文档型数据库,其存储的数据格式如下:

```
{
  "_id": {
    "$oid": "57b44b2b2b57085321000001"
  },
  "items": [
    {
      "shopid": 8224,
      "picture": "http://avatar.csdn.net/B/1/9/1_qq_16912651.jpg",
      "amount": 1,
      "price": "117.59",
      "itemname": "Coffee",
      "itemid": 194987
    },
    {
      "shopid": 9291,
      "attribute": [
        {
          "color": "Blue",
          "size": "M"
        },
        {
          "color": "Pink",
          "size": "M"
        }
      ],
      "picture": "http://avatar.csdn.net/B/1/9/1_qq_16912651.jpg",
      "price": "17.63",
      "itemname": "T-shirt",
      "itemid": 543514
    }
  ],
  "isactive": true,
  "uid": 123456
}
```

　　文档型数据库可以看成键值存储数据库的升级版,但它要比键值存储数据库的查询效率高。例如,MongoDB、CouchDB 以及国内的 SequoiaDB 均属于文档型数据库。文档型数据库的相关产品、数据模型、典型应用和优缺点如表 3.4 所示。

表 3.4 文档型数据库相关产品、数据模型、典型应用和优缺点

项 目	描 述
相关产品	MongoDB、CouchDB、Terrastore、ThruDB、RavenDB、SisoDB、RaptorDB、CloudKit、Perservere 和 SequoiaDB 等
数据模型	键/值；值（Value）是版本化的文档
典型应用	存储、索引和管理面向文档的数据或者类似的半结构化数据，如用于后台具有大量读写操作的网站、使用 JSON 数据结构的应用、使用嵌套结构等非规范化数据的应用程序
优点	性能好（高并发），灵活性高，复杂性低，数据结构灵活； 提供嵌入式文档功能，将经常查询的数据存储在同一个文档中； 既可以根据键来构建索引，也可以根据内容构建索引
缺点	缺乏统一的查询语法

注意：面向文档的数据库，其操作方式在处理大数据方面优于关系数据库，但并不意味着可以完全取代它，而是为更适合文档型数据库方式的项目提供一种更佳的选择，如 wikis、博客和文档管理系统等。

图形数据库

图形数据库以图论为基础。图是一个数学概念，用来表示一个对象集合，包括顶点以及连接顶点的边。图形数据库是使用图形结构进行语义查询，并使用节点、边和属性来表示和存储数据的一种数据库。这种系统的一个关键概念是图形（或边，或关系），它直接关联存储中的数据项。图形结构的数据库同其他行列结构和刚性结构的 SQL 数据库不同，它使用灵活的图形模型，并且能够扩展到多个服务器上，如图 3.25 所示。

图形数据库专门用于处理具有高度相互关联关系的数据，可以高效地处理实体之间的关系，比较适合社交网络、模式识别等问题。有些图形数据库（如 Neo4j）完全兼容 ACID。但在其他应用领域，图形数据库的性能不如其他 NoSQL 数据库。图形数据库的相关产品、数据模型、典型应用和优缺点如表 3.5 所示。

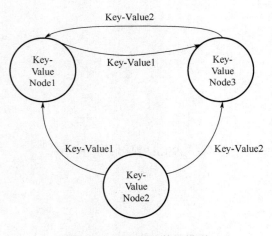

图 3.25 图形存储数据模型

表 3.5 图形数据库相关产品、数据模型、典型应用和优缺点

项 目	描 述
相关产品	Neo4j、InfoGrid、Infinite Graph、OrientDB 和 GraphDB 等
数据模型	图结构
典型应用	专门用于处理具有高度相互关联关系的数据，比较适合于社交网络、模式识别、依赖分析、推荐系统以及路径寻找等问题
优点	灵活性高，支持复杂的图形算法，可用于构建复杂的关系图谱
缺点	复杂性高，只能支持一定的数据规模

在 NoSQL 的 4 种类型中，从最近几年的表现来看，图形数据库的关注度越来越高，它也是发展趋势最明显的数据库类型。

典型的 NoSQL 工具

随着大数据时代的到来，基于各类数据模型开发的数据库系统层出不穷。目前，在实际应用中比较典型的 NoSQL 工具主要是 Redis、BigTable、MongoDB、CouchDB 和 Neo4j 等。

Redis

Redis（即 Remote Dictionary Server）是一种基于内存的 NoSQL 数据库系统，它不仅适应大数据时代数据类型多样化的需求，同时 Redis 集群还解决了高速缓存扩展不利的弊端，也给高并发的需求提供了更为充足的存储空间。

1. Redis 的特点和优势

Redis 通常被称为数据结构服务器，它是遵守 BSD 协议、支持网络、可基于内存亦可持久化的日志型 Key-Value 数据库，并提供多种语言的 API。Redis 是一个由 Salvatore Sanfilippo 写的 Key-Value 存储系统，其 Key-Value 可以是字符串（String）、哈希（Hash）表、列表（List）、集合（Set）和有序集合（ZSet）等类型。目前 Redis 一共 3 万多行代码，其代码编写非常精简，有很多巧妙的实现，支持在 Windows 和 Linux 操作系统下使用。

Redis 的优势主要体现在 4 个方面：一是性能极高，Redis 能读的速度是 110 000 次/秒，写的速度是 81 000 次/秒；二是数据类型丰富，Redis 支持二进制案例的 String、List、Hash、Set 和 Ordered Set 数据类型操作；三是支持事务操作，Redis 的所有操作都是原子性的，同时还支持对几个操作合并后的原子性执行；四是具有丰富的高级特性，如支持发布/订阅、通知、Key 过期、备份与恢复、安全等特性。

Redis 与其他 Key-Value 缓存产品相比，具有以下 3 个鲜明的特点：
- ▶ Redis 支持数据的持久化，可以将内存中的数据保存在磁盘中，重启时可以再次加载进行使用；
- ▶ Redis 不仅仅支持 Key-Value 类型的数据，同时还提供 List、Set、ZSet、Hash 等数据结构的存储；
- ▶ Redis 支持 Master-Slave 模式的数据备份。

Redis 版本及应用可以在其官网（http://www.redis.net.cn/）查阅。

2. Redis 数据类型

Redis 属于<key,value>键值对数据库类型，其中 Key 的类型一律是字符串型，相当于 C 语言中的变量名。该变量名在同一种类型的 Value 中可以被替换，但当赋予不同类型的 Value 时则不能被替换。在 Redis 中 Value 有以下 5 种类型：

（1）字符串（String）。字符串型的数值可以是任何形式的数据格式。例如，可以是明文，也可以二进制格式的图片或者序列化对象。字符串最大值可达 512 MB。字符串如果中间有空格，必须使用单引号或双引号括起来。使用字符串型的 Value 的<key,value>形式是<key,String 值>，例如：

```
set mykey hello                    //可以不用单引号或双引号
set mykey 'hello world'            //必须使用单引号或双引号
```

（2）哈希（Hash）表。在 Redis 中，Hash 表被称为字典（Dictionary），它是一个 String 类型的 Field（域）和 Value 的映射表。Hash 类型特别适用于存储对象，Redis 中每个 Hash 表可以存储 $2^{32}-1$（40 多亿）对键值。Hash 类型采用一种压缩的 zipmap 结构存储，比较节省内存。在配置文件中修改配置项，就可以控制 Field 的数量和 Value 的字节数大小，例如：

```
hash-max-zipmap-entries 512        //配置 Field 最多 512 个字符
hash-max-zipmap-value   64         //配置 Value 最多 64 B
```

如果 Field 和 Value 均小于上面配置的值，那么 Redis 存储 Hash 表时将采用压缩的 Map 结构，否则采用正常的 Hash 结构存储在内存中。使用 Hash 型 Value 的<key,value>形式是<key,Hash(field,value)>，例如：

```
hmset mykey field value       //配置 mykey 的值是 Hash 型的<field,value>
```

需要注意，如果其他类型的 Value 已经使用过 mykey，在这里就不能再使用 "mykey" 这个键名了。

（3）列表（List）。Redis 列表是简单的字符串列表，按照插入顺序排序。使用列表型 Value 的<key,value>形式是<key,List(value)>，例如：

```
lpush mykey value
```

（4）集合（Set）。Redis 的集合是字符串类型的无序集合，集合成员是唯一的，集合中不能出现重复的数据，集合中的 Value 是按照字符串的字母顺序排序的。使用 Set 型 Value 的<key,value>形式是<key,Set(value)>，例如：

```
sadd mykey value
```

首先在集合中插入 3 个名字，然后查看名字信息，可以发现名字是按字母顺序排列的，如在图 3.26 所示。

（5）有序集合（ZSet）。Redis 中的有序集合与集合一样也是字符串类型元素的集合，且不允许重复成员。Redis 有序集合中的每个元素都会关联一个 double 类型的分数。Redis 通过该分数为集合中的成员进行从小到大的排序。有序集合的成员是唯一的，但分数（Score）却可以重复。如图 3.27 所示，有序集合中的数据是按分数进行排序的。使用 ZSet 型 Value 的<key,value>形式是<key,ZSet(score,value)>，例如：

```
zadd mykey score value
```

图 3.26　集合中取出的值是按字母顺序排列的　　图 3.27　有序集合中取出的值是按分数排序的

3. Redis 应用

Redis 可运行于 Windows 或 UNIX/Linux 操作系统。Redis 在 Windows 操作系统中解压缩

后就可以直接运行，不需要安装，支持 32 位和 64 位版本的 Windows 操作系统。在 Redis 32 位目录下只有非常少的几个文件。Redis 可运行文件如表 3.6 所示。

表 3.6 Redis 可运行文件

文件名	说明
Redis-server	Redis 服务器
Redis-cli	Redis 命令行客户端
Redis-benchmark	Redis 性能测试工具
Redis-check-aof	AOF 文件修复工具
Redis-check-dump	RDB 文件检查工具

在 Windows 命令行下运行如下命令，启动 Redis 服务器：

```
redis-server redis.conf
```

默认情况下服务器只能启动一次。客户端通过下列命令连接 Redis 服务器：

```
redis-cli -h 127.0.0.1 -p 6379
```

连接上 Redis 服务器后可以在 Redis 服务器上看到打印的连接信息。

图 3.28 所示是 Redis 服务器启动运行后的界面，图 3.29 所示是 Redis 客户端运行界面。从 Redis 服务器界面可以看到有两个客户端已连接服务器；在一个客户端中通过 set 命令设置 mykey 等于"hello world"，在另一个客户端就可以使用 get mykey 命令获取键"mykey"所对应的值。

Redis 提供了大量的命令，以方便使用 Redis 数据库。这些命令均通过客户端终端界面执行。具体的 Redis 参数配置、Redis 命令可登录 Redis 的网站（http://www.redis.cn）查阅。

图 3.28 Redis 服务器启动运行后的界面

图 3.29 两个 Redis 客户端分别设置和获取键值

4. Redis Java 编程接口示例

在 Java 中通过 Redis jar 开发包能够直接连接 Redis。在此以 jedis-2.9.0.jar 开发包为例介绍 Redis Java 编程接口应用。

如果在 Linux 环境下编译 Java 代码，需要设置 classpath。在 Linux 终端命令行下执行下列命令：

```
$> export CLASSPATH=$CLASSPATH:/home/hadoop/jedis-2.9.0.jar
```

若在 Window 操作系统中，就需要通过如下命令设置 classpath：

```
$> set classpath=%CLASSPATH%;e:/test/hadoop/jedis-2.9.0.jar
```

【例 3-4】连接 Redis 服务器的代码 RedisTest 如下：

```
/*例 3-4：连接 Redis 服务器 */
1  import redis.clients.jedis.Jedis;
2
3  public class RedisTest {
4      public static void main(String[] args) {
```

```
5          //连接本地的 Redis 服务
6          Jedis jedis = new Jedis("master");
7          System.out.println("连接成功");
8          //查看服务是否运行
9          System.out.println("服务正在运行: "+jedis.ping());
10     }
11 }
```

Jedis 包提供了非常方便地连接 Redis 服务器的构造函数,该代码段的第 6 行为连接 Redis 节点 "master" 服务器,第 9 行代码执行 Redis ping 命令。RedisTest 作为客户端远程连接 Redis 的 master 服务器,如果 RedisTest 与服务器在同一机器上,可以使用 localhost 或 127.0.0.1 代替 master;但是在 redis.conf 文件中由 bind 参数指定 localhost 或者使用 0.0.0.0 这样的 IP 地址绑定。一般 Redis 服务器默认端口号是 6379,如果 Redis 服务器端口改为 7000,那么第 6 行连接服务器的代码应改为:

```
Jedis jedis = new Jedis("master",7000);
```

【例 3-5】客户端执行 Redis 字符串命令代码如下:

```
/*例 3-5: 连接 Redis 服务器并执行 Redis 字符串命令 */
1  import redis.clients.jedis.Jedis;
2
3  public class RedisExample2 {
4      public static void main(String[] args) {
5          Jedis jedis = new Jedis("master");
6          //设置 redis 字符串数据
7          jedis.set("hellokey", "hello redis");
8          // 获取存储的数据并输出
9          System.out.println("redis 存储的字符串为: "+ jedis.get("hellokey"));
10     }
11 }
```

在该代码段中,通过 jedis.set 方法设置 Key 和字符串型的 Value,然后通过 get 方法读取 Key 对应的 Value。可以看出 Jedis 提供的方法名和 Redis 的命令名称一致,这样可以比较方便地使用 Jedis 方法。代码第 7 行设置 Key 为 "hellokey",Value 为 "hello redis";第 9 行取出 "hellokey" 的值并打印。执行结果如图 3.30 所示。

```
hadoop@master:~/mao/redis$ java RedisExample2
redis 存储的字符串为: hello redis
hadoop@master:~/mao/redis$
```

图 3.30 例 3-5 的执行结果

【例 3-6】客户端执行 Redis List 命令代码如下:

```
/*例 3-6: 连接 Redis 服务器并执行 Redis 列表命令 */
1  import java.util.List;
2  import redis.clients.jedis.Jedis;
3
4  public class RedisExample3 {
```

```
5    public static void main(String[] args) {
6        Jedis jedis = new Jedis("master");
7
8        //存储数据到列表中
9        jedis.lpush("site-list", "wang");
10       jedis.lpush("site-list", "zhang");
11       jedis.lpush("site-list", "li");
12       // 获取存储的数据并输出
13       List<String> list = jedis.lrange("site-list", 0 ,2);
14       for(int i=0; i<list.size(); i++) {
15           System.out.println("列表项为: "+list.get(i));
16       }
17   }
18 }
```

代码第 9~11 行设置 Key 为 "site-list"，Value 分别为 "wang" "zhang" 和 "li"；第 13 行从 list 头部取出下标为 0~2 三个值返回的是 Java 标准列表类型；第 14、15 行循环 list 中的值。执行结果如图 3.31 所示。

```
hadoop@master:~/mao/redis$ java RedisExample3
列表项为: li
列表项为: zhang
列表项为: wang
hadoop@master:~/mao/redis$
```

图 3.31　例 3-6 的执行结果

【例 3-7】客户端获取所有 Key 的用法，其代码如下：

```
/*例 3-7: 连接 Redis 服务器并执行 Redis 列表命令 */
1  import java.util.Iterator;
2  import java.util.Set;
3  import redis.clients.jedis.Jedis;
4
5  public class RedisExample4 {
6      public static void main(String[] args) {
7          Jedis jedis = new Jedis("master");
8
9          // 获取数据并输出
10         Set<String> keys = jedis.keys("*");
11         Iterator<String> it=keys.iterator() ;
12         while(it.hasNext()){
13             String key = it.next();
14             System.out.println(key);
15         }
16     }
17 }
```

该代码段中的第 10 行采用 keys("*")方法获得所有 Key 值，其中"*"表示所有的 Key，该方法返回 Java 集合框架中的 Set 集合；第 11 行将 Set 转换为 Iterator（迭代器）；第 12～14 行循环输出 Iterator 中的值。执行结果如图 3.32 所示。

```
hadoop@master:~/mao/redis$ java RedisExample4
hellokey
site-list
hadoop@master:~/mao/redis$
```

图 3.32　例 3-7 的执行结果

BigTable

BigTable 是 Google 公司于 2004 年开始开发的一个用于管理结构型数据的分布式存储系统。目前，已经有百余个项目或服务由 BigTable 提供技术支持并将其数据存储在 BigTable 中，包括网页索引、Google Earth 和 Google 金融等。这些应用在数据量和延迟方面对 BigTable 的需求大不相同。尽管有诸多不尽相同的需求，BigTable 都能够成功地为这些 Google 的产品提供一个弹性的、高性能的解决方案。BigTable 是一个未开源的系统。

一个 BigTable 是一个稀疏的、分布式的、持久的多维排序映射（MAP）。这个映射由行 Key、列 Key 和时间戳进行索引，每个映射值都是一个连续的 Byte 数组。在许多方面，BigTable 很像一个数据库，实现了很多数据库策略。BigTable 数据库主要具有以下特点：

- 适合大规模海量数据、PB 级数据存储；
- 分布式、并发数据的处理效率极高；
- 易于扩展，BigTable API 提供了创建、删除表和列族的方法，还提供了更改集群、表和列族元数据（如访问控制权限）的方法；
- 比较适合廉价硬件设备；
- 适合于读操作，不适合写操作；
- 不使用传统的关系数据库。

MongoDB

MongoDB 是一个基于分布式文件存储的开源数据库系统（https://www.mongodb.com），由 C++语言编写。在重负载的情况下，通过添加更多的节点，可以保证服务器性能。MongoDB 旨在为 Web 应用提供可扩展的高性能数据存储解决方案，操作起来比较简单、容易。MongoDB 将数据存储为一个文档，数据结构由键值（Key-Value）对组成。MongoDB 文档类似于 JSON 对象，字段值可以包含其他文档、数组和文档数组，例如：

```
{
    name: "sue",              ← field: value
    age: 26,                  ← field: value
    status: "A",              ← field: value
    groups: [ "news", "sports" ]  ← field: value
}
```

MongoDB 主要具有如下特点：

- MongoDB 是一个面向文档存储的数据库，操作起来比较简单、容易。可以在

MongoDB 记录中设置任何属性的索引（如：FirstName="Sameer", Address="8 Gandhi Road"）来实现更快的排序。
- ▶ 可以通过本地或者网络创建数据镜像，这使得 MongoDB 有更强的扩展性。如果负载增加（需要更多的存储空间和更强的处理能力），MongoDB 可以将它们分布在计算机网络中的其他节点上，即所谓的分片。
- ▶ MongoDB 支持丰富的查询表达式。查询指令使用 JSON 形式的标记，可轻易查询文档中内嵌的对象和数组。
- ▶ MongoDb 使用 update() 命令可以实现所完成文档（数据）或者一些指定数据字段的替换。
- ▶ MongoDB 中的 Map/Reduce 主要用来对数据进行批量处理和聚合操作。Map 函数调用 emit(key,value) 遍历集合中所有的记录，将 Key 与 Value 传给 Reduce 函数进行处理。
- ▶ MongoDB 允许在服务器端执行脚本。可以用 JavaScript 编写某个函数，直接在服务器端执行；也可以把函数的定义存储在服务器端，下次直接调用即可。
- ▶ MongoDB 支持多种编程语言，包括 Python、Java、C++、PHP 和 C#等。

CouchDB

Apache CouchDB 是一个开源的面向文档的数据库管理系统（http://couchdb.apache.org/）。CouchDB 最初是用 C++编写的，2008 年 4 月这个项目转移到 Erlang OTP 平台进行容错测试。"Couch"是"Cluster of Unreliable Commodity Hardware"的首字母缩写，它反映了 CouchDB 的目标具有高度可伸缩性，提供了高可用性和高可靠性，即使运行在容易出现故障的硬件上也是如此。作为一个面向文档的数据管理工具，CouchDB 主要具有如下特点：

- ▶ CouchDB 是分布式的数据库，可以把存储系统分布到 n 台物理的节点上，并且能很好地协调和同步节点之间的数据读写一致性。这当然只有依靠 Erlang 无与伦比的并发特性才能做到。对于基于 Web 的大规模文档应用，分布式可以让它不必像传统的关系数据库那样分库拆表和在应用代码层进行大量的改动。
- ▶ CouchDB 是面向文档的数据库，存储半结构化数据。CouchDB 有些类似于 Lucene 的索引结构，特别适合存储文档，如电话本、地址簿等。在这些应用场合，文档型数据库比关系数据库更加方便、性能更好。
- ▶ CouchDB 支持 RESTful API，可以让用户使用 JavaScript 操作 CouchDB 数据库，也可以用 JavaScript 编写查询代码。

Neo4j

Neo4j 是一个高性能的 NoSQL 图形数据库（https://neo4j.com/），它是一个嵌入式的、基于磁盘的、具备完全事务特性的 Java 持久化引擎，但是它将结构化数据存储在网络（从数学角度叫作图）上而不是表中。Neo4j 也可以看作一个高性能的图引擎，该引擎具有成熟数据库的所有特性。程序员工作在一个面向对象的、灵活的网络结构下而不是严格、静态的表中，但可享受到具备完全的事务特性、企业级数据库的所有优势。

Neo4j 因其嵌入式、高性能、轻量级等优势而越来越受到关注。虽然 Neo4j 是一个比较新的开源项目，但它已经在具有 1 亿多个节点、关系和属性的产品中得到了应用，并且能够满足企业的健壮性需求。

练习

1. 关系型数据中的关系概念通常对应于 RDBMS 中的（　　）。
   a. 数据库　　　b. 表　　　c. 字段　　　d. 视图
2. 下列性质哪个不是关系数据库系统中事务的特性？（　　）
   a. 原子性　　　b. 隔离性　　　c. 一致性　　　d. 扩展性
3. 下列关系数据库中的 SQL 语句属于 TCL 语言的是（　　）。
   a. create　　　b. drop　　　c. rollback　　　d. grant
4. 下列哪一种数据不属于 NoSQL 数据库？（　　）
   a. HBase　　　b. MySQL　　　c. Redis　　　d. Neo4j
5. 下列哪种数据类型是 Redis 不支持的？（　　）。
   a. 字符串　　　b. 列表　　　c. 有序集合　　　d. 整数
6. 如果 Redis 绑定的 IP 地址为 0.0.0.0，则该地址表示的含义是（　　）。
   a. 任何 IP 地址　　　　　　　b. 只允许服务器本机客户端访问
   c. 只允许同一局域网内的主机访问　　d. 设置错误
7. Redis 有序集合中的字符串排序是按照哪一项执行的？（　　）。
   a. 字符串字母顺序　　　　　　b. 插入时的顺序
   c. 按分数（Score）排序　　　　d. 按字符串索引排序
8. 下列哪个 Redis 命令可以测试与 Redis 服务器是否连接上？（　　）
   a. echo　　　b. select　　　c. auth　　　d. ping
9. NoSQL 一般不支持分布式事务，其理由是什么？
10. 文档型非关系数据库中的"文档"指的是哪些数据？

补充练习

1. 通过研究，举出一些面向列存储的 NoSQL 数据库，讨论它们各有什么特点。
2. 在 Hadoop 生态圈中有 HBase 和 Hive，请指出它们各是什么类型的数据库系统。
3. 尝试配置使用 Redis。
4. 查询相关资料，说明 Redis 服务器如何作为 MySQL 的缓存服务器，以此来提高系统性能。

第四节　分布式数据库 HBase

Hadoop MapReduce 适于对离线数据的处理，通常以简单的批处理方式提交任务，并且只能以顺序方式访问数据，完全基于磁盘的操作，需要进行多次磁盘的 I/O 操作。很显然，这种访问数据的方式是低效的。实际上，需要能够随机访问数据集中的任何数据点，都应具有高性能的数据 I/O 能力。为此，纷纷涌现了一些基于 Hadoop 平台上具有随机访问数据能力的随机存储数据库，如 HBase、Cassandra、CouchDB、Dynamo 和 MongoDB 等，都是一些存储大数据并以随机方式访问数据的数据库。

Apache HBase 是基于 Hadoop 构建的一个分布式、可伸缩、面向列的海量数据存储系统。HBase 建立在 Hadoop HDFS 之上，是一个开源的非关系数据库（NoSQL）项目。HBase 作为 Hadoop 生态系统圈中极为重要的一个组件，充分利用了 Hadoop HDFS 提供的容错能力，提供了对数据的随机实时访问，通过它可以直接存储 HDFS 数据。

学习目标

- ▶ 掌握 HBase 数据库的系统结构，掌握 HBase 客户端、HMaster、HRegionServer 以及 ZooKeeper 在 HBase 中各自所起的作用；
- ▶ 了解 HBase 的各层次存储结构，以及数据读写的基本流程；
- ▶ 掌握 HBase 的表、列族、列、单元等基本概念，了解 HBase 在 HDFS 上的目录结构及其用途。
- ▶ 熟练掌握 HBase Shell 的一些基本命令。

关键知识点

- ▶ HBase 集群建立在 HDFS 集群之上，以键值对方式存储数据；行键是 HBase 数据库的核心概念。

HBase 系统结构

HBase 是一种能够提供高可靠性、高性能、列存储、可伸缩、实时读写的数据库系统。它只能通过主键和主键的范围来检索数据，主要用来存储非结构化和半结构化的松散数据。与 Hadoop 一样，HBase 主要依靠横向扩展，通过不断增加廉价的商用服务器来增加计算和存储能力。HBase 数据库中的表一般有如下特点：

- ▶ 数据量大：一个表可以有上亿行、上百万列。
- ▶ 面向列：面向列（族）的存储和权限控制，列（族）独立检索。
- ▶ 稀疏：对于为空的列，并不占用存储空间，表可以设计得非常稀疏。

HBase 系统构建在 Hadoop 平台之上，其结构框架如图 3.33 所示。物理上 HBase 采用主从架构，由一个主服务器（HMaster 节点）和数据存储服务器（多个 HRegionServer 节点）组成。HMaster 节点相当于 NameNode，HRegionServer 节点相当于 DataNode。HBase 集群采用 ZooKeeper 组件进行管理；用户通过 HBase 客户端（Client）提交数据到 HBase 系统，使用 HBase 提供的服务。需要强调的是，HBase 系统结构的存在并不影响 HDFS 自身结构的组成，它们之间在逻辑上是相互独立的。

具体来说，在 Hadoop 安装时所确定的 NameNode 位置，并不会因为后续 HBase 的安装而发生任何改变，NameNode 和 HMaster 节点可以处于同一个节点上，也可以位于不同的服务器上。在这样的 Hadoop 平台上，实际上形成了两个集群，一个是 HDFS 集群，另一个是 HBase 集群；只不过后一个集群是建立在前一个集群之上的。HBase 集群的规模一般应小于等于 HDFS 集群，例如 HDFS 有 10 个节点，HBase 可以只选择其中 5 个节点部署。

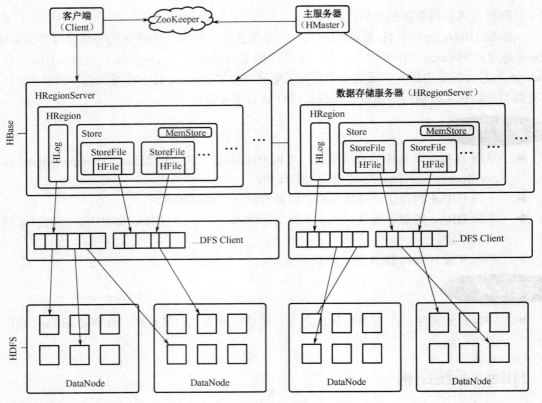

图 3.33 HBase 系统结构框架

HBase 客户端

HBase 客户端（Client）在使用 HBase 的服务之前，首先需要与 HBase 服务器建立连接。HBase 客户端通过 ZooKeeper 与主服务器（HMaster）建立连接，因为 HMaster 是由所有 HBase 节点选举产生的，因此它的位置是不固定的，只有 ZooKeeper 能够随时了解 HMaster 所在的节点。HBase 客户端与 HMaster、HRegionServer 之间的通信采用远程过程调用（RPC）机制。对于管理类操作，客户端与 HMaster 之间进行管理类操作调用；对于数据读写类操作，客户端与 HRegionServer 进行数据类操作调用。对于具体使用 HBase 数据库的用户来说，可以把 HBase 集群简单看作虚拟的"一台数据库服务器"。这样在使用时，这种集群式的数据库就与传统的单机服务器数据库（如 MySQL、Oracle）没有任何区别，用户可以通过数据库客户端工具访问服务器。例如，用户在使用 MySQL 时，可以通过命令行登录数据库，也可以通过第三方提供的可视化工具连接数据库服务器；Java 开发者可以通过 JDBC 连接 MySQL 服务器。同样，用户访问 HBase 服务器的客户端工具也有多种方式，包括 HBase Shell、HBase Web 页面，以及一些具有可视化操作窗口的 GUI 工具（如 HBaseXplorer、BigInsights）。

在安装好的 HBase 配置文件 hbase-site.xml 中加入下列配置信息后启动 HBase：

```
<property>
<name>hbase.master.info.port</name>
<value>60010</value>
</property>
```

则可以在 Web 浏览器中查看 HBase 的运行信息，如图 3.34 所示。

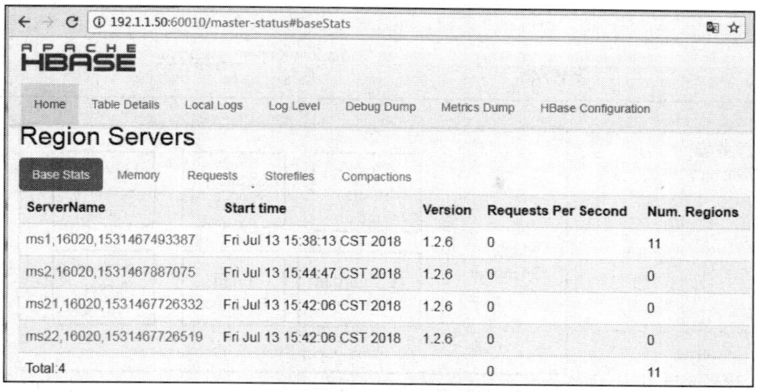

图 3.34　HBase Web 管理界面

Java 开发者除了使用 HBase 提供的客户端工具访问 HBase 之外，也可以使用 HBase 提供的编程接口，通过编写 HDFS 应用程序或者 MapReduce 程序访问 HBase 数据库。HBase 提供了 REST API、Thrift、Avro 的辅助服务以及原生 Java API 接口（jar 包）供开发者调用。

ZooKeeper 集群管理

ZooKeeper 是一个开源的、高效的分布式协同管理组件，提供了统一命名空间、配置信息管理、命名、分布式同步、集群管理、数据库切换等服务。它不适合用来存储大量数据，但可以用于存储一些少量的配置、角色等信息。Hadoop、Storm、消息中间件、RPC 服务框架、分布式数据库同步系统等，都是 ZooKeeper 的应用场景。ZooKeeper 要求集群中的节点个数最好是奇数个，一般应大于等于 3。

HBase 中所有的服务器都是通过 ZooKeeper 进行协调的，ZooKeeper 还处理 HBase 服务器运行期间可能遇到的错误或故障。ZooKeeper 采用 Quorum 机制进行数据一致性读写。ZooKeeper 除了存储 HBase 系统表（ROOT 表）的地址和 HMaster 的地址外，HRegionServer 也会把自己以临时节点方式注册到 ZooKeeper 中，使得 HMaster 可以随时感知到各个 HRegionServer 的健康状态。HBase 可以启动多个 Master，通过 ZooKeeper 的选举机制保证集群中有且仅有一个活跃的 Master（HMaster）。当该 HMaster 发生故障时，ZooKeeper 通过选举机制，能够很快选出新的 HMaster，以避免出现单点故障问题。

ZooKeeper 的主要功能包括：
▶ 通过选举确保在任何时候，集群中只有一个主服务器（HMaster）节点；
▶ 实时监控 HRegionServer 的运行状态，并将这些信息实时通知 HMaster；
▶ 存储所有 Region 的寻址入口和 HBase 的模式（Schema）和 Table 等元数据信息。

实际上，ZooKeeper 与 Hadoop、HBase 没有任何关系，完全是一个独立的集群。ZooKeeper 的配置参数不受 HBase 的任何影响。HBase 通过 hbase.zookeeper.quorum 找到 ZooKeeper 集群的地址列表。

HMaster

HMaster（Active Master）负责管理所有的 HRegionServer 服务器，它本身不存储 HBase

中的任何数据。一般情况下，HMaster 运行于 Hadoop 的 NameNode 服务器上，其功能框图如图 3.35 所示。

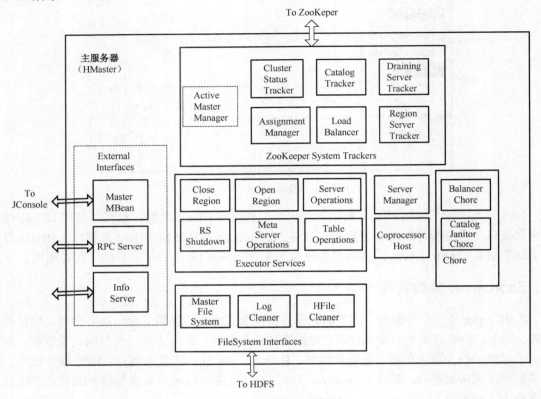

图 3.35　HMaster 功能框图

HMaster 的主要功能如下：
- 管理 HRegionServer。HMaster 内置负载均衡模块（Load Balancer），能够将数据均衡分布到所有 HRegionServer 上，在整个集群内实现负载均衡。
- 管理和分配 HRegion。例如，当 HRegion 需要分割时，负责分配新的 HRegion；在 HRegionServer 关闭时，转移该节点上的 HRegion 到其他 HRegionServer 上。
- 通过 ZooKeepr 监控集群中所有 HRegionServer 的状态。
- 处理模式更新请求，例如创建、删除、修改表的定义等。

HMaster 启动时从 ZooKeeper 中获取一个代表 HMaster 的锁，用以阻止其他节点成为 HMaster，扫描 ZooKeeper 中的 Server 目录，获取 HRegionServer 的列表，并与该列表中的 HRegionServer 进行通信，获取已分配的 Region 和 HRegionServer 的对应关系。

HMaster 通过 ZooKeeper 追踪 HRegionServer 的状态。HRegionServer 运行时，首先在 ZooKeeper 的 Server 目录中创建自己的文件，并取得文件的独占锁。由于 HMaser 订阅了 Server 目录，当目录下有文件增加或者删除时，HMaster 能收到来自 ZooKeeper 的实时通知。因此，当 HRegionServer 上线时，HMaster 能立即获得消息。当 HRegionServer 宕机时，断掉了与 ZooKeeper 的通信，ZooKeeper 便会释放代表 Server 的文件的独占锁。HMaster 通过轮询 ZooKeeper Server 目录下文件的独占锁，当发现某个 HRegionServer 丢失了自己的独占锁，或者 HMaster 与 HRegionServer 连续几次通信都不成功时，HMaster 将尝试获取该文件的读写锁。

一旦获取成功，则说明该 HRegionServer 与 ZooKeeper 通信已经断开，可能已经宕机。

HRegionServer

HRegionServer 是 HBase 中的核心模块，主要负责用户数据的存储，以及 HBase 与 Client 和 HMaster 之间的通信。HRegionServer 一般与 Hadoop DataNode 在同一台机器上运行，以实现数据的本地化操作。数据实际存储在 HDFS 中的文件中，一个 DataNode 一般只运行一个 HRegionServer 实例。用户数据在 HBase 系统是如何存储的呢？图 3.36 示出了 HBase 的存储层次，如同关系数据库中使用"表"来存储逻辑对象数据一样，HBase 仍然使用"表"（Table）来存储数据。一张 HBase 表可能存储数百万列、数亿条记录的数据。

```
Table               (HBase table)
    Region          (Regions for the table)
        Store       (Store per ColumnFamily for each Region for the table)
            MemStore    (MemStore for each Store for each Region for the table)
            StoreFile   (StoreFiles for each Store for each Region for the table)
                Block   (Blocks within a StoreFile within a Store for each Region for the table)
```

图 3.36 HBase 存储层次

在图 3.36 中，HBase 逻辑上的表可能被划分为多个 Region（也称为 HRegion），然后存储到 HRegionServer 群中。一个 Region 只能存储在一台 HRegionServer 服务器上，不允许被分割存放到不同的 HRegionSever 服务器中。对照 HDFS 集群的概念，这里 Region 相当于 HDFS 中的 Block，而表相当于 HDFS 文件。表按照 RowKey（行键）进行排序，Region 是表中连续的一段数据，或者说是某个 RowKey 范围内的数据被分割为一个 Region。表中的一条记录在同一时刻只会出现在一个 Region 中，一个 Region 同一时刻也只会在一个 HRegionServer 中。HRegionServer 的内存分为 MemStore 和 BlockCache 两部分，其中 MemStore 主要用于写数据，BlockCache 主要用于读数据。一个 Region 包含多个 Store，Store 对应列族（Column Family，CF），不同 CF 中的数据存储在各自的 Store 中。

一个 Store 包括多个 MemStore 和 1 个到若干个存储文件 HFile（StoreFile），每个列族的数据都是分开存储和访问的。Store 存储是 HBase 存储的核心，其中 MemStore 是有序的内存缓冲，用户写入的数据首先会写入 MemStore。当 MemStore 存满之后被移写到一个 StoreFile 文件中；当 StoreFile 文件数量增长到一定阈值时，HRegionServer 就触发合并操作，将多个 StoreFile 文件合并成一个大的 StoreFile 文件。合并过程中会进行数据版本合并和数据删除操作。因此，HBase 在数据操作过程中只增加数据，所有的更新和删除操作都在后续的合并过程中进行。这样可以确保用户的增加（Create）、读取查询（Retrieve）、更新（Update）和删除（Delete）操作尽量在内存中完成，以保证 HBase I/O 的高性能。当 StoreFile 合并后，会逐步形成越来越大的 StoreFile，当单个 StoreFile 大小超过一定阈值后，会触发分割操作，同时把当前 HRegion 分割成 2 个 HRegion，父 HRegion 会下线，新分割出的 2 个子 HRegion 会被 HMaster 分配到不同的 HRegionServer 上，从而能够达到负载均衡的目的。总之，从上述描述中可以看出，数据以表的形式呈现给用户，在 HBase 内部，该表中的数据被分成许多 Region 分别存储在不同的 HRegionServer 上。一个 Region 实际上存储的是一张表的一个列族的某范围内的部分数据（Store）。

HBase 数据模型与存储

HBase 是一个面向列的、稀疏的、分布式的、持久化存储的多维排序映射表（Map）。表的索引是行键（RowKey）、列族（Column Family）、列键（ColumnKey）以及时间戳（Timestamp）。表中的每个值都是一个未经解析的字节数组。

HBase 的数据模型

HBase 以表（Table）的形式存储数据。表由行和列组成，列又划分为若干个列族。HBase 数据模型的各个元素定义如下：

1. 表（Table）

HBase 的表由很多行组成。表的每一行代表着一个数据对象，每一行都由一个行键和一个或多个列族组成。

2. 行键（RowKey）

RowKey 是每个数据对象的唯一标识，是一个二进制数据，任意字符串都可以作为 RowKey。表中的行根据 RowKey 进行排序，数据按照 RowKey 的字母顺序排序存储。RowKey 的最大长度为 64 KB，实际应用中一般以 10～100 B 为宜。因此在设计 RowKey 时，要充分利用这种排序的特点，将经常读取的数据存储到一起，将最近可能会被访问的数据尽可能放在一起。

3. 列族（Column Family, CF）

列族（CF）是列的集合。一个列族的所有列成员有着相同的前缀。例如，info:name 和 info:age 都是 info 的成员。冒号（:）是列族的分隔符，用来区分前缀和列名。列族的特点如下：
- 一张表通常有一单独的列族，而且一张表中的列族不能过多；
- 列族必须在创建表时进行定义；
- 表的列族无法改变；
- 每个列族中的列数没有限制，列的添加是在数据插入时确定的，每一行数据的列是不固定的，列只有插入后才会存在，空值并不保存；
- 同一列族下的所有列会保存在一起；
- 列在列族中是有序的。

如表 3.7 所示，在表中的每一行中，列的组成都是灵活的，行与行之间并不需要遵循相同的列定义，这也就是说 HBase 表具有无模式（Schema-less）的特点。

表 3.7　HBase 表结构示例

行键（RowKey）	列族（CF）
R1	{ID,Name,Phone}
R2	{ID,Name,Adress,Title, Email}
R3	{ID,Address,Email}

4. 单元格（Cell）

HBase 中通过行和列族确定的一个存储单元称为单元格（Cell）。每个单元格都保存着同一份数据的多个版本。单元格中存储的数据没有数据类型，全部以字节码的形式存储。

5. 时间戳（Timestamp）

每个单元格存储的数据随时间戳不同可有多个版本。版本通过时间戳来索引。时间戳的类型是 64 bit 整型。时间戳可以由 HBase 在数据写入时自动赋值，此时时间戳为精确到毫秒的当前系统时间。时间戳也可以由客户显式赋值。如果应用程序要避免数据版本冲突，就必须自己生成具有唯一性的时间戳。在每个单元格中，不同版本的数据按照时间倒序排序，即最新的数据排在最前面。

图 3.37 示意了 HBase 表结构。从图 3.37 可以看到一个三维立体图，X 方向为列族，Y 方向为行，Z 方向为单元格的不同版本。该表的 RowKey 是"00001""00002"…，按字典顺序排序；表中有两个列族，即 Personal 和 Office，其中 Personal 包含两个列（Name 和 Residence phone），Office 也包含两个列（Phone 和 Address）。每个单元格中是具体的数据，并且可能有多个版本。

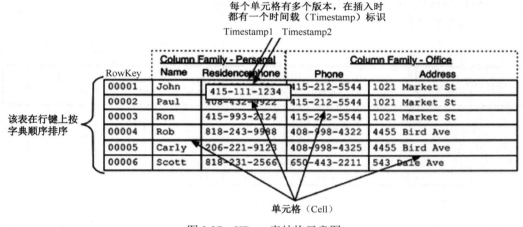

图 3.37 HBase 表结构示意图

有时，也可以将 HBase 的表看成是一个 Key-Value 存储系统，其中 Key 为 RowKey，Value 为列族数据，如图 3.38 所示。

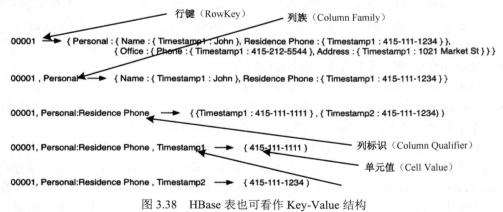

图 3.38 HBase 表也可看作 Key-Value 结构

HBase 存储模式

HBase 是三维有序存储的，通过行键、列族和时间戳这三个维度对 HBase 中的数据进行快速定位。名字空间（Namespace）从逻辑上将表分组，这类似于 RDBMS 中的数据库实例。HBase 的名字空间主要用来实现多租户的特性，可利用名字空间进行资源分配、资源隔离、安全管理等。HBase 有两个内置的名字空间：

- hbase：系统的名字空间，包含 HBase 内置的一些表。
- default：默认的名字空间，创建表时没有显式指定名字空间的表都在该名字空间下面。

HBase 存储格式

HBase 中的所有数据文件都存储在 Hadoop HDFS 文件系统上，主要包括两种文件类型：

- HFile（数据文件）——HBase 实际的文件存储格式。HFile 是 Hadoop 的二进制格式文件。实际上，StoreFile 就是对 HFile 的逻辑表示，仅做了一些轻量级包装。
- HLog File（日志文件）——HBase 中 WAL（Write Ahead Log）的存储格式。物理上是 Hadoop 的 Sequence File（序列文件，一种特殊格式的文件）。

HFile 的存储格式如图 3.39 所示。

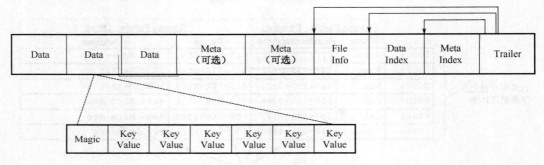

图 3.39　HFile 存储格式

可见，HFile 由以下 6 部分组成，其长度是不固定的，但其中的 Trailer 和 File Info 属性字段域的长度是固定的：

- Trailer。Trailer 中有指针指向其他数据块的起始点，即从 Trailer 中可以得到 File Info、Data Index、Meta Index 的起始位置。在读取一个 HFile 时，应首先读取 Trailer 属性。
- File Info。File Info 是记录文件的一些 Meta 信息，如 AVG_KEY_LEN、AVG_VALUE_LEN、LAST_KEY、COMPARATOR、MAX_SEQ_ID_KEY 等。
- Data Index，即记录每个 Data 块的起始点。
- Meta Index，即记录每个 Meta 块的起始点。
- Data。Data 用来保存表中的数据，这部分可以被压缩。每个数据块由头（Magic，魔术字）和一些 Key-Value 对组成，Key 的值严格按顺序存储。
- Meta（可选）。Meta 保存用户自定义的 Key-Value 对，可以被压缩。

Data 块是 HBase I/O 的基本单元。为了提高效率，HRegionServer 中采用基于最近最少使用（Least Recently Used, LRU）算法的 Block Cache 机制。每个 Data 块的大小可以在创建一个 Table 时通过参数指定，大号的块（Block）有利于顺序检索，小号的块利于随机查询。每个 Data 块除了开头的 Magic 以外就是一个个 Key-Value 对拼接而成，Magic 的内容就是一些随机数字，目的是防止数据损坏。

Data 块中的每个 Key-Value 对就是一个简单的 Byte 数组，其结构如图 3.40 所示。

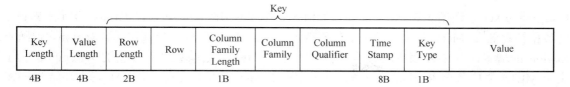

图 3.40　Data 块中的 Key-Value 对结构

Data 块中的 Key-Value 对主要包括下列内容：
- KeyLength——4 B（固定），Key 长度。
- ValueLength——4 B（固定），Value 长度。
- Key，包括：
    a）Rowlength ——2 B（固定），行的长度；
    b）Row——行的值；
    c）Column Family Length ——列族的长度；
    d）Column Family ——列族值；
    e）Column Qualifier ——列修饰符；
    f）Time Stamp——8 B（固定），时间戳；
    g）Key Type——1 B（固定），Key 操作类型（Put/Delete）。
- Value：二进制数据。

在 Region 写入某数据之前，首先检查 MemStore。如果此 Region 的 MemStore 已经存在该数据，则直接返回；如果没有该数据，那么先写入 HLog，再写入 MemStore。每个 HRegionServer 中都有一个 HLog 对象，该对象是一个实现预写日志系统（Write Ahead Log，WAL）的类。当 MemStore 内存达到一定值时，就开始清洗内存中数据保存到 HFile 中。在对 HBase 插入数据时，数据保存到内存 MemStore 会很快。对于安全性不高的应用，可以关闭 HLog 以获得更高的写性能。HFile 和 HLog 均以 HDFS 文件存储，如果在安装 HBase 时指定 hbase.rootdir 为/hbase，那么在/hbase 目录下会自动产生.logs 目录，其中有一系列日志文件，同样在/hbase/user/目录下有 HFile 文件。

当 HRegionServer 出现故障或宕机（不是优雅地关闭 HRegionServer），那么该节点上的 HRegion 数据怎么办呢？由于 HBase 是构建在 HDFS 之上的，所以 HDFS 较高的容错性为 HBase 的 Region 恢复提供了方便。当某一台 HRegionServer 出现故障时，由于 HDFS 保存了数据文件和日志文件的多个副本，该节点上的 Region 以及 HLog 对应的文件 HBase 仍然可以获得，数据并没有丢失，只是 Region 失效，所以需要恢复的不是数据而是 Region。HMaster 通过 ZooKeeper 获知哪台 HRegionServer 出现故障，对于这台设备上有哪些 HRegion，HMaster 上保存有其信息，对这些失效的 Region 只要找到对应的 HFile 就能重新将失效的 Region 分配给其他 HRegionServer。HMaster 首先会处理遗留的 HLog 文件，将其中不同 Region 的 Log 数据进行拆分，分别放到相应 Region 的目录下；然后将失效的 Region 重新分配，从而达到 Region 恢复的目的。

HBase 系统表

在 HBase 中，大部分操作都是在 HRegionServer 服务器上完成的，客户端（Client）想要插入、删除、查询数据都需要先找到相应的 HRegionServer。Client 本身并不清楚哪个

HRegionServer 管理哪些 Region，那么它如何找到相应的 HRegionServer？HBase 的所有 Region 元数据被存储在 Meta 表中，理论上只要查询 Meta 表就可以访问到所有的 Region。但随着 Region 的增多，.META.表中的数据也会不断增大，并有可能分裂成多个新的 HRegion。为了定位.META.表中各个 Region 的位置，在早期的 HBase 版本中引入了 ROOT 表来存储.META.表中所有 Region 的元数据，并将 ROOT 表置于 ZooKeeper 中。自 HBase 0.96 版本之后，不再使用 ROOT 表，直接从 ZooKeeper 中找到 hbase:meta 表的位置，然后通过 hbase:meta 表定位到 Region。

hbase:meta 表中存储了所有用户 HRegion 的位置信息。hbase:meta 表结构只有一个列族 info。Info 列族包含如下 3 个列：

- info:regioninfo——HRegion 的序列化值，包括 regionId、tableName、startKey、endKey、offline、split、replicaId；
- info:server——HRegionServer 对应的服务器的地址和端口（server:port）；
- info:serverstartcode——HRegionServer 的启动时间戳（TimesTamp）。

hbase:meta 表的 RowKey 主要由 TableName、StartKey 和 TimeStamp 三部分组成。RowKey 的格式如下：

```
rowKey:([table],[region start key],[region id])
```

其中：

- table：HRegion 所存数据的表名。
- region start key：HRegion 的第一个 RowKey，如果为空，表明这是 Table 的第一个 HRegion。在 Meta 表中，start key 靠前的 HRegion 会排在 start key 靠后的 HRegion 前面。因此，通过前后两个不同的 start key 可以算出一个的 HRegion 的 RowKey 范围。
- region id：HRegion 的 ID，通常是 Region 创建时的 TimesTamp。

查看 hbase:meta 表的语句如下：

```
scan 'hbase:meta'
```

HBase 在 HDFS 上的物理目录结构

在 HBase 配置文件中 hbase-site.ml 可以配置 <name> hbase.rootdir</name>项，默认情况下的根目录为"/hbase"，如图 3.41 所示。在使用 HBase 数据库系统前首先需要在 HDFS 系统中创建/hbase 目录。

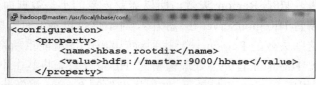

图 3.41　HBase 的根目录配置

HBase 将利用/hbase 目录创建一系列目录，这些目录对 HBase 非常重要，不能人为地添加或改变，只能查看。自 HBase 0.96 版本之后，目录结构发生了较大变化，新版本对旧版本的目录结构做了精简和优化，下面以 HBase 1.2.6 版为例介绍其目录结构。HBase 目录结构可以分为根级文件/目录、表目录和 Region 目录三大类。HBase 系统自动在/hbase 目录中创建了一系列目录，如图 3.42 所示。

```
hadoop@master:~$ hdfs dfs -ls /hbase
Found 9 items
drwxr-xr-x   - hadoop supergroup          0 2018-07-13 15:38 /hbase/.tmp
drwxr-xr-x   - hadoop supergroup          0 2018-07-13 15:38 /hbase/MasterProcWALs
drwxr-xr-x   - hadoop supergroup          0 2018-07-13 15:38 /hbase/WALs
drwxr-xr-x   - hadoop supergroup          0 2018-07-13 15:51 /hbase/archive
drwxr-xr-x   - hadoop supergroup          0 2018-05-13 21:56 /hbase/corrupt
drwxr-xr-x   - hadoop supergroup          0 2018-04-09 16:38 /hbase/data
-rw-r--r--   3 hadoop supergroup         42 2018-04-09 13:30 /hbase/hbase.id
-rw-r--r--   3 hadoop supergroup          7 2018-04-09 13:30 /hbase/hbase.version
drwxr-xr-x   - hadoop supergroup          0 2018-07-14 07:55 /hbase/oldWALs
hadoop@master:~$
```

图 3.42　HBase 在/hbase 目录中创建的目录

这些目录的主要作用如下：

（1）/hbase/.tmp——临时目录，当对表实施创建和删除操作时，会将表转移到该目录下，然后进行操作。

（2）/hbase/MasterProcWALs——存储 HMaster 在处理数据时需要保存的日志信息。

（3）/hbase/WALs——存储 HRegionServer 在处理数据插入和删除的过程中记录操作内容的一种日志。

（4）/hbase/archive——HBase 在完成 Split 或者 Compact 操作之后，会将 HFile 移到 archive 目录下，然后将之前的 HFile 删除掉。该目录由 HMaster 上的一个定时任务定期清理。

（5）/hbase/corrupt——存储 HBase 操作损坏的日志文件，一般都是空的。

（6）/hbase/data——HBase 的核心目录，HBase 0.98 后的版本支持名字空间（NameSpace）的概念模型，系统会预置两个默认的名字空间（hbase 和 default）。图 3.43 示出了创建名字空间为"njit"后/hbase/data 目录的变化。只要在"njit"这个名字空间中创建的表，均被保存在这个名字空间中，如图 3.44 所示。如果创建表未指定名字空间，则该表的数据将被置于/hbase/data/default 目录中。HBase 在这个名字空间下存储了 HBase 的系统表，即 namespace、meta 两张表，这里的 meta 表跟 HBase 0.94 版本的.META.是一样的。名字空间中存储了 HBase 中的所有名字空间信息，包括预置的 hbase 和 default。

```
hadoop@master:~$ hdfs dfs -ls /hbase/data/
Found 4 items
drwxr-xr-x   - hadoop supergroup          0 2018-05-13 22:09 /hbase/data/default
drwxr-xr-x   - hadoop supergroup          0 2018-04-09 13:31 /hbase/data/hbase
drwxr-xr-x   - hadoop supergroup          0 2018-04-12 08:07 /hbase/data/my
drwxr-xr-x   - hadoop supergroup          0 2018-04-09 16:38 /hbase/data/our
hadoop@master:~$ hbase shell
HBase Shell; enter 'help<RETURN>' for list of supported commands.
Type "exit<RETURN>" to leave the HBase Shell
Version 1.2.6, rUnknown, Mon May 29 02:25:32 CDT 2017

hbase(main):001:0> create_namespace 'njit'
0 row(s) in 0.2560 seconds

hbase(main):002:0> exit
hadoop@master:~$ hdfs dfs -ls /hbase/data/
Found 5 items
drwxr-xr-x   - hadoop supergroup          0 2018-05-13 22:09 /hbase/data/default
drwxr-xr-x   - hadoop supergroup          0 2018-04-09 13:31 /hbase/data/hbase
drwxr-xr-x   - hadoop supergroup          0 2018-04-12 08:07 /hbase/data/my
drwxr-xr-x   - hadoop supergroup          0 2018-07-14 08:41 /hbase/data/njit
drwxr-xr-x   - hadoop supergroup          0 2018-04-09 16:38 /hbase/data/our
hadoop@master:~$
```

图 3.43　创建名字空间后/hbase/data 目录的变化

在名字空间目录下是表目录，例如 njit 目录下有表目录 stu，表目录下包括 3 个目录，即 tabledesc、tmp 和 Region 目录，如图 3.45 所示，其中以 a09 开头的目录就是 Region 目录（Region 名）。Region 目录下是 Region 信息文件.regioninfo、列族目录和临时文件目录 recovered.edits

等，如图 3.46 所示。

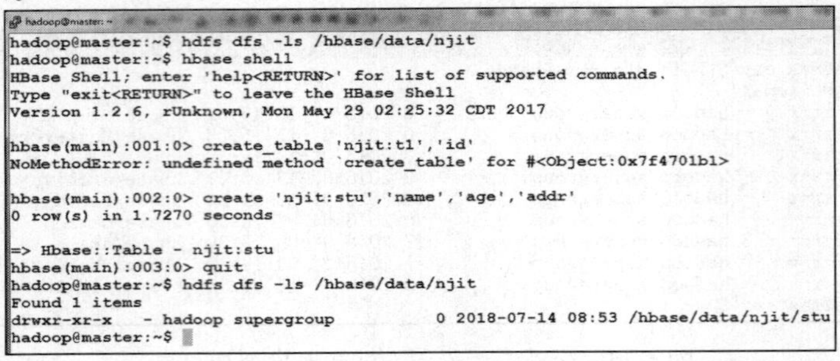

图 3.44　在 njit 名字空间中创建表 stu 后 /hbase/data/njit 目录的变化

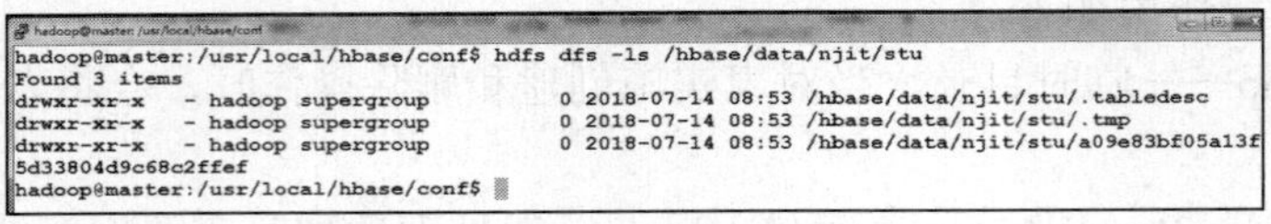

图 3.45　stu 表目录下的目录

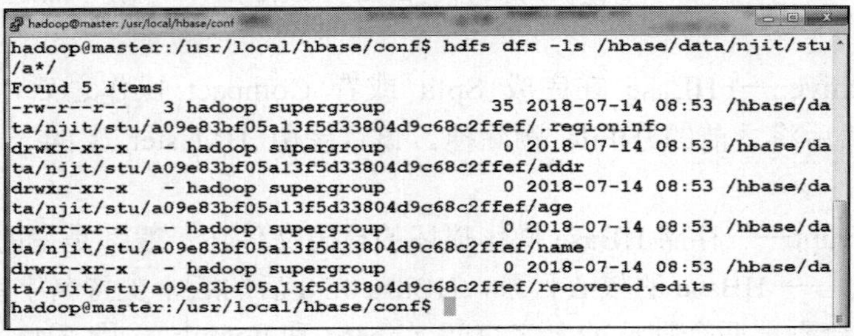

图 3.46　Region 目录中的内容

（7）/hbase/hbase.id——一个文件，存储集群唯一的 ID 号，是一个 UUID。

（8）/hbase/hbase.version——也是一个文件，存储集群的版本号，是加密的，看不到，只能通过 Web UI 才能正确显示出来。

（9）/hbase/oldWALs——当 WALs 文件夹中的 HLog 没有用之后会移到 .oldlogs 中，HMaster 会定期去清理。

HBase 数据读写

HRegionServer 是 HBase 中的核心模块，图 3.47 示出了它向 HDFS 文件系统中读写数据的基本原理。可以看出，HRegionServer 内部管理了一系列 Region 对象和 HLog 文件。其中，HLog 文件是磁盘上面的记录文件，记录着所有的更新操作。每个 Region 对象又是由多个 Store 组成的，每个 Store 对应了表中的每个列族的存储。每个 Store 又包含了 1 个 MemStore 和若干个 StoreFile。

HBase 写操作的步骤如下：

▶ Client 通过 ZooKeeper 的调度，向 HRegionServer 发出写数据请求，要求在 Region 中写数据。

▶ 数据被写入 Region 的内存 MemStore，若 MemStore 内存占用达到预设阈值，MemStore 中的数据就被移出并写到新的文件 HFile 中。

- 随着 HFile 文件数量的不断增加，达到一定阈值后触发合并操作，将多个 HFile 合并成一个大的 HFile。
- 当单个 HFile 大小超过一定阈值后，触发分割操作，把当前 HRegion 分成 2 个新的 Region。老的 Region 将被移走，新的 Region 重新分配给不同的 HRegionServer。

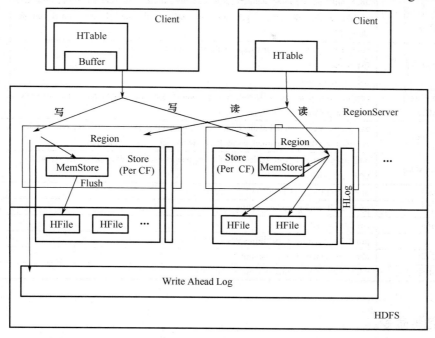

图 3.47　HRegionServer 向 HDFS 文件系统中读写数据的基本原理

HBase 读操作的步骤如下：
- 客户端访问.META.表信息。
- 从.META.表查找，获取存放目标数据的 Region 信息，从而找到对应的 HRegionServer。
- 通过 HRegionServer 获取需要查找的数据，读请求先到 MemStore 中查数据，查不到就到 BlockCache 中查找；如果再查不到就会到 StoreFile 上去读数据，并把读的结果放入 BlockCache 中。

HBase 应用编程

安装 Hadoop 时，只包含 HDFS 和 MapReduce 等核心组件，并不包含 HBase。因此，HBase 需要单独安装后才能使用。

HBase Shell 基本操作

HBase Shell 提供了许多 HBase 命令，用户通过 HBase Shell 命令不但可以方便地创建、删除和修改表，还可以向表中添加数据和列出表中的相关信息等。HBase Shell 命令分为 12 组（如表 3.8 所示），其中比较常用的是数据定义语言（DDL）、名字空间（Namespace）以及数据操作语言（DML），这三组常用命令的使用示例如下：

表 3.8　HBase Shell 命令汇总

组　名	命　令	备注
通用（General）	status, table_help, version, whoami	
数据定义语言（DDL）	alter, alter_async, alter_status, create, describe, disable, disable_all, drop, drop_all, enable, enable_all, exists, get_table, is_disabled, is_enabled, list, locate_region, show_filter	
名字空间	alter_namespace, create_namespace, describe_namespace_tables list_namespace list_namespace_tables	
数据操作语言（DML）	append, count, delete, deleteall, get, get_count, get_splits, incr, put, scan, truncate, truncate_preserve	
工具（Tool）	assign, balance_switch, balancer, balancer_enlogjanitor_switch, close_region, compact, compact_rs, flulizer_enabled, normalizer_switch, split, trace, unassign,	
复制（Replication）	add_peer, append_peer_tableCFs, disable_peer,eplication, list_peers, list_replicated_tables, remove_petableCFs	
快照（Snapshot）	clone_snapshot, delete_all_snapshot, delete_s	
配置	update_all_config, update_config	
指标	list_quotas, set_quota	
安全	grant, list_security_capabilities, revoke, us	
过程	abort_procedure, list_procedures	
可视化标记	add_labels, clear_auths, get_auths, list_labe	

名字空间命令

在 HBase 中，名字空间（Namespace）指对一组表的逻辑分组，类似于关系数据库中的数据库，方便对表在业务上划分。Apache HBase 从 0.98.0、0.95.2 两个版本开始支持对名字空间级别的授权操作；HBase 全局管理员可以创建、修改和回收对名字空间的授权。

（1）创建名字空间：

　　create_namespace 'namespace_name'

（2）修改名字空间：

　　alter_namespace 'namespace_name'

（3）删除名字空间：

　　drop_namespace 'namespace_name'

删除时应确保该名字空间为空，没有任何表包含在内。

（4）查看名字空间：

　　describe_namespace 'namespace_name'

（5）列出所有名字空间：

　　list_namespace

（6）列出名字空间中的所有表：

　　list_namespace_tables 'namespace_name'

注意，在使用 HBase Shell 前，首先需要连接 HBase，命令如下：

　　$ ./bin/hbase shell

作为名字空间操作命令示例，创建、查看、显示名字空间"njit"的过程如图 3.48 所示。该示例演示了从最后的命令 list_namespace_tables 'hbase' 可以看出名字空间"hbase"下有两张系统表：meta 和 namespace。

```
hadoop@master:/usr/local/hbase$ ./bin/hbase shell
HBase Shell; enter 'help<RETURN>' for list of supported commands.
Type "exit<RETURN>" to leave the HBase Shell
Version 1.2.6, rUnknown, Mon May 29 02:25:32 CDT 2017

hbase(main):001:0> create_namespace 'njit'
0 row(s) in 0.2620 seconds

hbase(main):002:0> describe_namespace 'njit'
DESCRIPTION
{NAME => 'njit'}
1 row(s) in 0.0150 seconds

hbase(main):003:0> list_namespace
NAMESPACE
default
hbase
my
njit
our
5 row(s) in 0.0270 seconds

hbase(main):004:0> list_namespace_tables 'hbase'
TABLE
meta
namespace
2 row(s) in 0.0200 seconds
```

图 3.48　名字空间操作命令示例

数据定义语言（DDL）命令

数据定义语言（DDL）命令主要用于创建、删除、使能、查看表对象的命令。下面以 HBase 存储大学生选修课程考试成绩为例说明几个 DDL 命令的使用方法。HBase 表是由 Key-Value 组成的，如表 3.9 所示。该表名字为"course"，包含两个列族：学生信息（stuinfo）和成绩（score）。学生信息又包含两列：姓名和年龄；以学号作为 RowKey，并将该表放在名字空间"njit"中。

表 3.9　学生考试成绩表

RowKey （学号）	学生信息（stuinfo）(CF)		成绩（score）(CF)		
	姓名 (name)	年龄 (age)	英语 (english)	数学 (math)	计算机(computer)
201809001	zhangjun	18	85	90	未选
201809001	libing	17	未选	89	86

（1）创建表：
　　create 'njit:course', 'stuinfo','score'
如果去掉表名"course"前的"njit:"则该表将放置在默认名字空间"default"中。建表时不需要指定 RowKey，因 RowKey 隐含在表中，这一点不同于关系数据库。

（2）查看表结构：
　　decribe 'njit:course'

（3）删除表：
　　drop 'njit:course'
删除表时必须确保该表已经失效。

(4) 使能表：
```
disable 'njit:course'        //使该表无效
enable  'njit:course'        //使该表有效
```

数据操作语言（DML）命令

数据操作语言（DML）命令主要用于对表结构的数据进行处理，包括插入、修改、删除和查询等操作。

1. 插入数据

在向 HBase 的表中添加数据时，只能一列一列地添加，不能同时添加多列，这就好比面向行的关系数据库只能一行一行插入一样。

```
put 'njit:course', '201809001', 'stuinfo:name','zhangjun'
put 'njit:course', '201809001', 'stuinfo:age','18'
put 'njit:course', '201809001', 'score:english','85'
put 'njit:course', '201809001', 'score:math','90'

put 'njit:course', '201809002', 'stuinfo:name','libing'
put 'njit:course', '201809002', 'stuinfo:age','17'
put 'njit:course', '201809002', 'score:math','89'
put 'njit:course', '201809002', 'score:computer','86'
```

2. 查询数据

查询部分数据时使用 get 命令，但使用 get 命令时必须使用 RowKey 查询；查询所有数据时使用 scan 命令。

```
get 'njit:course' '201809001'                //查看学号为201809001的信息
get 'njit:course','201809001','score:english'  //查询学号为201809001的英语成绩
#查询学号为201809001的英语成绩以及姓名
get 'njit:course','201809001','score:english','stuinfo:name'
scan 'njit:course'           //查看表中所有数据
```

也可以将查询结果保存到指定的文件中，命令如下：

```
echo "scan 'tablename', {LIMIT=>1}" | hbase shell > outfile.txt
```

注意，该命令直接在 Linux 命令提示符下执行。

3. 修改数据

```
put 'njit:course','201809001','score:math','96'
```

HBase 中存放数据的单元格（Cell）可能存在多个版本，如果只允许 1 个版本，则上述语句是修改当前单元的数据；否则，实际上可能是在同一单元格中增加 1 个版本。默认情况下版本数是 1，可以修改表结构的版本数，例如修改 course 表的列族 score 最多存储 3 个版本，其命令如下：

```
alter 'njit:course',{NAME=>'score',VERSIONS=>'3'}
```

如图 3.49 所示，score:math 数据增加了一个新的版本。如果已经存在 3 个版本的数据，则再次执行上述语句时，会替换第一个版本的数据。

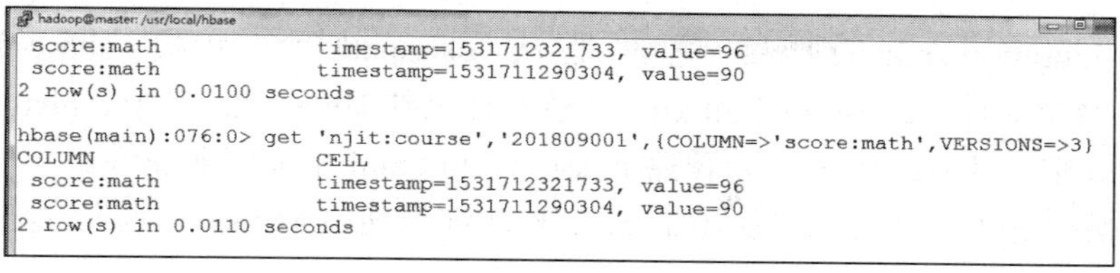

```
hadoop@master: /usr/local/hbase
 score:math              timestamp=1531712321733, value=96
 score:math              timestamp=1531711290304, value=90
2 row(s) in 0.0100 seconds

hbase(main):076:0> get 'njit:course','201809001',{COLUMN=>'score:math',VERSIONS=>3}
COLUMN                   CELL
 score:math              timestamp=1531712321733, value=96
 score:math              timestamp=1531711290304, value=90
2 row(s) in 0.0110 seconds
```

图 3.49　njit:course 表的 info 列族保存了两个版本的 score:math 数据

4. 删除数据

删除整个表的数据时使用 truncate 命令；删除某个 RowKey 的数据时可以使用 deleteall 命令；删除单列值时使用 delete 命令，并且必须指定时间戳。

```
truncate 'njit:course'                        //清空整个表的数据
deleteall 'njit:course','201809001'      //删除学号为 201809001 的所有信息
#删除学号为 201809001 的数学成绩
delete 'njit:course','201809001','score:math',1531715528804
```

HBase 访问接口

HBase 提供了 Native Java API、HBase Shell、Thrift Gateway、REST Gateway、Pig 和 Hive 多种访问方式。表 3.10 示出了 HBase 访问接口的类型、特点和应用场景。

表 3.10　HBase 访问接口

类　型	特　点	应用场景
Native Java API	最常规、高效的访问方式	适合 Hadoop MapReduce 作业并行批处理 HBase 表数据
HBase Shell	HBase 的命令行工具，最简单的接口	适合 HBase 管理使用
Thrift Gateway	利用 Thrift 序列化技术，支持 C++、PHP、Python 等多种语言	适合其他异构系统在线访问 HBase 表数据
REST Gateway	没有语言限制	支持 REST 风格的 HTTP API 访问 HBase
Pig/Hive	使用 Pig Latin 流式编程语言来处理 HBase 中的数据/简单	适合做数据统计/当需要以类似于 SQL 语言方式来访问 HBase 时

其中，基于 Native Java API 接口进行编程的步骤如下：

（1）创建一个 Configuration 对象，包含各种配置信息。

```
Configuration conf = HbaseConfiguration.create();
```

（2）构建一个 HTable 句柄，提供 Configuration 对象，以及待访问 Table 的名称。

```
HTable table = new HTable(conf, tableName);
```

（3）执行相应的操作，包括 put、get、delete、scan 等操作。

```
table.getTableName();
```

（4）关闭 HTable 句柄，将内存数据刷新到磁盘上，并释放各种资源。

```
table.close();
```

HbaseConfiguration.create() 内部逻辑是从 classpath 中加载 hbase-default.xml 和 hbase-site.xml 两个文件。hbase-default.xml 已经被打包到 Hbase jar 包中。hbase-site.xml 需要添加到 classpath 中。hbase-site.xml 将覆盖 hbase-default.xml 中的同名属性。

作为应用编程示例，下列代码演示了 Java 程序如何连接 HBase 并执行创建表 my_test 的过程。

```
1  import java.io.IOException;
2  import org.apache.hadoop.conf.Configuration;
3  import org.apache.hadoop.hbase.util.Bytes;
4  import org.apache.hadoop.hbase.*;
5  import org.apache.hadoop.hbase.client.*;
6
7  public class HBaseTest {
8    static Configuration cfg = HBaseConfiguration.create();
9    //通过 HBaseAdmin HTableDescriptor 来创建一个新表
10   public static void create(String tableName, String columnFamily)
        throws Exception{
11     HBaseAdmin admin = new HBaseAdmin(cfg);
12     if(admin.tableExists(tableName)){
13        System.out.println("Table exist");
14        System.exit(0);
15     }
16     else
17     {
18  HTableDescriptor tableDescriptor = new HTableDescriptor(tableName);
19      tableDescriptor.addFamily(new HColumnDescriptor(columnFamily));
20        admin.createTable(tableDescriptor);
21        System.out.println("Table create success");
22     }
23   }
24
25   //添加一条数据，通过 HTable Put 为已存在的表添加数据
26   public static void put(String tableName,String row,String columnFamily,
        String column,String data) throws IOException{
27      HTable table = new HTable(cfg, tableName);
28   Put put = new Put(Bytes.toBytes(row));
29 put.add(Bytes.toBytes(columnFamily),Bytes.toBytes(column),Bytes.toBytes(data));
30      table.put(put);
31   System.out.println("put success");
32   }
33   //获取 tableName 表里列为 row 的结果集
34  public static void get(String tableName,String row) throws IOException{
```

```java
35        HTable table = new HTable(cfg, tableName);
36        Get get = new Get(Bytes.toBytes(row));
37        Result result = table.get(get);
38        System.out.println("get "+ result);
39    }
40
41    //通过HTable Scan 来获取tableName表的所有数据信息
42    public static void scan (String tableName) throws IOException{
43        HTable table = new HTable(cfg, tableName);
44        Scan scan = new Scan();
45        ResultScanner resultScanner = table.getScanner(scan);
46        for(Result s:resultScanner){
47            System.out.println("Scan "+ resultScanner);
48        }
49    }
50
51    public static boolean delete(String tableName) throws Exception{
52        HBaseAdmin admin = new HBaseAdmin(cfg);
53        if(admin.tableExists(tableName)){
54            try {
55                admin.disableTable(tableName);
56                admin.deleteTable(tableName);
57            } catch (Exception e) {
58            // TODO: handle exception
59                e.printStackTrace();
60                return false;
61            }
62        }
63        return true;
64    }
65
66    public static void main(String[] args) {
67        String tableName = "my_test";
68        String columnFamily = "info";
69
70        try {
71            HBaseTest.create(tableName, columnFamily);
72          HBaseTest.put(tableName, "row1", columnFamily, "column1", "data1");
73            HBaseTest.get(tableName, "row1");
74            HBaseTest.scan(tableName);
75    //    if(HBaseTest.delete(tableName)==true){
76    //      System.out.println("delete table "+ tableName+"success");
77    //        }
78
```

```
79            } catch (Exception e) {e.printStackTrace();;}
80        }
81 }
```

编译该程序需要用到 HBase 安装目录下的 jar 开发包。jar 开发包必须包含在 classpath 环境变量中，HBase 提供了 hbase classpath 命令用于输出 HBase 应用 jar 开发包，因此在/etc/profile 文件中设置$(${HASE_HOME/bin/hbase classpath})就能导入 HBase jar 开发包。HBaseTest 程序运行打印信息如图 3.50 所示。

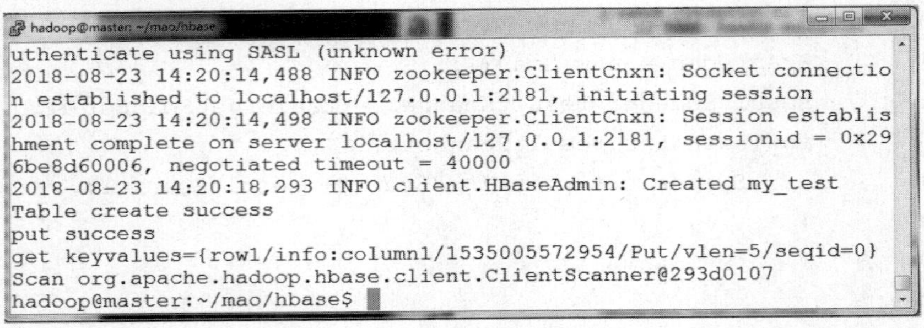

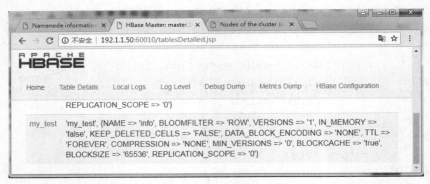

图 3.50　HBaseTest 程序在 Hadoop 平台运行打印信息

执行完后打开 HBase Web 管理界面，可以看到 my_test 表已经创建并查看该表的结构，如图 3.51 所示。

图 3.51　通过 HBase Web 管理页面查看 my_test 表结构

练习

1. HBase 数据库系统中的表数据主要存储于下列哪种服务器上？（　　）
   a. HMaster　　　b. HRegionServer　　　c. ZooKeeper　　　d. NameNode
2. HBase 的物理存储单元是什么？（　　）
   a. Region　　　b. Column Family　　　c. Column　　　d. 行
3. HBase 会先将数据写入到（　　）。
   a. MemStore　　　b. HFile　　　c. StoreFile　　　d.HLog
4. 某台 HRegionServer 服务器出现意外故障，最早知道这一信息的设备是（　　）。
   a. HMaster　　　　　　　　　　b. 同一集群中的其他 HRegionServer
   c. HBase 客户端　　　　　　　　d. ZooKeeper

5. 下列哪个参数设置了 HBase 数据文件和日志文件的存放路径？（ ）
   a. hbase.tmp.dir   b. hbase.rootdir
   c. hbase.zookeeper.quorum   d. hbase.regionserver.maxlogs
6. 下列哪个结构不属于 HBase 存储类别？（ ）
   a. Table   b. Region   c. Store   d. Meta
7. 以下对列族的描述，错误的是（ ）。
   a. 列族必须在创建表时定义   b. 表的列族无法改变
   c. HBase 是以列作为保存单元而非列族   d. 列在列族中是有序的
8. 列出名字空间中所有表的命令是（ ）。
   a. describe_namespace   b. list_namespace
   c. scan_namespace   d. get_namespace
9. 创建表对象的语句属于（ ）中的命令。
   a. DDL   b. DML   c. DCL   d. 通用组
10. 简述 HBase 客户端读写数据的流程。

补充练习

1. 讨论 HBase 表有哪些特点。
2. 编写 Java 程序在 HBase 数据库创建表 emp，该 emp 有工号（作为 RowKey）和员工信息两个列族。
3. 讨论为什么使用 get 命令查询数据必须带有 RowKey 值。
4. 对于本章示例中的学生考试成绩表，如果使用关系数据库，则应该如何设计才合适？对比两种设计方式各有何优缺点？

本 章 小 结

本章针对大数据存储与管理问题，详细讨论了分布式存储系统、分布式文件系统（HDFS）、非关系数据库（NoSQL）和分布式数据库（HBase），并给出了相关的编程技术及应用示例。

分布式存储系统是将数据分散存储在多台独立的设备上。传统的网络存储系统采用集中的存储服务器存放所有数据；存储服务器成为系统性能的瓶颈，也是可靠性和安全性的焦点，它不能满足大规模存储应用的需要。分布式网络存储系统采用可扩展的系统结构，利用多台存储服务器分担存储负荷，利用位置服务器定位存储信息，不但提高了系统的可靠性、可用性和存取效率，还易于扩展。

Hadoop 分布式文件系统（HDFS）是大数据时代解决大规模数据存储问题的有效解决方案。HDFS 作为 Hadoop 最重要的组成模块开源实现了 GFS，可利用廉价的硬件设备所构成的计算机集群实现海量数据的分布式存储。其中，"块"是 HDFS 的核心概念，一个大的文件会被拆分成很多个块。HDFS 采用了主从（Master/Slave）结构模型，一个 HDFS 集群包括一个名称节点和若干个数据节点。名称节点负责管理 HDFS 的命名空间；数据节点是 HDFS 的工作节点，负责数据的存储和读写。HDFS 采用了冗余数据存储，增强了数据的可靠性，加快了数据传输速度。

NoSQL 数据库能够较好地满足大数据时代各种非结构化数据的存储需求。NoSQL 数据库主要包括键值存储数据库、列族存储数据库、文档型数据库和图形数据库 4 种类型。CAP、BASE 和最终一致性是 NoSQL 数据库的三大理论基础。NoSQL 数据库无论是 Key-Value、列族、文档型等都是水平扩展的，它们都不需要预先定义操作模式，也不需要在需求改变时改变操作模式。因此，NoSQL 具备较好的"横向扩展"能力，同时数据管理也非常简便。但值得指出的是，传统的关系数据库与 NoSQL 数据库各有所长，都有各自的应用空间。NoSQL 数据库并不是要取代现在广泛应用的关系数据库，而是采用一种非关系型的方式解决非结构化数据的存储和计算问题。由于 NoSQL 中没有像传统数据库那样定义数据的组织方式为关系型方式，所以内部的数据组织采用了非关系型方式。NoSQL 技术之所以能够在大数据冲击互联网的情况下脱颖而出，主要是因为 NoSQL 不需要很复杂的操作，即模式的构建。

　　模式构建对于数据库的提升和扩展非常重要。非关系数据库提出另一种理念，以键值对存储数据，且结构不固定，每一个元组可以有不一样的字段，每个元组可以根据需要增加一些自己的键值对，这样就不会局限于固定的结构，因此可以减少一些时间和空间的开销，特别适合稀疏矩阵型数据的存储。用户可以根据需要去添加自己需要的字段，因此为了获取用户存储的信息，不需要像关系数据库那样对多表进行关联查询，而只需根据 Key 取出相应的 Value 就可以完成查询。但非关系数据库由于有很少的约束，不能提供像 SQL 所提供的"where"这种对字段属性值的查询，并且难以体现设计的完整性，所以只适合存储一些较为简单的数据；对于需要进行较复杂查询的数据，SQL 数据库显得更为合适。

　　HBase 是 BigTable 的开源实现，它与 BigTable 一样支持大规模海量数据存储、分布式并发数据处理，易于扩展且支持动态伸缩，适于廉价设备。HBase 的系统架构包括客户端、ZooKeeper 服务器、Master、Region 服务器。客户端包含访问 HBase 的接口；ZooKeeper 服务器负责提供稳定、可靠的协同管理服务；Master 主要负责表和 Region 的管理工作；Region 服务器负责维护分配给自己的 Region，并响应用户的读写请求。HBase 实际上是一个稀疏、多维、持久化存储的映射表，采用行键、列键和时间戳进行索引，每个值都是未经解释的字符串。HBase 采用分区存储，一个大的表会被拆分为多个 Region，这些 Region 会被分发到不同的服务器上实现分布式存储。Region 支持 Native Java API、HBase Shell、Thrift Gateway、REST Gateway、Pig 和 Hive 等多种访问接口，可以根据具体应用场景选择相应的访问方式。

小测验

1. 应用系统中引入高速缓存的目的是（　　）。
　　a. 提高应用系统的可靠性　　　　b. 提高应用系统的读写速度
　　c. 提高应用系统的吞吐量　　　　d. 提高应用系统的便捷性
2. 分布式存储具有较好的数据容灾能力是指（　　）。
　　a. 服务器节点比较可靠　　　　　b. 网络质量好
　　c. 服务器软件可靠　　　　　　　d. 数据在多个节点上存储多个副本
3. Hadoop 被 Linux 用户"wang"启动运行，默认情况下 Hadoop 的临时文件目录为（　　）。
　　a. /tmp　　b. /tmp/wang　　c. /home/wang/tmp　　d. /home/wang/hadoop/tmp
4. HDFS 是基于流数据模式访问和处理超大文件的需求而开发的，具有高容错、高可靠性、高可扩展性、高吞吐量等特征，它适合的读写任务是（　　）。

a. 一次写入，少次读 b. 多次写入，少次读
   c. 多次写入，多次读 d. 一次写入，多次读
5. 以下对于 HDFS 描述，不正确的是（　　）。
   a. HDFS 是一个使用 Java 编写的分布式文件系统
   b. HDFS 由 NameNode、DataNode、Client 组成
   c. HDFS 不支持标准的 POSIX 文件接口
   d. HDFS 支持对已有数据进行修改
6. 下列哪个 HDFS Shell 命令可以获得文件/demo/a.txt 的 Block 复制份数？（　　）
   a. hdfs dfs －ls /demo/a.txt b. hdfs －du －s /demo/a.txt
   c. hdfs dfs －setrep /demo/a.txt d. hdfs －cat /demo/a.txt
7. 在实验集群的 Master 节点使用 jps 命令查看进程时，终端出现以下哪项能说明 Hadoop 主节点启动成功？（　　）
   a. NameNode, DataNode, TaskTracker b. NameNode, DataNode, secondary NameNode
   c. NameNode, DataNode, HMaster d. NameNode, JobTracker, Secondary NameNode
8. 下列关系数据库中的 SQL 语句属于 DDL 语言的是（　　）。
   a. create b. delete c. select d. update
9. 下列哪条不是 NoSQL 可以横向扩展的原因？（　　）
   a. NoSQL 数据不再按事先定义好的模式存储数据
   b. NoSQL 不支持分布式事务
   c. NoSQL 支持 SQL 的复杂查询
   d. NoSQL 支持结构化、半结构化、非结构化数据类型
10. HBase 通过（　　）找到数据对应的 HRegionServer。
    a. meta 表中的 rowkey:start key b. meta 表中的 info:server
    c. meta 表中的 rowkey:start key 和 info:server
    d. meta 表中的 rowkey:table、rowkey:start key 和 info:server
11. 删除表结构发现命令无效，其主要原因最可能是（　　）。
    a. 表中有数据 b. 表处于有效状态，必须先执行使表无效的命令
    c. 有其他表关联该表 d. 表处于无效状态，必须先执行使表有效的命令
12. HBase 是分布式列存储系统，其记录按什么集中存放？（　　）
    a. 列族 b. 列 c. 行 d. 不确定
13. 客户端 A 连接集群中的节点 A，然后执行命令 set mykey abc；客户端 B 连接集群中的节点 C，然后执行 get mykey。请问：客户端 B 的输出结果是什么？（　　）
    a. nil b. abc c. 空字符 d. 不好说

第四章 大数据分析与计算

概　　述

大数据的存储问题解决之后，接下来的工作就是怎样分析处理大数据。大数据分布式处理可以用来解决海量数据、异构数据等多种问题带来的数据分析难题。大数据分析处理的主要内容涵盖如下方面：

（1）数据挖掘算法。数据挖掘算法是大数据分析的核心理论，各种挖掘算法基于不同的数据类型和格式才能科学地呈现出数据本身的特征。也是因为有这些数据挖掘算法才能更快速地处理大数据，才能深入数据内部挖掘出公认的数据价值。如果一个算法得花上好几年才能得出结论，那大数据的价值也就无从说起了。

（2）大数据预测性分析。大数据分析最终要应用的领域之一是预测性分析，从大数据中挖掘出特点，通过科学地建立模型，之后便可以通过模型代入新的数据，从而预测未来的数据。

（3）大数据可视化分析。大数据分析的使用者有大数据分析专家，同时还有普通用户，但是他们对于大数据分析最基本的要求都是能够可视化分析，因为可视化分析能够直观地呈现大数据特点，同时能够非常容易地被读者所接受。

本章主要讨论大数据分析的基本概念及其方法、大数据挖掘过程中使用的典型算法，然后介绍大数据的分布式处理系统（MapReduce/Spark）及其应用。

第一节　大数据分析

大数据分析是从海量数据中提取信息的过程。它以机器学习算法为基础，通过模拟人类的学习行为，获取新的知识或技能，并不断改善分析的方法。大数据分析从很多学科中汲取了重要的成果，包括统计学、人工智能、信息论、认知科学、计算复杂性和控制等。本节的内容并不追求涵盖每一种学科成果，而是简单介绍大数据分析的基本概念、类别，然后在此基础上，讨论大数据分析的基本方法，主要包括统计数据分析、基于机器学习的数据分析、流数据分析及图的数据分析。

学习目标

- ▶ 了解大数据分析计算模式的多样性与复杂性；
- ▶ 掌握查询分析计算、流式数据分析、图数据分析及其应用场景。

关键知识点

- ▶ 大数据查询分析、流式数据分析和图数据分析。

何谓大数据分析

数据分析是指用适当的统计方法对收集到的大量数据进行分析,将它们加以汇总和理解并消化,以求最大化洞见数据价值,发挥大数据的作用。当今越来越多的应用领域都涉及大数据。大数据不仅在数量、速度、多样性等方面呈现出了不断变化的复杂性,在处理方法上也与传统的数据方式有很大不同。只有通过对不同领域的大数据采用不同的分析方法,才能挖掘出对本领域业务有价值的信息,进而促进相应业务的发展。什么是大数据分析呢?

顾名思义,大数据分析是指对规模巨大的数据进行分析,将大量的原始数据转换成"关于数据的数据"的过程。它通过多个学科技术的融合,实现数据的采集、管理和分析,从而发现新的知识和规律,是从数据到信息,再到知识、智慧的关键步骤。相对于传统的数据分析,大数据分析的处理理念有如下三个明显特点:

▶ 数据采用全体而不是抽样;
▶ 分析要的是效率而不是绝对精确;
▶ 分析结果要的是相关性而不是因果性。

可见,大数据分析首先要解决的是海量、结构多变、动态实时的数据存储与计算问题。这些问题在大数据解决方案中至关重要,决定了大数据分析的最终结果。进行大数据分析时,需要有一套以数据驱动为核心的流程体系以便通过数据去洞察本质问题,保证通过输入的数据依照流程就能高效地得到分析结果。以美国福特公司利用大数据促进汽车销售为例,初步认识一下大数据分析,如图 4.1 所示。由此可见,大数据分析流程包括:提出和问题定义、数据采集和预处理、数据分析、可视化、结果应用与评估几个环节。

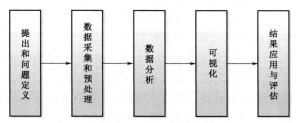

图 4.1 以福特促进汽车销售为例的大数据分析流程

▶ 提出和问题定义:包括识别和设计数据需求,重点在于将业务问题转化为分析目标,如用大数据分析技术来提升汽车销售业绩。
▶ 数据采集和预处理:有目的的采集所需要的外部数据是确保数据分析有效的基础。需要对所采集数据的内容、渠道、方法进行策划,如第三方合同网站、区域经济数据、销售业绩数据等,要注意防止数据丢失和虚假数据对系统的干扰。
▶ 数据分析:对采集的数据进行数据挖掘,为销售提供精准的、可靠的分析结果,即提供多种可能的促销分析方案。
▶ 可视化:即可视化分析,直观展示数据,让数据自己说话,让用户听到结果。既呈现大数据的特点,又能够非常容易地被用户所接受,就如同看图说话。
▶ 结果应用与评估:根据数据挖掘分析结果实施有针对性的促销计划,建立大数据促销模型,并评估其有效性。例如,与传统的广告促销相比较,提供大数据创新营销方案,评价是否大幅度提高了汽车销售业绩,并对促销方案进行改进、修订。

大数据分析的类别

大数据分析的主要类别可以归纳为如下几种。

预测性分析

大数据分析最普遍的应用就是预测性分析，从大数据中挖掘出有价值的知识和规则。通过科学建构预测模型呈现出结果，然后将新的数据代入预测模型，进而预测未知。例如，麻省理工学院的研究者约翰·古塔格（John Guttag）和柯林·斯塔尔兹（Collin Stultz）创建了一个计算机预测模型来分析心脏病患者丢弃的心电图数据，他们利用数据挖掘算法和机器学习在海量的数量中筛选，发现心电图中出现三类异常者一年内死于第二次心脏病发作的概率比未出现者高1～2倍。这种新方法能够预测出更多的、无法通过现有的风险筛查出的高危病人。预测模型能够捕捉各个因素之间的联系，以评估风险及与之相关的潜在的条件，从而指导方案的决策。就商业领域而言，预测模型从历史和交易数据探索规律，以识别可能的风险和商机。

预测性分析涵盖了各种统计学技术，包括利用预测模型、机器学习、数据挖掘等技术来分析当前及历史数据，从而对未来或其他不确定的事件进行预测。预测分析方法广泛应用于各领域，包括商品营销、金融服务、卫生保健、保险、电信、旅行、制药，以及发展规划及其他领域。其中一个较为著名的应用是信用评分，这项应用贯穿了整个金融服务体系。评分模型通过处理一个客户的信用记录、贷款申请、客户数据等，从而分析个体（客户）在未来还贷的可能性，并依照分析结果将客户依次排序。

预测性分析首先给出"可能发生什么？"即事件未来发生的可能性，一个可量化的预测值，或者预估事情发生的时间点等。这些都可以通过预测模型来完成。

预测性分析的下一步是指令型分析：需要做什么？指令分析是在基于对"发生了什么""为什么会发生"和"可能发生什么"的分析基础上，帮助用户决定应该采取什么措施。通常情况下，指令型分析不作为单独使用的方法，而是在所有分析方法都完成之后，最后需要完成的一种分析方法。例如，交通规划分析就是考量了每条路线的距离、每条线路的行驶速度，以及目前交通管制等方面的因素后，来帮助选择最好行车路线的。

可视化分析

可视化是帮助大数据分析用户理解数据和解析数据分析结果的有效方法。不管是对数据分析专家还是对普通用户来说，对大数据分析的基本要求就是可视化分析。因为可视化分析能够直观地呈现大数据的特点，帮助人们分析大规模、高维度、多来源、动态演化的信息，并辅助做出实时决策。数据可视化是对数据分析工具的最基本要求。

大数据可视化分析涉及的技术领域比较多，既涉及传统的可视分析科学，也涉及信息可视分析。大数据可视化分析的关键技术包括文本可视分析、网络可视分析、时空数据可视分析和多维数据可视分析。

1. 文本可视分析

文本数据是互联网和物联网产生的主要数据类型，也是非结构化数据的典型代表。日常工作和生活中的电子文档大多数是以文本形式存在的。文本可视分析涉及文本数据挖掘、计算机图形图像,以及人机交互等方面的知识和技术。文本可视分析的关键在于能够将文本中隐含的价值直观地展示出来。

2. 网络可视分析

网络可视分析是一种非常重要的数据可视化技术,它充分利用人类感知系统,帮助用户理解网络数据结构,将网络数据以直观的图形展现出来,并从中挖掘更深层的价值。网络关联关系是大数据中较常见的关系。大规模网络具有大量节点及其链接,如何在有限的屏幕空间进行可视展示,是大数据可视化分析技术难点和重点。大数据网络一般具有动态演化特征,对动态网络的特征进行可视分析,也是网络可视化的重要内容。

3. 时空数据可视分析

时空数据是指带有位置标签和时间标签的数据。时空数据的关系十分复杂,并不是时间与空间的简单叠加。因此,时空数据可视分析区别于其他数据分析,不同的时空数据具有不同的可视分析方法。一般需要与地理制图学结合,对时间维度、空间维度和相关的对象属性建立起可视化模型。目前,已有的时空数据模型不能很好地解决时空数据在空间、非空间与时态上存在的不确定性问题。

4. 多维数据可视分析

多维数据是指具有多个维度属性的数据。在各研究领域,三维以上的多维数据广泛存在,由于它超过了人类空间的想象能力,人们发展了多种方法来可视化多维数据,例如,维度压缩的方法等。在大数据挖掘中,多维数据可视分析技术主要作为表达工具,让用户直观地理解数据。

近年来,在大数据背景下,基于几何图形的多维可视分析成为主要研究方向之一。

查询分析

在大数据中,查询分析主要针对超大规模数据处理及查询,提供实时或准实时的响应,以满足企业经营管理需求。目前来说,使用较为广泛的处理工具是基于 Hadoop 的 Hive。

Hive 是一种底层封装了 Hadoop 的数据仓库处理工具,使用类 SQL 的 HiveQL 语言实现数据查询,所有 Hive 的数据都存储在 Hadoop 兼容的文件系统(例如 Amazon S3、HDFS)中。Hive 在加载数据过程中不会对数据进行任何修改,只是将数据移动到 HDFS 中 Hive 设定的目录下,因此 Hive 不支持对数据的改写和添加,所有数据都是在加载时确定的。Hive 的体系结构如下:

- 用户接口。用户接口主要有三个:CLI、Client 和 WUI,其中最常用的是 CLI。CLI 启动的时候,会同时启动一个 Hive 副本。Client 是 Hive 的客户端,用户连接至 Hive Server。在启动 Client 模式的时候,需要指出 Hive Server 所在节点,并且在该节点启动 Hive Server。WUI 通过浏览器访问 Hive。
- 元数据存储。Hive 将元数据存储在数据库中,如 MySQL、Derby。Hive 中的元数据包括:表的名字、表的列和分区及其属性、表的属性(是否为外部表等)、表的数据所在目录等。
- 解释器、编译器、优化器和执行器。解释器、编译器和优化器完成 HQL 查询语句的词法分析、语法分析、编译、优化以及查询计划的生成。生成的查询计划存储在 HDFS 中,并在随后由 MapReduce 调用执行。

- Hadoop。Hive 的数据存储在 HDFS 中，大部分查询由 MapReduce 完成（包含"*"的查询，比如"select * from tbl"不会生成 MapReduce 任务）。

大数据分析的基本方法

在数据分析与计算领域，采用什么分析方法将数据转化为非专业人士也能够清楚理解的有意义的见解，即洞见数据价值是至为关键的。一般来说，用于大数据分析的基本方法有如下几种。

统计数据分析

统计分析是指运用统计方法及分析对象有关的知识，从定量与定性的结合上进行研究。它是统计设计、统计调查、统计整理之后的一项十分重要的工作。通过统计数据分析达到对研究对象更为深刻的认识。系统、完善的资料是统计分析的必要条件。统计数据分析技术包括数据描述性统计分析、回归分析、因子分析和方差分析等。

1. 数据描述性统计分析

数据描述性统计分析是最常见的分析方法，是指利用图表或数学的方法，对数据资料进行整理、分析，并对数据的发布状态、数字特征和随机变量之间的关系进行估计和描述，即"发生了什么？"例如，对于一个电子商务网站，可以通过每月的营收账单，获取大量的客户数据，了解客户的地理信息，就是"描述性分析"方法之一。数据描述性统计分析分为集中趋势分析、离中趋势分析和相关分析。

- 集中趋势分析主要依靠平均数、中数、众数等统计指标来表示数据的集中趋势。例如测试某班级学生的平均成绩是多少？是正偏分布还是负偏分布？
- 离中趋势分析主要依靠全据、四分差、平均差、方差、标准差等统计指标来研究数据的离中趋势。例如，当要知道两个教学班的数学成绩哪个班的成绩分布更为分散时，可以用两个班的四分差或百分点来比较。
- 相关分析是研究现象之间是否存在某种依存关系，并对具体依存关系的现象进行相关方向、相关程度的研究。既可以是 A、B 变量同时增大的正相关，也可以是 A 变量增大时 B 变量减少的负相关关系，还可以是两变量同时变化的紧密程度（相关系数）。

进一步，描述性数据分析之后是诊断性数据分析。通过评估描述性数据，诊断分析工具深入地分析数据，钻取到数据的核心，给出"为什么会发生"。

2. 回归分析

回归分析是确定两种或两种以上变数之间相互依赖的定量关系的一种统计分析方法，即研究有关随机变量 Y 对另一个（X）或一组（$X_1, X_2, \cdots, X_n$）变量的相依关系的统计分析方法。回归分析应用十分广泛，按照所涉及自变量的多少，可以分为一元回归分析和多元回归分析。若按照自变量和因变量之间的关系类型，可分为线性回归分析和非线性回归分析。

3. 因子分析

因子分析是指研究从变量群中提取共性因子的统计技术。其基本目的是用少数几个因子去描述多指标或因素之间的关系，将比较密切的相关的几个变量归在同一类中，每一类变量就成为一个因子，以较少的几个因子反映原数据资料中的大部分信息，以减小决策的难度。因子分析的方法很多,如重心法、影像分析法、最大似然法、最小平均法、阿尔法抽因法等。这些方法本质上都属于近似法,是以相关系数矩阵为基础的,所不同的是相关系数矩阵对角线上值不同。

4. 方差分析

方差分析又称变异数分析或 F 检验,用于两个及两个以上样本均数差别的显著性检验。由于各种因素的影响,研究所得的数据会呈现波动性。造成波动的原因有两类:一是不可控的随机因素;二是研究中所施加的对结果形成影响的可控因素。方差分析是从观测变量的方差着手,研究诸多控制变量中哪些是对观测变量有显著影响的变量。

基于机器学习的数据分析

机器学习不但是人工智能发展的重要标志,也是计算机获取知识的重要途径,是一门研究怎样用计算机来模拟或实现人类活动的领域。以 H.Simon 的学习定义作为出发点,一个简单的学习模型如图 4.2 所示。其中,环境表示外界信息集合;学习环节先从环境获取外部信息,接着将这些信息加工(主要为类比、综合和分析等)成知识并放到知识库中;知识库把学习环节得到的知识存储起来;执行环节利用前一阶段的知识来履行某种任务,同时将本环节中的一些信息反馈给知识库的前一环节,从而指导进一步的机器学习。

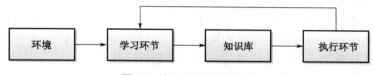

图 4.2 机器学习基本模型

机器学习按照学习形式可分成以下两种类型。

- 监督学习方法。监督学习即在机器学习的过程中做出对错指示。在预测模型和分类中常常要用到监督学习。在监督学习中,一个函数关系式可以从被训练的数据集中总结出来,然后用这个关系式对新的数据进行预测并得到结果。在监督学习中,训练集需要输入,然后可以人为标注训练集中的目标,最后才能得到输出的结果。常见的监督学习算法为统计分类和回归分析。
- 非监督学习方法。非监督学习又称归纳性学习,是一种通过循环和递减运算来减少误差从而达到分类目的的算法。非监督学习的智能性最高但发展比较缓慢,不是密切研究的主流方向。监督学习中常常由已知来推断未知,风险较大,有时结果不可靠。因此人们对二者进行充分研究发现了半监督学习方法,这种方法引起了人们极大兴趣和关注。

在大数据分析中,并不简单直接使用上述两种机器学习方法,而是结合大数据的特点和数据分析目标要求,常采用半监督学习、迁移学习和概率图模型等方法。

1. 半监督学习

半监督学习是一种综合利用大量未标识数据和少量已标识数据而获得不但具有良好性能而且具有泛化能力的机器学习方法。在监督学习中,利用的是已标识数据,而在非监督学习中只利用未标识数据。在大数据时代,已标识数据的数据量总是远远小于未标识数据的数据量,因此,为利用未标识的数据综合监督学习和非监督学习方法的优点,提出了半监督学习方法。

半监督学习方法包括:基于生成模型的半监督学习、基于低密度划分的半监督学习、基于图的半监督学习以及基于不一致性的半监督学习。

2. 概率图模型

概率图模型是图论与概率论相结合的产物,是图形化之后的概率分布形式。概率图模型实际上是一个统一的框架,在这个框架中不但可以为大规模多变量构建一个模型,而且可以捕获随机变量之间的复杂依赖关系。概率图模型一方面用图论的语言直观揭示问题的结构,另一方面又按照概率论的原则对问题的结构加以利用,降低推理的计算复杂度。概率图通过图形的方式来捕获并展现所有随机变量的联合分布,通过分解成各因子乘积的方式来实现。一个概率图模型由一组概率分布构成。概率图模型主要包括:贝叶斯网络、马尔科夫网络和隐马尔科夫模型。其中,贝叶斯网络较为流行。贝叶斯网络可为任何全联合概率分布提供一种有向无环结构,这种结构具有有效、自然、规范、简明等优点。贝叶斯网络还提供了一系列的算法,这些算法可自动分析相关信息并得到更多隐含的信息从而指导决策。此外,贝叶斯网络还可以模拟人类的认知过程、学习方式,灵活地对参数和结构进行相应的修正与更新,学习机制非常灵活。

3. 迁移学习

迁移学习是指在不同情况之间把知识进行迁移转化的能力,即把在一个或多个原来任务中学习到的知识进行迁移,将它们用在相关的目标任务中以提高其学习性能。提高机器学习能力的一个关键问题就在于让机器能够继承和发展过去学到的知识,即让机器学会迁移学习。迁移学习又分为直推迁移学习、归纳迁移学习,以及非监督迁移学习。

在大数据分析中,基于机器学习的方法还有很多,例如:集成学习、决策树、统计学习理论与支持向量机、神经网络、K-紧邻方法、序列分析、聚类、粗糙集理论、回归模型等。

流数据分析

流数据是大数据分析中的重要数据类型,主要特点是其价值会随着时间的流逝而降低,因此必须采用实时计算模型给出秒级响应。流计算可以实时处理来自不同数据源的、连续到达的流数据,经过实时分析处理,给出有价值的分析结果。

大数据包括静态数据和动态数据(流数据),相应地大数据计算也有批量计算和实时计算两种计算模式。随着人们对大数据处理实时性的要求越来越高,如何对海量流数据进行实时分析计算成为重要问题。

1. 静态数据和流数据

数据总体上可以分为静态数据和流数据。

所谓静态数据,是指存储在数据存储系统中就像水库中的水一样静止不动。例如,许多企业为了支持决策分析而构建的数据仓库系统,其中所存放的大量历史数据就是静态数据。这些数据来自不同的数据源,利用 ETL(Extract-Transform-Load)工具加载到数据仓库中,并且不会发生更新,可以利用数据挖掘和 OLAP(On-LineAnalytical Processing)分析工具从这些静态数据中找到对企业有价值的信息。

从概念上而言,流数据(或数据流)是指在时间分布和数量上无限的一系列动态数据集合体;数据记录是流数据的最小组成单元。流数据具有如下几个特征:

- ▶ 数据快速持续到达,也许是无穷无尽的。

- 数据来源众多，格式复杂。
- 数据量大，但不十分关注存储，一旦流数据中的某个元素经过处理，要么被丢弃，要么被归档存储。
- 注重数据的整体价值，不过分关注个别数据。
- 数据顺序颠倒，或者不完整，系统无法控制将要处理的新到达的数据元素的顺序。

例如，在 Web 应用、网络监控、传感监测、电信金融、生产制造等领域产生的数据，都以量大、快速、时变的流形式持续到达，形成流数据。因此，流数据分析应用领域也越来越广泛。以传感监测为例，在大气中放置 PM2.5 传感器实时监测大气中 PM2.5 的浓度，监测数据会源源不断地实时传输回数据中心，监测系统对回传数据进行实时分析，预判空气质量变化趋势。如果空气质量在未来一段时间内会达到影响人体健康的程度，就启动应急响应机制。再如，在电子商务中，淘宝等网站可以从用户点击流、浏览历史和行为(如放入购物车)中实时发现用户的即时购买意图和兴趣，并为之实时推荐相关商品，即增加了用户的购物满意度，商户也赢得了销量，可谓"一举两得"。

2. 批量计算与实时计算

对静态数据和流数据的处理，对应着批量计算和实时计算两种截然不同的计算模式，如图 4.3 所示。批量计算以"静态数据"为对象，可以在很充裕的时间内对海量数据进行批量处理，计算得到有价值的信息。Hadoop 就是典型的批处理模型，由 HDFS 和 HBase 存放大量的静态数据，由 MapReduce 负责对海量数据执行批量计算。

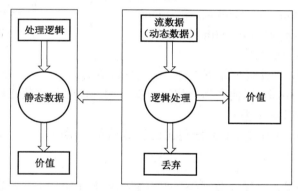

图 4.3 数据的两种计算模式

流数据不适合采用批量计算，因为流数据不适合用传统的关系模型建模，不能把源源不断的流数据保存到数据库中。流数据被处理后，一部分进入数据库成为静态数据，其他部分则直接被丢弃。传统的关系数据库通常用于满足信息实时交互处理需求，比如零售系统和银行系统，每有一笔业务发生，用户通过和关系数据库系统进行交互，就可以把相应记录写入磁盘，并支持对记录进行随机读写操作。但是，关系数据库并不是为存储快速、连续到达的流数据而设计的，不支持连续处理，把这类数据库用于流数据处理，不仅成本高，而且效率低。

流数据必须采用实时计算。实时计算最重要的一个需求是能够实时得到计算结果，一般要求响应时间为秒级。当只需要处理少量数据时，实时计算并不是问题；但在大数据时代，不仅数据格式复杂、来源众多，而且数据量巨大，对实时计算提出了巨大挑战。因此，针对流数据的实时计算，即流计算应运而生。

3. 流计算的基本概念

对于传统的数据处理，一般需要先采集数据并存储在关系数据库等数据管理系统中，然后由用户通过查询操作与数据管理系统进行交互，获得查询结果，如图4.4所示。

图4.4 传统的数据处理流程

显然，这种传统的数据处理流程隐含了两个前提：一是存储的是静态数据，即过去某一时刻的数据快照，这些数据在查询时可能已不具备时效性了；二是需要用户主动发出查询请求来获取结果。然而，对流计算来说，需要具有这样一个基本理念，即数据的价值随着时间的流逝而降低，当事件出现时就应该立即进行处理，而不是缓存起来进行批量处理。为了及时处理流数据，需要一个低延迟、可扩展、高可靠的处理引擎。因此，流计算的数据处理流程如图4.5所示，包含以下三个阶段。

- ▶ **数据实时采集**：流计算平台实时获取来自不同数据源的海量数据。这一阶段需要保证实时性、低延迟与稳定可靠。以日志数据为例，由于分布式集群的广泛应用，数据分散存储在不同的机器上，因此需要实时汇总来自不同机器上的日志数据。目前，有许多互联网公司发布的开源分布式日志采集系统均可满足每秒数百MB的数据采集和传输需求，如：基于Hadoop的Chukwa和Flume，Facebook的Scribe，LinkedIn的Kafka，以及淘宝的Time Tunnel等。

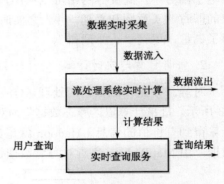

图4.5 流计算的数据处理流程

- ▶ **数据实时计算**：经过实时分析处理，获得有价值的信息。经流处理系统处理后的数据，可视情况进行存储，以便之后再进行分析计算。在时效性要求较高的场景中，处理之后的数据也可以直接丢弃。
- ▶ **实时查询服务**：经由流计算系统得出的计算结果可供用户进行实时查询、展示或存储。

4. 流计算平台

针对不同的应用场景，对流计算系统（平台）会有不同的需求。对于一个流计算系统，一般应满足如下需求：

- ▶ **高性能**：处理大数据的基本要求，如每秒处理几十万条数据。
- ▶ **海量式**：支持TB级甚至PB级的数据规模。
- ▶ **实时性**：必须保证一个较低的延迟时间，达到秒级，甚至毫秒级。
- ▶ **分布式**：支持大数据的基本架构，必须能够平滑扩展。
- ▶ **易用性**：能够快速进行开发和部署。
- ▶ **可靠性**：能可靠地处理流数据。

目前在大数据计算领域，已研发出许多专门的流数据计算系统来满足各自的需求。大体上可以归纳为：商业级的流计算平台、开源流计算框架、公司为支持自身业务开发的流计算框架三种类型：

- ▶ **商业级流计算平台**：典型代表是IBM InfoSphere Streams和IBM StreamBase，可以帮

助用户开发应用程序来快速摄取、分析和关联来自多个实时数据源的信息。
- ▶ 开源流计算框架：典型代表为：①Twitter Storm，这是一个简单、高效、可靠处理大量的流数据流计算框架；②SparkStreaming、Yahoo! S4（Simple Scalable Streaming System）等。这都是一些通用的、分布式的、可扩展的、分区容错的、可插拔的流数据计算系统。
- ▶ 公司为支持自身业务开发的流计算框架：主要有 Facebook Puma、Dstream（百度）和银河流数据处理平台（淘宝）等。

流计算是针对流数据的实时计算，可以应用在多种场景中。例如在百度、淘宝等大型网站中，每天都会产生巨量流数据，包括用户的搜索内容、用户的浏览记录等数据。采用流计算进行实时数据分析，可以了解每个时刻的流量变化，甚至可以分析用户的实时浏览轨迹，从而进行实时个性化内容推荐。但是，并不是每个应用场景都需要使用流计算。流计算适于需要处理持续到达的流数据、对数据处理有较高实时性要求的场景。

图数据分析

在大数据时代，许多大数据都是以大规模图或网络的形式呈现的，如社交网络、传染病传播途径、交通事故对路网的影响等。此外，许多非图结构的大数据，也常常会被转换为图模型后再进行处理分析。图的规模越来越大，有的图甚至有数十亿的顶点和数千亿的边，给高效处理图数据带来很大挑战。

1. 图数据

图数据是通过图形表达信息含义的。图自身的结构特点可以很好地表示事物之间的关系，包括图中的节点以及连接节点的边。在图中，顶点和边实例化构成各种类型的图，如标签图、属性图、网络图、语义图以及自然特征图等，如图4.6所示。大图数据是无法使用单台计算机进行处理的，但如果对大图数据进行并行处理，对于每一个顶点之间都连通的图来讲，则难以分割成若干完全独立的并行处理。即便可以分割，也会面临并行机器的协同处理以及将最后处理结果进行合并等一系列问题。因此，就需要图数据处理系统来选取合适的图分割和图计算模型。

2. 图数据计算模型

在实际应用中，存在许多图计算问题，如最短路径、集群、网页排序、连通分支等。图计算的算法性能直接关系到应用问题解决的高效性。传统的图计算方案无法解决大型图的计算问题。目前通用的图计算软件主要有两种：一种是基于遍历算法的、实时的图数据库，如 Neo4j、OrientDB、DEX 和 Infinite Graph；另一种是以图顶点为中心的、基于消息传递批处理的并行引擎，如 Pregel、GraphX、Giraph、PowerGraph 和 Hama 等，这类图数据计算处理软件主要是基于整体同步并行计算模型（Bulk Synchronous Parallel Computing Model，BSP）实现的并行图计算处理系统。

BSP 模型又名大同步模型，由哈佛大学 Viliant 和牛津大学 Bill McColl 提出。BSP 的创始人是英国著名的计算机科学家 Valiant，他希望像冯·诺伊曼体系结构那样，架起计算机程序语言和体系结构间的桥梁，故又称作桥模型。一个 BSP 模型由大量通过网络互连的处理器组

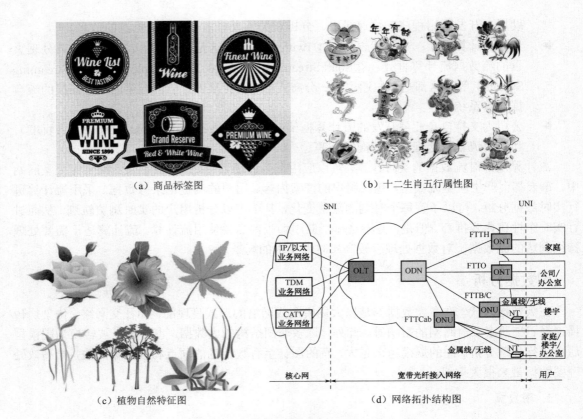

图 4.6 由顶点和边实例化构成各种类型的图

成，每个处理器都有快速的本地内存和不同的计算线程。一次 BSP 计算过程包括一系列全局超级步（所谓超级步就是计算中的一次迭代），每个超级步主要包括三个组件：

- 局部计算：每个参与的处理器都有自身的计算任务，它们只读取存储在本地内存中的值，不同处理器的计算任务都是异步并且是独立的。
- 全局通信网络：用于处理器群相互交换数据。消息的全局交换形式是：由一方发起推送（PUT）和获取（GET）操作。
- 同步路障器：当一个处理器遇到"路障"（或栅栏）时，会等到其他所有处理器完成它们的计算步骤；每一次同步也是一个超级步的完成和下一个超级步的开始。

3. 图数据分析处理系统

一种基于 BSP 模型实现的并行图数据处理系统是谷歌公司提出的 Pregel。为了解决大型图的分布式计算问题，Pregel 搭建了一套可扩展的、有容错机制的平台，该平台提供了一套非常灵活的 API，可以描述各种各样的图计算。Pregel 作为分布式图计算的计算框架，主要用于图遍历、最短路径、PageRank 计算等。

练习

1. 简述大数据分析的含义。它与传统的数据分析相比较有什么不同？
2. 简述大数据可视化分析的关键技术。

3. 简述流数据的定义及对流数据的处理要求。
4. 试述静态数据和流数据的特点。
5. 在流计算的理念中,数据的价值与时间具有怎样的关系?
6. 简述在大数据分析中流计算的一般处理流程。
7. 简述 Hive 数据仓库的体系结构。
8. 简述 BSP 模型中超级步的 3 个组件及其具体含义。
9. 分析批量计算与实时计算的区别与联系。

补充练习

在互联网上检索查找文献,讨论研究离线计算、迭代式计算和流式计算的主要技术及其特点。

第二节 大数据挖掘

许多时候,人们把数据挖掘视为数据中知识发现(KDD)的同义词,有时候又把数据挖掘看作知识发现过程中的一个基本步骤。一般认为,知识发现由数据清理、集成、选择、变换、挖掘、评估及知识表示几个步骤的迭代组成。其中,数据挖掘指使用智能方法提取数据的模式。实际上,数据挖掘的功能主要在于指定数据挖掘任务发现的模式。一般而言,这些任务可以分为描述性的和预测性的。描述性挖掘任务刻画目标数据中数据的一般性质;预测性挖掘任务是在当前数据上进行归纳,以便做出预测。常见的数据挖掘功能包括聚类、分类、关联分析、数据总结、偏差检测和预测等。其中聚类、关联分析、数据总结、偏差检测可以认为是描述性任务,分类和预测可以认为是预测性任务。

依据大数据分析计算的特点及需求,大数据挖掘与传统数据挖掘有明显的区别:一是大数据挖掘在一定程度上降低了对传统数据挖掘模型及算法的依赖;二是降低了因果关系对传统数据挖掘结果精确度的影响;三是应最大可能利用互联网记录的用户行为数据进行分析。鉴于此,大数据挖掘的实际工作是对大规模数据进行自动或半自动的分析,以提取隐含其中有价值的潜在信息。例如数据的分组(通过聚类分析)、数据的异常记录(通过异常检测)和数据之间的关系(通过关联式规则挖掘)。这通常要涉及数据库技术,例如空间索引。这些潜在信息可通过对输入数据处理之后的总结来呈现,之后可以用于进一步分析,比如机器学习和预测分析。

大数据挖掘涉及的内容较多,包括分类、预测、相关性分组和关联规则、聚类、描述和可视化、复杂数据类型(如 Text、Web、图形图像、视频、音频)分析等。本节主要讨论以数据关联、聚类、分类和预测为主要任务的大数据挖掘方法。

学习目标

▶ 掌握数据关联、聚类、分类和预测分析的基本概念;
▶ 熟悉基于关联、聚类、分类分析的数据挖掘算法。

关键知识点

▶ 大数据挖掘与传统的数据挖掘有所不同,主要是从大规模数据中进行自动或半自动的分析，以提取隐含其中有价值的潜在信息。

数据关联分析

关联分析（Correlation Analysis）又称关联挖掘，是数据挖掘领域最活跃的研究方法之一，最早由 Agrawal 等人设计提出。关联分析的目的就是在交易数据、关系数据或其他信息载体中，查找存在于项目集合或对象集合之间的频繁模式、关联、相关性或因果结构。关联分析的一个典型实例是购物篮分析，即通过发现顾客放入其购物篮中不同商品之间的联系，分析顾客的购买习惯，了解哪些商品频繁地被顾客同时购买。这种关联的发现可以应用于消费市场价格分析、预测顾客的消费习惯、帮助零售商制定营销策略等。

关联分析的常用概念

在数据关联分析中常用到如下几个概念。

项集：在关联分析中，包含 0 个或者多个项目的集合称为项集。如果一个项集包含 k 个项，则称为 k-项集。事务数据库 D 中的每个事务都对应项集 I 上的一个子集。

支持度：支持度用来确定项集 $I_1 \in I$ 在事务数据库 D 中的频繁程度，即包含 I_1 的事务在 D 中所占的比例，可用如下公式描述：

$$\mathrm{suppor}(I_1) = \frac{\{t \in D \mid I_1 \subseteq t\}}{D} \tag{4-1}$$

频繁项集：支持度大于或等于某个阈值的项集称为频繁项集。例如阈值设为 50%时，若支持度是 75%，则是频繁项集。

置信度：一个定义在项集 I 和事务数据库 D 上的，形如 $I_1 \Rightarrow I_2$ 的关联规则的置信度，是指包含 I_1、I_2 的事务数和包含 I_1 的事务数之比，即

$$\mathrm{confidence} = (I_1 \Rightarrow I_2) = \frac{\mathrm{support}(I_1 \cup I_2)}{\mathrm{support}(I_1)} \tag{4-2}$$

式中，I_1、$I_2 \in I$，$I_1 \cup I_2 \neq \phi$。

一般来说，给定一个事务数据库，关联分析就是通过用户定义的最小支持度和最小置信度来寻找强相关规则的过程。关联分析可以划分为两个子问题：发现频繁项集和生成关联规则。相对于第一个子问题，第二个子问题相对简单，其算法改进空间不大。频繁项集的发现是近年来关联分析挖掘算法的研究重点。

数据关联分析的主要算法

经典的频繁项集发现算法当属 Apriori 算法，它也是最著名的关联规则挖掘算法之一。Apriori 算法就是根据有关频繁项集特性的先验知识而命名的。它使用一种称作逐层搜索的迭代方法，k-项集用于探索(k+1)-项集。Apriori 算法采用两阶段挖掘的思想，并且基于多次扫描事务数据库 D 来执行。Apriori 算法可以分解为以下两个步骤来执行挖掘。

第一步：从事务数据库 D 中挖掘出所有的频繁项集。首先找出频繁 1-项集的集合，记作 L_1，L_1 用于找出频繁 2-项集的集合 L_2；再用于找出 L_3，如此下去，直到不能找到频繁 k-项集。找每个 L_k 需要扫描一次事务数据库。挖掘频繁项集的算法伪代码描述如下：

```
(1) L₁=find_frequent_1-itemsets(D);    //挖掘频繁 1-项集，比较容易
```

```
(2)  for (k=2;L_{k-1}≠φ;k++){ do begin
(3)     C_k=ariori_que(L_{k-1},min_sup);    //生成候选频繁 k-项集
(4)     for each transaction t∈D { do begin   //扫描事务数据库 D
(5)        C_t=subset(C_k,t);                //获得 t 的子集
(6)        for each candidate c∈C_t do
(7)           c.count++;                    //统计候选频繁项 k-项集
(8)     }
(9)     L_k={c∈C_k|c.count>=min_sup};       //找出频繁 k-项集
(10) }
(11) return L=∪_k L_k;     //合并频繁项 k-项集（k>0）
```

第二步：基于第一步挖掘到的频繁项集，继续挖掘出全部的频繁关联规则。

为提高按层次搜索并产生相应频繁项集的处理效率，Apriori 算法有一个重要性质：一个频繁项集的任一子集也应该是频繁项集。应用这个性质可以有效缩小频繁项集的搜索空间。

Apriori 性质的证明：若一个项集 I 不满足最小支持度阈值 min_sup，则 I 不是频繁的，即 $P(I)<$min_sup。若增加一个项 A 到项集 I 中，则新项集（$I \cup A$）也不是频繁的，在整个事务数据库中所出现的次数也不可能多于原项集 I 出现的次数，因此 $P(I \cup A)<$min_sup，即（$I \cup A$）也不是频繁的。这样就可以根据逆反公理很容易确定 Apriori 性质成立。

关联规则生成

得到了频繁项集，此后的任务就是在频繁项集里面挖掘出大于最小置信度阈值的关联规则。怎么挖呢？把频繁项集分成前件和后件两部分，然后求规则前件→后件的置信度，如果大于最小置信度阈值，则它就是一条强关联规则，也就是既满足最小支持度又满足最小置信度的规则。但是把频繁项集分成前件和后件的情况有很多，可以对其进行一些优化。

数据聚类分析

聚类分析（Cluster Analysis）是一种重要的人类行为。早在孩提时代，一个人就通过不断地改进下意识中的聚类模式来学会如何区分猫和狗，或者动物和植物。聚类分析已经广泛应用于许多领域，包括心理学和其他社会科学、生物学、统计学、模式识别、信息检索、机器学习和图像处理等。聚类是一个把数据对象集划分为多个组或簇的过程，使得簇内的对象具有很高的相似性，但与其他簇中的对象具有很高的相异性。根据对象的属性值来评估相似性与相异性，并且通常涉及聚类度量。

聚类分析的基本概念

聚类分析是一种经常用于数据探索分析的方法。聚类不做预测。聚类分析是一个典型的无监督的学习技术，也就是没有关于样本或变量的分类标识。它与分类的根本区别在于：分类需要知道所根据的特征，而聚类是要准确地找到这个数据特征。因此在许多的应用中，聚类分析多数定义为一种数据预处理的过程，是进一步解析和处理数据的根本。例如，在生物学上，聚类能用于成功的推导植物和动物分类，对基因进行分类，获得对种群中固有结构的认识。聚类也能用于对 Web 上的文档进行分类，以发现信息。作为一个数据挖掘的功能，聚类分析可以作

为一个获得数据分布情况、观察每个簇的特征和对特定类进一步分析的独立工具。通过聚类能够了解密集和稀疏的区域，找到全局的分布模式以及数据的两个属性之间的互相联系等。

在经济和金融领域，聚类分析可用于在未知文件分类以及通过将有相似性行为的顾客分组的个性化市场营销策略上。例如，基于已有顾客的记录档案，一个银行想要给现有顾客介绍新的金融产品。数据分析师可用聚类分析方法将顾客分至多组中。然后给每组介绍适合这个组整体特征的一个或多个金融产品。

聚类分析是一个富有挑战性的研究领域，它的潜在应用提出了许多特殊的要求，主要表现在以下方面：

- 可伸缩性。由于数据产生和收集技术的进步，数吉字节、数太字节甚至数拍字节的数据集越来越普遍。在大数据集合样本上进行聚类可能会导致有偏的结果。一般而言，聚类算法的时间复杂度太高，这要求在多项式的时间内完成，所以像这样算法的可伸缩性会更好。如今已经做了很多的尝试，包括增量式挖掘、可靠的采样、数据挤压等。例如，BIRCH 算法中使用 CF 树，就属于数据挤压技术。
- 处理不同类型数据的能力：已有许多算法可用于聚类数值类型的数据，但某些应用可能需要聚类其他类型的数据，如二元类型、分类/标称类型、序数型数据，或者这些数据类型的混合。
- 用于决定输入参数的领域知识最小化：许多聚类算法在聚类分析中要求用户输入一定的参数，例如希望产生簇的数目。聚类结果对于输入参数十分敏感。参数通常很难确定，特别是对于包含高维对象的数据集来说。这样不仅加重了用户的负担，也使得聚类的质量难以控制。
- 处理"噪声"数据的能力：在现实应用的绝大多数数据都可能包含有噪声数据，例如：孤立点、未知数据、空缺或者错误数据等。
- 对于输入记录的顺序不敏感：许多聚类算法，如层次聚类算法对于输入数据的顺序是敏感的。对输入数据的顺序敏感的算法对于同一个数据集，当以不同的顺序提交给算法时，得到的结果可能差别很大。研究与数据输入顺序不敏感的算法具有重要的意义。
- 聚类高维度数据的能力：一个数据库或者数据仓库可能包含若干维或者属性。许多聚类算法擅长处理低维的数据，可能只涉及两到三维。人类的眼睛在最多三维的情况下能够很好地判断聚类的质量。在高维空间中聚类数据对象是非常有挑战性的，特别是考虑到这样的数据可能分布非常稀疏，而且高度偏斜。
- 基于约束的聚类：现实世界的应用可能需要在各种约束条件下进行聚类。假设你的工作是在一个城市中为给定数目的自动提款机选择安放位置，为了做出决定，可以对住宅区进行聚类，同时考虑如城市的河流和公路网、每个地区的客户要求等情况。要找到既满足特定的约束，又具有良好聚类特性的数据分组是一项具有挑战性的任务。
- 可解释性和可用性：用户希望聚类结果是可用的、可理解的和可解释的。也就是说，聚类分析极有可能需要和特定的语义解释和应用联系起来。而且应用目标如何影响聚类方法的选择也是一个重要的研究课题。

聚类算法的分类

目前聚类算法有很多种，算法的选择取决于聚类的目的和应用以及数据的类型。典型的聚类算法可以分为 5 类：划分方法、层次方法、基于网格方法、基于模型方法和基于密度方法。

1. 划分方法（Partitioning Method）

给定一个数据库包含 n 个数据对象以及数目为 k 的即将生成的簇，一个划分类的算法将对象分为 k 个划分（$k \leqslant n$），其中每个划分分别代表一个簇。典型的划分方法有 k-means 方法和 k-medoids 方法，以及它们的改进算法。

k-means 方法采用簇中对象的平均值当作参照点，而 k-medoids 方法不采用簇中对象的平均值作为参照点，而是选用簇中位置最中心的对象作为参照点。因此，孤立点数据和"噪声"对 k-medoids 方法的影响相对来说比 k-means 方法小得多，但是复杂度要比 k-means 方法高。

2. 层次方法（Hierarchical Method）

基于层次的方法对给定数据对象集合进行层次的分解。根据层次分解如何形成，层次方法可以分为凝聚的或分裂的方法。凝聚的方法也称为自底向上的方法，一开始将每个对象作为单独的一个簇，然后相继合并相近的对象或组，直到所有的组合并为一个(层次的最上层)或者达到一个终止条件。分裂的方法，也称为自顶向下的方法，一开始将所有的对象置于一个聚类中。在迭代的每一步中，一个簇被分裂为更小的簇，直到最终每个对象在单独的一个簇中，或者达到一个终止条件。

层次方法的缺陷在于，一旦一个步骤（合并或分裂）完成，它就不能被撤销。这个严格规定是必要的，由于不需要担心组合数目的不一样的选择，计算代价相对会很小。但是该技术的重要问题是它不能更正错误的决策。因此人们提出了很多改进方法，一种是加强对象间"连接"的分析，如 CURE 和 Chameleon 算法；另一种是迭代的重定位和综合层次聚类方法，如 BIRCH（Balanced Iterative Reducing and Clustering using Hierarchies）算法。

3. 基于密度方法（Density-based Method）

绝大多数划分方法基于对象之间的距离进行聚类。这样的方法只能发现球状的簇，而在发现任意形状的簇上遇到了困难。随之提出了基于密度的另一类聚类方法，其主要思想是：只要临近区域的密度（对象或数据点的数目）超过某个阈值，就继续聚类。也就是说，对给定类中的每个数据点，在一个给定范围的区域中必须至少包含某个数目的点。这样的方法可以用来过滤"噪声"孤立点数据，发现任意形状的聚类。具有代表性的基于密度的聚类方法是 DBSCAN 算法，它根据一个密度阈值来调控簇的增长。另一个基于密度的聚类方法是 OPTICS 算法，它为自动的交互的聚类分析计算一个聚类顺序。

4. 基于网格方法（Grid-based Method）

在聚类分析方法中，基于网格的聚类方法采用了多个网格数据结构。它将空间划分为有限数目的单元，以构成一个可以进行聚类分析的网格结构，几乎所有的聚类操作都在网格上进行。这种方法的主要优点是处理速度快，其处理时间独立平均数据对象的数目，仅依赖于量化空间中每一维上的单元数目。常用的基于网格聚类算法有 STING（Statistical Information Grid）算法和 CLIQUE（Clustering in Quest）算法。

STING 算法是一种基于网格多分辨率的聚类方法，它将空间划分为方形单元，不同层次的分辨率与这些不同层次的方形单元相对应，方形单元存放方差、均值、最大值、最小值等统计信息。

CLIQUE 是在高维空间中基于网格和密度的聚类方法。CLIQUE 对数据的输入顺序不敏感，也不需要假设任何特定的数据分布，输入数据量的大小与时间复杂度呈线性关系，它能自动发现最高维中所存在的密集聚类，当数据维数发生变化时具有较好的可扩展性；缺点是在追求方法简单化的同时降低了聚类的精度。

5. 基于模型方法（Model based Method）

基于模型方法为每个聚类假定了一个模型，然后找出数据对给定模型的最佳拟合。一个基于模型的算法可能通过构建反映数据点空间分布的密度函数来定位聚类，并且基于标准的统计数字来自动决定聚类的数目，考虑"噪声"数据或孤立点，从而产生健壮的聚类。基于模型方法主要有两类：神经网络方法和统计学方法。

基于统计学的聚类方法最著名的是 COBWEB 算法。COBWEB 是一种简单流行的增量概念聚类算法，它的输入对象用（分类属性，值）来描述。COBWEB 以一个分类树的形式创建层次聚类。COBWEB 算法不需要用户提供相应的参数可以自动修正划分中聚类簇的数目。然而它也有局限性。首先，假设在每个属性上的概率分布是彼此独立的。由于属性经常是相关的，这个假设并不总是成立。此外，聚类的概率分布描述使得存储聚类和更新非常昂贵。而且，分类树对于偏斜的输入数据不是高度平衡的，它可能导致时间和空间复杂性的剧烈变化。

常用的 4 种聚类算法

1. k-means 聚类算法

k-means 是划分方法中较经典的聚类算法之一。由于该算法的效率高，所以在对大规模数据进行聚类时被广泛应用。目前，许多算法均围绕着该算法进行扩展和改进。k-means 算法的目标是，以 k 为参数，把 n 个对象分成 k 个簇，使簇内具有较高的相似度，而簇间的相似度较低。

k-means 算法的处理过程如下：首先，随机选择 k 个对象，每个对象初始地代表了一个簇的平均值或中心；对剩余的每个对象，根据其与各簇中心的距离，将它赋给最近的簇；然后重新计算每个簇的平均值。这个过程不断重复，直到准则函数收敛。通常，采用平方误差准则，其定义如下：

$$E = \sum_{i=1}^{k} \sum_{p \in c_i} |p - m_i|^2 \tag{4-3}$$

其中，E 是数据库中所有对象的平方误差的总和，p 是空间中的点，m_i 是簇 c_i 的平均值。该目标函数使生成的簇尽可能紧凑独立，使用的距离度量是欧几里得距离，如果使用其他距离度量，可能会阻止算法收敛。

输入：包含 n 个对象的数据库和簇的数目 k；

输出：k 个簇，使平方误差准则最小。

（1）任意选择 k 个对象作为初始的簇中心；
（2）计算每个点到 k 个中心的欧几里得距离，并将其划分到距离最近的那个簇类中；
（3）重新计算每个簇类的质心；
（4）重复步骤（2）、步骤（3），直至中心不发生变化。

k-means 聚类方法简单直接（体现在逻辑思路以及实现难度上），易于理解，在低维数据集上有不错的效果（简单的算法不见得就不能得到优秀的效果）。但是对于高维数据（如成百上千维，现实中还不止这么多），其计算速度十分慢，主要是慢在计算距离上（参考欧几里得距离，当然并行化处理是可以的，这是算法实现层面的问题）。它的另外一个缺点是需要设定希望得到的聚类数 k。若对数据没有很好地理解，那么设置 k 值就成了一种估计性的工作。

2. 层次聚类算法

层次聚类算法，也简称为聚类算法，是通过将数据组织为若干组并形成一个相应的树来进行聚类的。根据层次是自底向上还是自顶而下形成，层次聚类算法可以进一步分为凝聚的层次聚类算法和分裂的层次聚类算法。

- 凝聚的层次聚类：这种自底向上的策略首先将每个对象作为一个簇，然后合并这些原子簇为越来越大的簇，直到所有的对象都在一个簇中，或者某个终结条件达到要求。大部分层次聚类方法都属于一类，只是在簇间的相似度定义有些区别。
- 分裂的层次聚类：自顶向下层次聚类策略首先将所有对象放在一个簇中，然后再细分为越来越小的簇，直到每个对象自行形成一簇，或者直到满足其他的一个终结条件。例如满足了某个期望的簇数目，又或者两个最近的簇之间的距离达到了某一个阈值。

在凝聚或分裂聚类中，用户都可以指定期望的簇个数作为终止条件。

图 4.7 所示描述了一种凝聚的层次聚类方法 AGNES（AGglomerative NESting）和一个分裂层次聚类方法 DIANA（DIvisive ANAlysis）在一个包含 5 个对象的数据集 $D=\{a,b,c,d,e\}$ 上的处理过程。初始时，AGENES 将每个对象自成一簇，之后这些簇依照某一种准则逐步合并。例如，如果簇 C_1 中的某一个对象和簇 C_2 中的一个对象之间的距离是所有不同类簇的对象间欧几里得距离最小的，则认为簇 C_1 和簇 C_2 是相似可合并的。这是一类单链接方法，因为每一个簇都能够用簇中其他所有对象代表，而两个簇之间的相似度用不同簇中最相近的数据点对的相似度来度量。簇合并过程反复进行，直到所有的对象最终合并形成一个簇。DIANA 算法以相反的方法处理。初始时将所有对象归为同一类簇，然后依据某种原则（如簇中最近的相邻对象的最大欧氏距离）将该簇逐渐分裂。簇的分裂过程反复进行，直到最终每个新的簇只包含一个对象。

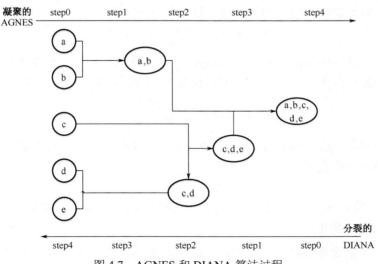

图 4.7　AGNES 和 DIANA 算法过程

AGNES 算法的核心步骤是：

输入：k——目标类簇数，D——样本点集合。

输出：k 个类簇集合。

具体步骤如下：
（1）将 D 中每个样本点当作其类簇；
（2）重复上述步骤；
（3）找到分属两个不同类簇，且距离最近的样本点对；
（4）将两个类簇合并；
（5）直到类簇数=K。

DIANA 算法的核心步骤是：

输入：k——目标类簇数，D——样本点集合。

输出：k 个类簇集合。

具体步骤如下：
（1）将 D 中所有样本点归并成类簇；
（2）重复上述步骤；
（3）在同类簇中找到距离最远的样本点对；
（4）以该样本点对为代表，将原类簇中的样本点重新分属到新类簇；
（5）直到类簇数=k。

在凝聚和分裂的层次聚类之间，依据计算簇间的距离不同，可分为以下几类方法：

（1）单连锁（Single Linkage），又称最近邻（Nearest Neighbor）方法。指两个不一样的簇之间任意两点之间的最近距离。这里的距离是表示两点之间的相异度，所以距离越近，两个簇相似度越大。这种方法最善于处理非椭圆结构。却对于噪声和孤立点特别的敏感，取出距离很远的两个类之中出现一个孤立点时，这个点就很有可能把两类合并在一起。最小距离公式为

$$d_{\min}(c_i, c_j) = \min_{p \in c_i, p' \in c_j} |p - p'| \tag{4-4}$$

（2）全连锁（Complete Linkage），又称最远邻（Furthest Neighbor）方法。指两个不一样的簇中任意的两点之间的最远的距离。它面对噪声和孤立点很不敏感，趋向于寻求某一些紧凑的分类，但是，有可能使比较大的簇破裂。最大距离公式为

$$d_{\max}(c_i, c_j) = \max_{p \in c_i, p' \in c_j} |p - p'| \tag{4-5}$$

（3）组平均方法（Group Average Linkage），定义距离为数据两两距离的平均值。这个方法倾向于合并差异小的两个类，产生的聚类具有相对的健壮性。均值距离公式为

$$d_{\text{avg}}(c_i, c_j) = \sum_{p \in c_i} \sum_{p' \in c_j} \frac{|p - p'|}{n_i n_j} \tag{4-6}$$

（4）平均值方法（Centroid Linkage），现计算各个类的平均值，然后定义平均值之差为两类的距离。平均距离公式为

$$d_{\text{mean}}(c_i, c_j) = |m_i - m_j| \tag{4-7}$$

其中 c_i, c_j 是两个类，$p - p'$ 为对象 p 和 p' 之间的距离，n_i 和 n_j 分别为 c_i, c_j 的对象个数，m_i, m_j 分别为类 c_i, c_j 的平均值。

层次聚类方法是聚类分析中应用很广泛的一种方法，它是根据给定的簇间距离度量为准则，构造和维护一棵由簇和子簇形成的聚类树，直至满足某个终结条件为止。其中簇间距离度量方法有最小距离、最大距离、平均值距离和平均距离四种。层次聚类方法根据层次分解是自底向上还是自顶向下可以分为凝聚的和分裂的两种。层次聚类算法简单、而且能够有效地处理

大数据集，但是它一旦一组对象合并或者分裂，它已做的处理便不能撤销和更改，如果某一步没有很好地做出合并或分裂的决定，则可能会导致低质量的聚类效果。

3. SOM 聚类算法

SOM（Self Organized Maps）算法是由 T. Kohonen 于 1982 年提出来的一种基于竞争学习的单层神经网络模型。它在对数据进行矢量量化的同时还能实现对数据的非线性降维映射，该映射具有拓扑保持的优良特性，从而使 SOM 算法成为一种常用的聚类和可视化工具。在 SOM 算法中，作为数据代表的神经元被固定在一个低维常规网格上，采用邻域学习方式最终可达到神经元在该网格上的拓扑有序。

从网络结构上来说，SOM 网络最大的特点是神经元被放置在一维、二维或者更高维的网格节点上。图 4.8 所示是最普通的二维 SOM 网格模型。

SOM 网络的一个典型特性就是可以在一维或二维的处理单元阵列上，形成输入信号的特征拓扑分布，因此 SOM 网络具有抽取输入信号模式特征的能力。SOM 网络一般只包含一维阵列和二维阵列，但也可以推

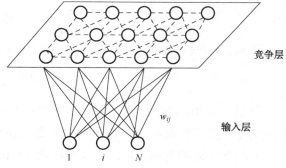

图 4.8　二维 SOM 网格模型

广到多维处理单元阵列中。下面只讨论应用较多的二维阵列。

输入层是一维的神经元，具有 N 个节点，竞争层的神经元处于二维平面网格节点上，构成一个二维节点矩阵，共有 M 个节点。输入层与竞争层的神经元之间都通过连接权值进行连接，竞争层临近的节点之间也存在着局部的互连。SOM 网络中具有两种类型的权值，一种是神经元对外部输入的连接权值，另一种是神经元之间的互连权值，它的大小控制着神经元之间相互作用的强弱。在 SOM 网络中，竞争层又是输出层。SOM 网络通过引入网格形成了自组织特征映射的输出空间，并且在各个神经元之间建立了拓扑连接关系。神经元之间的联系是由它们在网格上的位置所决定的，这种联系模拟了人脑中的神经元之间的侧抑制功能，成为网络实现竞争的基础。

4. FCM 聚类算法

模糊 C 均值（Fuzzy C-means）算法简称 FCM 算法。FCM 算法是一种基于划分的聚类算法，核心思想是使得被划分到同一簇的对象之间相似度最大，而不同簇之间的相似度最小。

（1）模糊集合。

首先引入隶属度函数的概念。隶属度函数是表示一个对象 x 隶属于集合 A 的程度的函数，通常记作 $\mu_A(x)$，其自变量范围是所有可能属于集合 A 的对象（即集合 A 所在空间中的所有点），取值范围是[0,1]，即 $0 \leqslant \mu_A(x) \leqslant 1$。$\mu_A(x)=1$ 表示 x 完全隶属于集合 A，相当于传统集合概念上的 $x \in A$。一个定义在空间 $X=\{x\}$ 上的隶属度函数就定义了一个模糊集合 A，或者叫定义在论域 $X=\{x\}$ 上的模糊子集 $\tilde{A}$。对于有限个对象 $x_1, x_2, \cdots, x_n$，模糊集合 $\tilde{A}$ 可以表示为：

$$\tilde{A} = \{[\mu_A(x_i), x_i] \mid x_i \in X\} \tag{4-8}$$

有了模糊集合的概念，一个元素隶属于模糊集合就不是硬性的了。对于聚类问题，可以把聚类生成的簇看成模糊集合，因此，每个样本点隶属于簇的隶属度就是[0，1]区间的值。

(2) 模糊 C 均值聚类。

模糊 C 均值聚类（FCM），即众所周知的模糊 ISODATA，是用隶属度确定每个数据点属于某个聚类的程度的一种聚类算法。1973 年，Bezdek 提出了该算法，作为早期硬 C 均值聚类（HCM）方法的一种改进。

FCM 把 n 个向量 x_i（$i=1, 2, \cdots, n$）分为 c 个模糊组，并求每组的聚类中心，使得非相似性指标的价值函数达到最小。FCM 与 HCM 的主要区别在于 FCM 用模糊划分，使得每个给定数据点用值在[0，1]间的隶属度来确定其属于各个组的程度。与引入模糊划分相适应，隶属矩阵 U 允许有取值在[0，1]间的元素。不过，加上归一化规定，一个数据集的隶属度的和总等于 1：

$$\sum_{i=1}^{c} u_{ij} = 1, \ \forall j = 1, 2, \cdots, n \quad (4-9)$$

那么，FCM 的价值函数（或目标函数）就是式（4-9）的一般化形式：

$$J(u, c_1, \cdots, c_c) = \sum_{i=1}^{c} J_i = \sum_{i=1}^{c} \sum_{j=1}^{n} u_{ij}^m d_{ij}^2 \quad (4-10)$$

这里 $u_{ij} \in [0, 1]$；c_i 为模糊组 I 的聚类中心，$d_{ij} = \|c_i - x_j\|$ 为第 i 个聚类中心与第 j 个数据点间的欧几里得距离；$m \in [1, \infty)$ 是一个加权指数。

构造如下新的目标函数，可求得使式（4-10）达到最小值的必要条件：

$$\bar{J}(U, c_1, \cdots, c_c; \lambda_1, \cdots, \lambda_n) = J(U, c_1, \cdots, c_c) + \sum_{i=1}^{n} \lambda_j (\sum_{j=1}^{c} u_{ij} - 1)$$
$$= \sum_{i=1}^{c} \sum_{j=1}^{n} u_{ij}^m d_{ij}^2 + \sum_{j=1}^{n} \lambda_j (\sum_{i=1}^{c} u_{ij} - 1) \quad (4-11)$$

这里 λ_j（$j=1, \cdots, n$），是式（4-10）的 n 个约束式的拉格朗日乘子。对所有输入参量求导，使式（4-11）达到最小的必要条件为：

$$c_i = \frac{\sum_{j=1}^{n} u_{ij}^m x_j}{\sum_{j=1}^{n} u_{ij}^m} \quad (4-12)$$

和

$$u_{ij} = \frac{1}{\sum_{k=1}^{c} \left(\frac{d_{ij}}{d_{kj}} \right)^{2/(m-1)}} \quad (4-13)$$

由上述两个必要条件，模糊 C 均值聚类算法是一个简单的迭代过程。在批处理方式运行时，FCM 用下列步骤确定聚类中心 c_i 和隶属矩阵 U [1]：

（1）用值在（0，1）间的随机数初始化隶属矩阵 U，使其满足式（4-12）中的约束条件。

（2）用式（4-12）计算 c 个聚类中心 c_i，$i=1, \cdots, c$。

（3）根据式（4-10）计算价值函数。如果它小于某个确定的阈值，或它相对上次价值函数值的改变量小于某个阈值，则算法停止。

（4）用式（4-13）计算新的矩阵 U。返回步骤（2）。

上述算法也可以先初始化聚类中心，然后再执行迭代过程。由于不能确保 FCM 收敛于一个最优解。算法的性能依赖于初始聚类中心。因此，要么用另外的快速算法确定初始聚类中心，要么每次用不同的初始聚类中心启动该算法，多次运行 FCM。不难看出 FCM 算法需要两个参数：一个是聚类数目 c，另一个是参数 m。一般来讲 c 要远远小于聚类样本的总个数，同时要保证 $c>1$。对于 m，它是一个控制算法的柔性的参数，如果 m 过大，则聚类效果会很差；而如果 m 过小，则算法会接近 HCM 聚类算法。

算法的输出是 c 个聚类中心点向量和 $c\times n$ 的一个模糊划分矩阵，这个矩阵表示的是每个样本点属于每个类的隶属度。根据这个划分矩阵按照模糊集合中的最大隶属原则就能够确定每个样本点归为哪个类。聚类中心表示的是每个类的平均特征，可以认为是这个类的代表点。

从算法的推导过程中不难看出：算法对于满足正态分布的数据聚类效果会很好；另外，算法对孤立点是敏感的。

数据分类与预测

分类（Categorization or Classification）是一种重要的数据分析形式，是提取刻画重要数据类的模型，也是机器学习和数据挖掘领域一套用于分类问题的方法。该分类方法是有监督学习类型，即：给定一个数据集，所有实例都由一组属性来描述，每个实例仅属于一个类别，在给定数据集上运行可以学习得到一个从属性值到类别的映射，进而可以使用该映射对新的未知实例进行分类。这种映射又称为分类器或模型。简单而言，分类就是按照某种标准给对象贴标识，再根据标识来区分归类。最早一些数据分类算法只能用于处理标识类别数据，如今已经扩展到支持数值、符号乃至混合型的数据类型。数据分类算法较多，包括常用的决策树分类算法、基于概率统计思想的朴素贝叶斯分类算法（Native Bayesian Classifier）、具有统计学习理论的支持向量机（SVM）的分类器、神经网络法、k-近邻法（k-nearestneighbor, kNN）、模糊分类法，以及通过组建一组学习器进行集成学习的 Adaboost 算法等。在此仅介绍决策树算法的预测模型。

决策树算法的基本概念

决策树是一种采用树状结构的有监督分类或回归算法。决策树是一个预测模型，表示对象特征和对象值之间的一种映射。例如，一种预测贷款用户是否具有偿还能力的决策树结构如图 4.9 所示。每个用户（样本）有 3 个属性：是否拥有房产、是否已婚、年收入。现在给定一个用户 A（无房产、单身、年收入 80 000 元），那么根据上面的决策树，按照虚线路径就可以预测该用户没有偿还贷款能力。

由此可见，决策树是一种类似流程图的树结构，其中每个内部节点（非树叶节点）表示在一个属性上的测试，每个分枝代表一个测试输出，而每个树叶节点存放一个属性（类标号）。一旦建立好决策树，对于一个未给定标号的样本，决策树会选择一条从根节点到叶节点的路径，该实体的预测结果就存储在该叶节点中。也就是说，决策树的每个非叶子节点存储的是用于分类的特征，其分枝代表这个特征在某个值上的输出，而每个叶子节点存储的是最终的类别信息。简言之，利用决策树进行预测的过程就是从根节点开始，根据样本的特征属性选择不同的分枝，直到到达叶子节点，得出预测结果的过程。

决策树算法描述

决策树算法最早产生于 20 世纪 60 年代，到 70 年代末，由 J Ross Quinlan 提出了 ID3 算法，此算法的目的在于减少树的深度，但它忽略了叶子数目的研究。然后在 ID3 算法的基础上进行了修订,提出了 C4.5 算法。C4.5 算法是机器学习中常用的一种分类算法,算法的目标是通过学习,找到一个从样本属性值到类别的映射关系,并且这个映射能用于对新的未知样本进行分类。

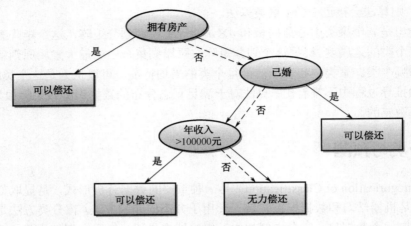

图 4.9　贷款偿还能力的决策树结构

决策树是目前应用最为广泛的归纳推理算法之一,在数据挖掘中受到广泛关注。决策树算法的基本思想如下:

(1) 树从代表训练样本的单个节点开始。

(2) 如果样本都在同一个类,则该节点成为树叶,并用该类标记;否则,选择最有分类能力的属性作为决策树的当前节点。

(3) 根据当前决策节点属性取值的不同,将训练样本数据集分为若干子集,每个取值形成一个分枝,有几个取值形成几个分枝。均针对上一步得到的一个子集,重复进行先前步骤,递归形成每个划分样本上的决策树。一旦一个属性出现在一个节点上,就不必在该节点的任何后代考虑它。

(4) 递归划分步骤仅当下列条件之一成立时停止:

- 给定节点的所有样本属于同一类。
- 没有剩余属性可以用来进一步划分样本。在这种情况下,使用多数表决,将给定的节点转换成树叶,并以样本中元组个数最多的类别作为类别标记,同时也可以存放该节点样本的类别分布。
- 如果某一分枝没有满足该分枝中已有分类的样本,则以样本的多数类创建一个树叶。

对 C4.5 算法来说,并不是一个单一的算法,而是一组算法的总称。其算法伪代码如下:

```
Input:an attribute-valued dataset D
(1)  tree={}
(2)if D is "pure" OR other stopping criteria met then
(3)    terminate
(4)end if
(5)for all attribute a∈D do
(6)    compute information-theoretic criteria if we split on a
(7)end for
(8)a_best=best attribute according to above computed criteria
(9)tree=create a decision node that tests a_best in the root
```

```
(10) D_v=induced sub-datasets from D based on a_best
(11) for all D_v do
(12)    tree_v=C4.5(D_v)
(13)    altach tree_v to the corresponding branch of tree
(14) end for
(15) return tree
```

构造决策树

构造决策树就是根据现有样本数据生成一个树结构。如何从根节点开始一步一步得到一个决策树呢？对于数据特征均为离散型的样本，可以按照如下两大步骤进行。

第一步：确定一个分裂属性

这一步以样本数据的哪个特征进行划分，主要是决定给定节点上的样本属性如何分裂。比较流行的属性选择度量包括信息增益、增益率和基尼（Gini）指数。

假设 D 是类标记样本训练集，类标号属性有 m 个不同的值，m 个不同类 C_i（$i=1, 2, \cdots, m$），C_iD 是 D 中 C_i 类的样本集合，$|D|$ 和 $|C_iD|$ 分别是 D 和 C_iD 中的样本个数。

（1）信息增益。信息增益是 ID3 算法中用来进行属性选择的度量指标。通常，它选择具有最高信息增益的属性来作为节点 N 的分裂属性。该属性使结果划分中的元组分类所需信息量最小。对 D 中的元组分类所需的期望信息为：

$$\text{Info}(D) = -\sum_{i=1}^{m} p_i \log_2(p_i) \tag{4-14}$$

其中，p_i 表示第 i 个类别在整个训练元组中出现的概率，可以用属于此类别的数量除以训练元组元素总数作为估计；m 为类别数，例如在上例中类别为是否有能力偿还贷款，因此，$m=2$；$\text{Info}(D)$ 称为熵。熵表示样本的混乱程度，样本越无序、越混乱，熵就越大。

现假定按照属性 A 划分 D 中的元组，且属性 A 将 D 划分为 v 个不同的类。在该划分之后，为了得到准确的分类还需要的信息由如下公式度量：

$$\text{Info}_A(D) = \sum_{i=1}^{v} \frac{|D_j|}{|D|} \times \text{Info}(D_j) \tag{4-15}$$

信息增益定义为原来的信息需求（即对 A 划分之前得到的）与新需求（即对 A 划分之后得到的）之间的差，即

$$\text{Gain}(A) = \text{Info}(D) - \text{Info}_A(D) \tag{4-16}$$

可以认为，信息增益越大，则意味着以属性 A 进行划分，所获得的"纯度提升越大"。因此可以遍历所有属性，选取使得信息增益最大的属性作为当前节点的分裂属性。

使用信息增益有一个缺点，即它偏向于具有较多取值个数的属性，若某个属性所取的不同值的个数越多，那么就越有可能拿它来作为分裂属性。例如，一个训练集中有 10 个样本，对于某一个属性 A，它分别取 1~10 这 10 个数。如果对 A 进行分裂，将会分成 10 个类，那么对于每一个类有 $\text{Info}(D_i)=0$，从而可知式（4-16）为 0。该属性划分为所得到的信息增益最大，但显然这种划分没有意义。

（2）信息增益率。基于信息增益作为属性选择度量存在的弊端，C4.5 算法在信息增益偏向多取值属性上做出了改进，引用了信息增益率。信息增益率使用"分裂信息"值将信息增益规范化，分类信息类似于 $\text{Info}(D)$，具体定义为：

$$\mathrm{SplitInfo}_A(D) = -\sum_{j=1}^{v} \frac{|D_j|}{|D|} \times \log_2\left(\frac{|D_j|}{|D|}\right) \quad (4\text{-}17)$$

这个值表示通过训练数据集 D 划分成对应于属性 A 测试的 v 个输出的 v 个划分产生的信息。信息增益率定义为：

$$\mathrm{GainRatio}(A) = \frac{\mathrm{Gain}(A)}{\mathrm{SplitInfo}(A)} \quad (4\text{-}18)$$

此属性选择度量具有最大增益率的属性作为分裂属性。

（3）基尼指数。基尼指数在 CART 分类算法中使用。基尼指数用于度量数据集 D 的纯度，即：

$$\mathrm{Gini}(D) = 1 - \sum_{i=1}^{m} p_i^2 \quad (4\text{-}19)$$

直观上，基尼指数反映了从数据集 D 随机选取两个样本，其类别标记不一致的概率，则基尼指数越小，代表其纯度越高。

选取合适的纯度量化公式，可以从当前样本数据中找到最好的划分特征，从而将数据集划分为若干个分枝。

第二步：观察划分的各个分枝

如果分枝中样本数据均属于同一类别，则该分枝应为树叶节点，无须再进行计算。如果分枝中样本所有属性都相同，无法再继续分解下去，那么当前分枝就为叶节点，类别标记为当前分枝中样本数量最多的一种（多数表决）。如果以上都不符合，应针对每组样本数据重复第一步的过程，将分枝继续递归分解下去，直至每个分枝的样本数据都具有相同的类别。

由于数据表示不当、有噪声或者由于决策树生成时产生重复的子树等原因，会造成产生的决策树过大。因此，简化决策树是一个不可缺少的环节。寻找一棵最优决策树，主要应解决以下 3 个最优化问题：

▶ 生成最少数目的叶子节点；
▶ 生成的每个叶子节点的深度最小；
▶ 生成的决策树叶子节点最少且每个叶子节点的深度最小。

决策树剪枝

在创建决策树时，由于数据中的噪声点较多，许多分枝反映的是训练数据中的异常点，剪枝方法常用于去除异常数据，该方法采用统计量度，剪去最不可靠的分枝。一般来说，剪枝主要分为先剪枝和后剪枝两种方法。

先剪枝也称为预剪枝，即为在决策树生产过程中，对当前节点的划分结果进行评价，如果该划分不能带来决策树泛化能力（即处理未见过示例的能力）的提升，则停止划分，将当前节点标记为叶节点。

后剪枝方法是先生成一颗完整的决策树，然后自底向上对非叶节点进行评价，如果剪掉该枝可以使得泛化性能提升，则将该枝替换为叶节点。C4.5 算法采用后剪枝中的悲观剪枝法，它使用训练集生成决策树，又用它来进行剪枝，故不需要独立的剪枝集。悲观剪枝法的基本思路是：先计算规则在它应用的训练集样本上的精度，然后假定此估计精度为二项式分布，并计算它的标准差。对于给定的置信区间，采用下界估计作为规则性能的度量。这样做的结果是对大的数据集合，该剪枝策略能够非常接近观察精度。随着数据集合的减少，离观察精度越来越远。该剪枝方法尽管不是统计有效的，但在实践中却非常有效。

数据预测

分类可以用于预测，预测的目的是从历史数据自动推导出给定数据的趋势描述，并对未来的数据进行预测。统计学中常用的预测方法是回归。分类和预测是既相互联系又有区别的一对概念。一般来说，分类的输出是离散的类别值，而预测的输出则是连续的数值。

在商业领域，数据预测最常见的应用场景是根据用户对商品的评分向用户推荐新商品。针对这类问题，Daniel Lemire 提出了一个 Item-Based 推荐算法 Slope One，可以高效预测用户评分。该算法的基本思想来源于一元线性模型 $W=f(v)=v+b$，已知一组训练集 (v_i,w_i)，$i=1,2,\cdots,n$，利用此线性模型最小化预测误差的平方和，可以获得：

$$b = \frac{\sum_i w_i - v_i}{n} \tag{4-20}$$

以此为基础，定义 Item i 相对于 Item j 的平均偏差为：

$$\mathrm{dev}(j,i) = \sum_{u \in S_{ji}(X)} \frac{u_j - u_i}{\#[S_{ji}(X)]} \tag{4-21}$$

式中，S_{ji} 表示对 Item i 和 Item j 给予相同评分的用户集合，#表示集合元素个数，从而得到用户 u 对 Item j 的一种预测值 $\mathrm{dev}(j,i)+u_i$。将所有可能的预测值求平均，可得到：

$$P(u)_j = \frac{1}{\#(R_j)} \sum_{i \in R_j} [\mathrm{dev}(j,i) + u_i] \tag{4-22}$$

式中，R_j 表示用户 u 已给予的所有评分且满足条件 $i \neq j$，S_{ji} 为不等于 ϕ 的 Item 集合。对于足够稠密的数据集，预测公式可以简化为：

$$P^S(u)_j = \bar{u} + \frac{1}{\#(R_{ji})} \sum_{i \in R_{ji}} \mathrm{dev}(j,i) \tag{4-23}$$

决策树算法具有许多优点，如：易于表达和理解、数据的预处理也比较简单；能同时处理多种数据类型；对缺失值不敏感，可以处理不相关特征数据；算法效率比较高，只要一次构建可反复使用。但也存在许多缺点，如：对连续性的字段比较难预测；对有时间顺序的数据，需要做很多预处理工作；分类结果也不是很稳定。针对这些缺点，提出了许多改进的方法。例如，采用森林等方法可使结果更准确、更稳定一些。

练习

1. 描述挖掘频繁项集的 Apriori 算法。
2. 数据聚类分析常用哪几种算法？
3. 简述决策树的工作原理和过程。
4. 决策树属于什么学习方法？简述它的主要步骤。
5. 简述 k-means 聚类算法的处理过程。
6. 试分析数据聚类分析与数据分类分析的区别，传统聚类算法分为哪几大类？

补充练习

在互联网上检索查找文献，举例说明你生活中所涉及的大数据挖掘的应用案例。

第三节　大数据处理系统（MapReduce/Spark）

大数据格式多种多样、形态复杂、规模庞大，给传统的数据计算带来了巨大技术挑战，传统的信息处理与计算技术已难以有效地应对大数据的处理。为了从大数据中挖掘出有价值的信息，需要有针对大数据的分布式数据处理系统。目前针对大数据的分布式处理系统主要有：

- 批量数据处理系统：主要是对互联网中产生的海量、静态数据进行处理。典型的大数据批量处理架构是 Hadoop，由 HDFS 负责静态数据的存储，通过 MapReduce 实现计算逻辑、机器学习和数据挖掘算法。例如，对客户在网站中的点击量和网页的浏览量等数据进行处理，从而了解客户对哪些商品比较偏爱。
- 流式数据处理系统：主要是对互联网中大量的在线数据进行实时处理。例如生物体中传感器的数据、商场人流量数据、定位系统的数据都需要高效实时处理。典型的流式数据处理系统是 Storm，Twitter、Spotify、雅虎等公司都使用这类系统。
- 交互式数据处理系统：主要是用人机交互的方式实现数据的处理。例如互联网搜索引擎。典型的交互式数据处理系统有 Berkeley 的 Spark、Google 的 Dremel 等。
- 图数据处理系统：主要用于处理大数据中的图结构数据。例如社交网络中人与人之间的社会关系图数据。典型的图数据处理系统是 Spark，以及 Google 的 Pregel、Neo4j 和微软的 Trinity。

在此，着重介绍当前比较流行的两种大数据处理系统——MapReduce 与 Spark 的基本工作原理及其应用方法。

学习目标

- 掌握分布式并行编程框架 MapReduce 的基本原理及应用方法；
- 掌握基于内存的分布式计算框架 Spark 的运行原理及应用方法。

关键知识点

- MapReduce 的工作流程、Spark 的运行原理及其应用方法。

MapReduce

MapReduce 是大家所熟悉的大数据处理系统。当提到大数据时就会很自然地想到 MapReduce，可见其影响力之广。谷歌公司提出的 MapReduce、GFS 和 BigTable 被称为"谷歌三宝"，这三项技术支持了谷歌的核心业务。

MapReduce 计算架构

MapReduce 是 Hadoop 的核心组件之一，用于处理大数据集的相关实现。MapReduce 计算模型借鉴函数型语言（如 LISP）中内置的 Map 和 Reduce 概念，基于分治法（Divide-and-Conquer）将大规模数据集划分为小数据集，小数据集划分为更小数据集，将最终划分的小数据集分布到集群节点上以并行方式完成计算处理；然后再将计算结果递归融汇，得到最后处理结果。

MapReduce 属于多指令流多数据流（MIMD）类型，是一种运行在 Hadoop 集群架构上的并行计算编程模型。在 Hadoop 集群上，MapReduce1.0 采用 Master/Slave 架构，主要包括 Client、JobTracker、TaskTracker 及 Task 4 个组件，如图 4.10 所示。

- ▶ Client：用户编写的 MapReduce 程序通过 Client 提交到 JobTracker 端，用户可以通过 Client 提供的一些接口查看作业运行状态。
- ▶ JobTracker：运行在 NameNode 上，提供集群资源管理的调配和作业调度管理，监控所有 TaskTracker 与作业的运行状况，一旦发现失败，就将相应的任务转移到其他节点。JobTracker 还会跟踪任务的执行进度、资源使用量等信息，并将这些信息告诉任务调度器（TaskScheduler），而调度器会在资源出现空闲时，选择合适的任务去使用这些资源。
- ▶ TaskTracker：运行在 DataNode 上，负责执行 JobTracker 指派的具体任务。TaskTracker 会周期性地通过"心跳（Heartbeat）"将本节点上资源的使用情况和任务的运行进度汇报给 JobTracker，同时接收 JobTracker 发送过来的命令并执行相应的操作（如启动新任务、杀死任务等）。TaskTracker 使用"Slot"等量划分本节点上的资源（CPU、内存等）。一个 Task 获取到一个 Slot 后才有机会运行，而 Hadoop 调度器的作用就是将各个 TaskTracker 上的空闲 Slot 分配给 Task 使用。Slot 分为 Map Slot 和 Reduce Slot 两种，分别供 MapTask 和 Reduce Task 使用。
- ▶ Task：Task 分为 Map Task 和 Reduce Task 两种，均由 TaskTracker 启动。

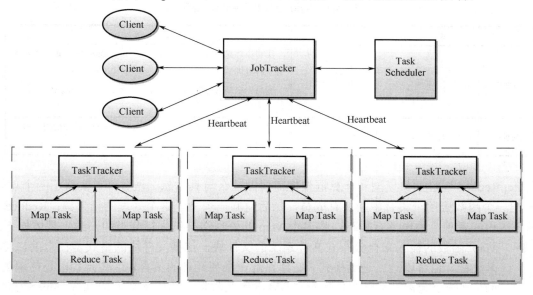

图 4.10　MapReduce1.0 体系结构

MapReduce 计算模型中主要有 Map（映射）和 Reduce（简化）两类任务。Map 负责输入数据的分片、转化、处理，输出中间结果文件；Reduce 以 Map 的输出文件为输入，对中间结果进行合并处理，得到最终结果并写入 HDFS。这两类任务都有多个进程运行在 DataNode 上，相互间通过 Shuffle 阶段交换数据。

Hadoop 计算框架是用 Java 实现的，但是 MapReduce 应用程序则不一定要用 Java 来写。

MapReduce1.0 体系结构设计存在单点故障、JobTracker 包揽任务过重、容易出现内存溢出及资源划分不合理等缺陷。为了克服 MapReduce1.0 的缺陷，Hadoop2.0 以后的版本引入了集群管理器 YARN，形成了 MapReduce2.0，其基本思路是"放权"，把 JobTracker 的三大功能（资源管理、任务调度和任务监控）进行拆分，分别交给不同的新组件 Resource Manager、ApplicationMaster 和 NodeManager 去处理，具体可参阅相关文献。

Map 和 Reduce 函数

MapReduce 计算模型的核心是 Map 函数和 Reduce 函数，二者都是由应用程序开发者负责具体实现的。MapReduce 编程之所以比较容易，是因为程序员只要关注如何实现 Map 和 Reduce 函数，而不需要处理并行编程中的其他各种复杂问题，如分布式存储、工作调度、负载均衡、容错处理、网络通信等，这些问题都由 MapReduce 框架负责处理。

Map 函数和 Reduce 函数都是以<key,value>作为输入，按一定的映射规则转换成另一个或一批<key,value>进行输出的，如表 4-1 所示。这个抽象的定义可以通过一个示例来通俗地解释。假设果园只有桃、杏两种果树，现在要求果农统计出两种果树各有几棵。果农甲、乙、丙一起数，每个人分别统计各自的桃、杏棵数。按照 key/value 计数可以表示成甲：[桃 10][杏 20]；乙：[桃 15][杏 15]；丙：[桃 20][杏 10]。这是一个 Map 过程。之后三个人再共同把结果按照桃、杏分别进行统计得到[桃 45][杏 45]。这就是一个 Reduce 。当然，MapReduce 的工作机制远比这个小例子复杂得多，但基本思想是类似的，即通过分散计算来分析海量数据。

表 4-1 Map 函数和 Reduce 函数

函数	输入	输出	备注
Map	<k1,v1>	List<k2,v2>	①将小数据集进一步解析成一批<key,value>对，输入 Map 函数进行处理 ②每一个输入的<k1,v1>会输出一批<k2,v2>，<k2,v2>是计算的中间结果
Reduce	<k2, List（v2）>	<k3,v3>	输入的中间结果<k2,v2>中的 List（v2）表示是一批属于同一个 k2 的 value

MapReduce 通过抽象模型和计算框架把需要做什么与具体怎么做分开，实现了两个功能：Map 把一个函数应用于集合中的所有成员，然后返回一个基于这个处理的结果集；Reduce 是对多个进程或者独立系统并行执行，将多个 Map 的处理结果集进行分类和归纳。具体如下：

- ▶ Map 函数的输入来自分布式文件系统的文件块，这些文件块的格式是任意的，可以是文档，也可以是二进制格式。文件块是一系列元素的集合，这些元素也是任意类型的，同一个元素不能跨文件块存储。Map 函数将输入的元素转换成<key,value>形式的键值对，键和值的类型也是任意的，其中键不同于一般的标志属性，即键没有唯一性，不能作为输出的身份标识，即使是同一输入元素，也可通过一个 Map 任务生成具有相同键的多个<key,value>。
- ▶ Reduce 函数的任务就是将输入的一系列具有相同键的键值对以某种方式组合起来，输出处理后的键值对，输出结果会合并成一个文件。用户可以指定 Reduce 任务的个数(如 n 个)，并通知实现系统，然后主控进程通常会选择一个 Hash 函数，Map 任务输出的每个键都会经过 Hash 函数计算，并根据哈希结果将该键值对输入相应的 Reduce 任务来处理。对于处理键为 k 的 Reduce 任务的输入形式为$<k,<v_1,v_2,\cdots,v_n>>$，输出为$<k,V>$。

例如，若计划编写一个 MapReduce 程序来统计一个文本文件中每个单词出现的次数，对于表 4-1 中的 Map 函数的输入$<k_1,V_1>$而言，其具体数据就是<某一行文本在文件中的偏移位置，该行文本的内容>。用户可以自己编写 Map 函数处理过程，把文件中的一行读取后解析出每个单词，生成批中间结果<单词，出现次数>，然后把这些中间结果作为 Reduce 函数的输入。Reduce 函数的具体处理过程也由用户自己编写，用户可以将相同单词的出现次数进行累加，得到每个单词出现的总次数。

MapReduce 的工作流程

一个大的 MapReduce 作业，通常会被拆分成许多个 Map 任务在多台机器上并行执行，每个 Map 任务运行在数据存储的节点上。当 Map 任务结束后，会生成以<key，value>形式表示的许多中间结果。然后，这些中间结果会被分发到多个 Reduce 任务在多台机器上并行执行，具有相同 key 的<key,value>会被发送到同一个 Reduce 任务那里，Reduce 任务会对中间结果进行汇总计算得到最后结果，并输出到分布式文件系统中。也就是说，在客户端的 MapReduce 作业提交给 JobTracker 或 Resource Manager，完成输入数据文件的分片（Split）后，MapReduce 计算引擎即启动图 4.11 所示的工作流程。这一流程主要包含以下步骤：

（1）MapReduce 框架使用 InputFormat 模块进行 Map 前的预处理，比如验证输入的格式是否符合输入定义；然后，将输入文件切分为逻辑上的多个 InputSplit，InputSplit 是 MapReduce 对文件进行处理和运算的输入单位，只是一个逻辑概念，每个 InputSplit 并没有对文件进行实际切割，只是记录了要处理的数据的位置和长度。

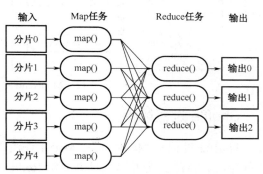

图 4.11　MapReduce 的工作流程

（2）因为 InputSplit 是逻辑切分而非物理切分，所以还需要通过 RecordReader（RR）根据 InputSplit 中的信息来处理 InputSplit 中的具体记录，加载数据并转换为适合 Map 任务读取的键值对，输入给 Map 任务。

（3）Map 任务会根据用户自定义的映射规则，输出一系列的<key,value>作为中间结果。

（4）为了让 Reduce 可以并行处理 Map 的结果，需要对 Map 的输出进行一定的分区（Portition）、排序（Sort）、合并（Combine）、归并（Merge）等操作，得到<key,value-list>形式的中间结果，再交给对应的 Reduce 进行处理，这个过程称为 Shuffle。从无序的<key,value>到有序的<key,value-list>，这个过程用 Shuffle（洗牌）来称呼是非常形象的。

（5）Reduce 以一系列<key,value-list>中间结果作为输入，执行用户定义的逻辑，输出结果给 OutputFormat 模块。

（6）OutputFormat 模块会验证输出目录是否已经存在以及输出结果类型是否符合配置文件中的配置类型。如果都满足，就输出 Reduce 的结果到分布式文件系统（HDFS）。

综上所述，MapReduce 工作流程中的各个执行步骤可概括为如图 4.12 所示。从该图可以看出，不同节点上运行的 Map 任务都将其输出结果提交给下一个阶段 Shuffle，由 Shuffle 进程完成 Map 输出的归并排序，然后分发给 Reducer。为此，需要细致解析在 Shuffle 阶段中间数据是如何处理和分发的。

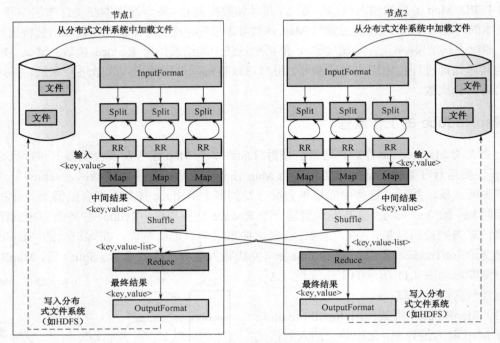

图 4.12　MapReduce 工作流程中的各个执行步骤

Shuffle 过程解析

Shuffle 过程是 MapReduce 整个工作流程的核心环节。所谓 Shuffle 是指对 Map 输出结果进行分区、排序、合并等处理并交给 Reduce 的过程。Shuffle 过程贯穿于 Map 和 Reduce 两个过程。Reduce Task 从各个 Map Task 上远程拷贝一片数据，并针对某一片数据，如果其大小超过一定的阈值，则写到磁盘上，否则直接放到内存中。因此 Shuffle 过程分为 Map 端的操作和 Reduce 端的操作两部分，如图 4.13 所示。

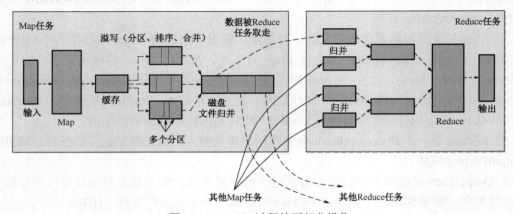

图 4.13　Shuffle 过程的两部分操作

1. Map 端的 Shuffle

Map 端的 Shuffle 过程稍微复杂。首先，将 Map 的输出结果写入缓存，当缓存满时，就启动溢写操作，把缓存中的数据写入磁盘文件，并清空缓存。当启动溢写操作时，需要把缓存中的数据进行分区，然后对每个分区的数据进行排序和合并，之后再写入磁盘文件。每次溢写操作都会生成一个新的磁盘文件，随着 Map 任务的执行，磁盘中会生成多个溢写文件。在 Map 任务全部结束之前，这些溢写文件被归并形成一个大的磁盘文件，然后通知相应的 Reduce 任务来领取属于自己处理的数据。具体而言，Shuffle 对 Map 的中间输出需要完成以下 4 个步骤（如图 4.14 所示）：

（1）输入数据和执行 Map 任务。

Map 任务的输入数据一般保存在分布式文件系统（如 GFS 或 HDFS）的文件块中，这些文件块的格式是任意的，可以是文档，也可以是二进制格式。Map 任务收到<key,value>后以其作为输入，按一定的映射规则转换成一批<key,value>进行输出。

（2）写入缓存。

每个 Map 任务都会被分配一个缓存，Map 的输出结果不是立即写入磁盘，而是首先写入缓存。在缓存中积累一定数量的 Map 输出结果以后，再一次性批量写入磁盘，这样可以大大减少对磁盘 I/O 的影响。因为，磁盘包含机械部件，它是通过磁头移动和盘片的转动来寻址定位数据的，每次寻址的开销很大，如果每个 Map 输出结果都直接写入磁盘,会引入很多次

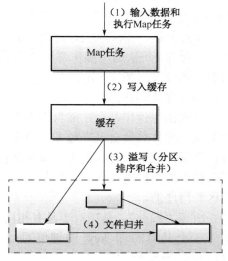

图 4.14 Map 端的 Shuffle 步骤

寻址开销，而一次性批量写入，就只需要一次寻址、连续写入，大大降低了开销。需要注意的是，在写入缓存之前，key 与 value 值都会被序列化成字节数组。

（3）溢写（分区、排序和合并）。

提供给 MapReduce 缓存的容量是有限的，默认大小是 100 MB。随着 Map 任务的执行，缓存中 Map 结果的数量会不断增加，很快就会占满整个缓存。这时，就必须启动溢写操作，把缓存中的内容一次性写入磁盘，并清空缓存。溢写的过程通常由另外一个单独的后台线程来完成，不会影响 Map 结果往缓存写入，但是为了保证 Map 结果能够不停地持续写入缓存，不受溢写过程的影响，就必须让缓存中一直有可用的空间，不能等到全部占满才启动溢写过程。所以，一般会设置一个溢写比例，如 0.8。也就是说，当 100 MB 大小的缓存被填满 80 MB 数据时，就启动溢写过程，把已经写入的 80 MB 数据写入磁盘，剩余 20 MB 空间供 Map 结果继续写入。

但是，在溢写到磁盘之前，缓存中的数据首先会被分区（Partition）。缓存中的数据是<key,value>形式的键值对，这些键值对最终需要交给不同的 Reduce 任务进行并行处理。MapReduce 通过 Partitioner 接口对这些键值对进行分区，默认的分区方式是采用 Hash 函数对 key 进行哈希计算后再用 Reduce 任务的数量进行取模，可以表示成 hash(key) mod R，其中 R 表示 Reduce 任务的数量。这样，就可以把 Map 输出结果均匀地分配给 R 这个 Reduce 任务并行处理了。当然，MapReduce 也允许用户通过重载 Partitioner 接口来自定义分区方式。

对于每个分区内的所有键值对，后台线程会根据 key 对它们进行内存排序，排序是

MapReduce 的默认操作。排序结束后,还包含一个可选的合并操作。如果用户事先没有定义 Combiner 函数,就不用进行合并操作。如果用户事先定义了 Combiner 函数,则这个时候会执行合并操作,从而减少需要溢写到磁盘的数据量。

所谓"合并",是指将那些具有相同 key 的<key,value>的 value 加起来。比如,有两个键值对<"xmu" 1>和<"xmu" 1>,经过合并操作以后就可以得到一个键值对<"xmu" 2>,减少了键值对的数量。这里需要注意,Map 端的这种合并操作,其实与 Reduce 的功能相似,但是由于这个操作发生在 Map 端,所以只能称之为"合并",从而有别于 Reduce。不过,并非所有场合都可以使用 Combiner,因为 Combiner 的输出是 Reduce 任务的输入,Combiner 绝不能改变 Reduce 任务最终的计算结果。一般而言,累加、最大值等场景可以使用合并操作。

经过分区、排序以及可能发生的合并操作之后,这些缓存中的键值对就可以被写入磁盘,并清空缓存。每次溢写操作都会在磁盘中生成一个新的溢写文件,写入溢写文件中的所有键值对都是经过分区和排序的。

(4)文件归并。

每次溢写操作都会在磁盘中生成一个新的溢写文件,随着 MapReduce 任务的进行,磁盘中的溢写文件数量会越来越多。当然,如果 Map 输出结果很少,磁盘上只会存在一个溢写文件;否则,通常都会存在多个溢写文件。最终,在 Map 任务全部结束之前,系统会对所有溢写文件中的数据进行归并,生成一个大的溢写文件。这个大溢写文件中的所有键值对也是经过分区和排序的。

所谓"归并",是指对于具有相同 key 的键值对被归并成一个新的键值对。具体而言,对于若干个具有相同 key 的键值对<k_1,v_1>,<k_2,v_2>,…,<k_n,v_n>,被归并成一个新的键值对<k_1,<$v_1,v_2,…,v_n$>>。

另外,进行文件归并时,如果磁盘中已经生成的溢写文件数量超过参数 min.num.spills.for.combine 的值时(默认值是 3,用户可以修改这个值),就可以再次运行 Combiner,对数据进行合并操作,从而减少写入磁盘的数据量。但是,如果磁盘中只有一两个溢写文件,执行合并操作会"得不偿失",因为执行合并操作本身也需要代价,因此不会运行 Combiner。

经过上述 4 个步骤以后,Map 端的 Shuffle 全部完成,最终生成一个大文件被存放在本地磁盘上。这个大文件中的数据是被分区的,不同的分区被发送到不同的 Reduce 任务进行并行处理。JobTracker 会一直监测 Map 任务的执行,当监测到一个 Map 任务完成后,就立即通知相关的 Reduce 任务来"领取"数据,然后开始 Reduce 端的 Shuffle。

2. Reduce 端的 Shuffle

相对于 Map 端而言,Reduce 端的 Shuffle 非常简单,只需从 Map 端读取 Map 结果,然后执行归并操作,最后输送给 Reduce 任务进行处理即可。具体而言,Reduce 端的 Shuffle 包括以下 3 个步骤(如图 4.15 所示):

(1)"领取"数据。

Map 端的 Shuffle 过程结束后,所有 Map 输出结果都保存在 Map 机器的本地磁盘上,Reduce 任务需要把这些数据"领取"(Fetch)回来存放到自己所在机器的本地磁盘上。因此,在每个 Reduce 任务真正开始之前,它大部分时间都在从 Map 端把属于自己处理的那些分区的数据"领取"过来。每个 Reduce 任务会不断地通过 RPC 向 JobTracker 询问 Map 任务是否已经完成；JobTracker 监测到一个 Map 任务完成后，就通知相关的 Reduce 任务来"领取"数据；一旦一个 Reduce 任务收到 JobTracker 的通知，它就到该 Map 任务所在机器上把属于自己处理的分区数据领取到本地磁盘中。一般系统中会存在多个 Map 机器，因此 Reduce 任务会使用多个线程同时从多个 Map 机器领回数据。

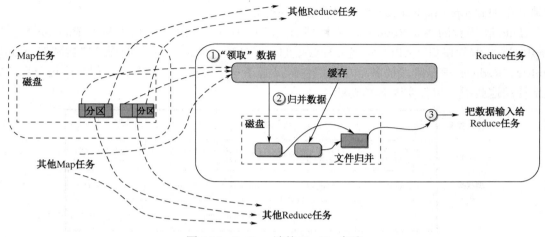

图 4.15 Reduce 端的 Shuffle 步骤

（2）归并数据。

从 Map 端领回的数据首先被存放在 Reduce 任务所在机器的缓存中，如果缓存被占满，就会像 Map 端一样被溢写到磁盘中。由于在 Shuffle 阶段 Reduce 任务还没有真正开始执行，因此，这时可以把内存的大部分空间分配给 Shuffle 过程作为缓存。需要注意的是，系统中一般存在多个 Map 机器，Reduce 任务会从多个 Map 机器领回属于自己处理的那些分区的数据，因此缓存中的数据是来自不同 Map 机器的，一般会存在很多可以合并（Combine）的键值对。当溢写过程启动时，具有相同 key 的键值对会被归并（Merge），如果用户定义了 Combiner,则归并后的数据还可以执行合并操作，减少写入磁盘的数据量。每个溢写过程结束后，都会在磁盘中生成一个溢写文件，因此磁盘上会存在多个溢写文件。最终，当所有的 Map 端数据都已经被领回时，与 Map 端类似，多个溢写文件会被归并成一个大文件，归并的时候还会对键值对进行排序，从而使得最终大文件中的键值对都是有序的。当然，在数据很少的情形下，缓存可以存储所有数据，就不需要把数据溢写到磁盘，而是直接在内存中执行归并操作，然后直接输出给 Reduce 任务。需要说明的是，把磁盘上的多个溢写文件归并成一个大文件可能需要执行多轮归并操作。每轮归并操作可以归并的文件数量是由参数 io.sort.factor 的值来控制的（默认值是 10，可以修改）。假设磁盘中生成了 50 个溢写文件，每轮可以归并 10 个溢写文件，则需要经过 5 轮归并，得到 5 个归并后的大文件。

（3）把数据输入给 Reduce 任务。

磁盘中经过多轮归并后得到的若干个大文件，不会继续归并成一个新的大文件，而是直接输入给 Reduce 任务，这样可以减少磁盘读写开销。至此，整个 Shuffle 过程顺利结束。接下来，Reduce 任务会执行 Reduce 函数中定义的各种映射，输出最终结果，并保存到分布式文件系统中（如 GFS 或 HDFS）。

MapReduce 的编程接口及程序运行方式

MapReduce 是一种多指令多数据（Multiple-Instruction Multiple-Data, MIMD）并行计算体系，其编程模型包括计算模型、编程接口，以及计算环境。在进行应用程序开发时，应最大程度地利用 Hadoop/ MapReduce 的大规模数据并行处理能力。

Hadoop 平台的 MapReduce 编程模型如图 4.16 所示。应用程序可以基于 Hadoop 提供的 MapReduce 编程接口（API）实现各种数据的计算处理。MapReduce 编程接口封装有 Map、Shuffle、Reduce 三个阶段的各个功能组件，屏蔽了与平台相关的细节，使得程序员可以很方便地使用这些类、组件实现各项功能。

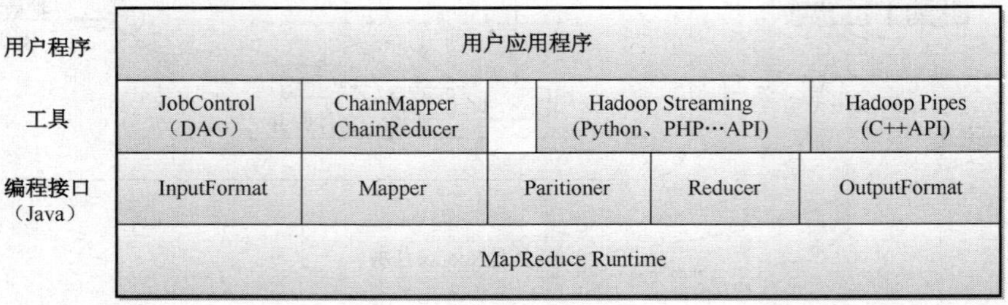

用户程序	用户应用程序			
工具	JobControl（DAG）	ChainMapper ChainReducer	Hadoop Streaming（Python、PHP…API）	Hadoop Pipes（C++API）
编程接口（Java）	InputFormat	Mapper	Paritioner	Reducer	OutputFormat
	MapReduce Runtime			

图 4.16 MapReduce 编程模型

除了 MapReduce 编程接口，Hadoop 还提供了一组工具和运行环境予以支持用户的各类 MapReduce 应用，包括 Hadoop Streaming（用于支持多语言）、Hadoop Pipes（支持 C/C++）、JobControl（作业封装及管理组件）和 ChainMapper/ChianReducer（一个 Map/Reduce 任务调用一组首尾相连的 Mapper/Reducer 组件，提供在一个任务内完成一系列操作的机制）等。因此，Hadoop 平台为应用程序提供了如下三种 MapReduce 作业提交和运行方式。

1. Java（基本方式）

由于 Hadoop 平台和 MapReduce 计算引擎是用 Java 语言编写的，因此用 Java 编写的应用程序可以毫无障碍地提交给 Hadoop 平台运行。例如，用 Java 语言编写的 Word Count（用于统计计算指定文件夹内容中不同单词出现次数的用户程序）编译和提交运行的方式如下：

```
/*设置环境参数*/
$export HADOOP_HOME=/usr/local/hadoop
$export CLASSPATH=$($HADOOP_HOME/bin/hadoop classpath):$CLASSPATH
/*编译应用程序并打成jar包*/
$javac WordCount.java
$jar - cvf WordCount.jar ./WordCount*.class
/*应用程序提交运行*/
$/usr/local/hadoop/bin/hadoop jar WordCount.jar\
org/apache/hadoop/examples/WordCount input output
```

2. Hadoop Streaming（用于支持多语言）

除 Java 基本方式之外，Hadoop 也支持 Hadoop Streaming 作业提交和运行方式。Hadoop Streaming 允许用户在命令行下提交 MapReduce 作业时可以将执行文件或脚本文件作为 Mapper 或 Reducer 提交。例如：

```
$HADOOP_HOME/bin/Hadoop jar $HADOOP_HOME/hadoop - streaming.jar\
    -Input myInputDirs\
    -out myOutputDir\
    -mapper/bin/cat\
    -reducer/bin/wc
```

在上述命令行中，用户以 streaming 方式提交 MapReduce 作业，输入文件夹为 myInputDirs，输出文件夹为 myOutputDir。其中，Linux 命令 cat（连续读出文件内容）和 wc（计算词频）分别作为 Mapper 或 Reducer 提交。当一个 Map Task 需要启用一个 Mapper 时，这个可执行文件或脚本文件会被作为一个单独进程启动，而输入数据会被 Map Task 以行的方式输入给 Mapper，Mapper 的处理结果会以键值对的形式输出。与 Mapper 类似，可执行文件或脚本形式的 Reducer 也是以一个单独进程形式调用的。

通过这种可执行文件或脚本形式的 Mapper/Reducer 的调用，MapReduce 提供了支持其他语言应用程序的接口。例如，用 Python 语言编写的应用程序（myPythonScript.py），在编译后就可以作为 Mapper 提交运行：

```
$HADOOP_HOME/bin/Hadoop jar $HADOOP_HOME/hadoop - streaming.jar\
    -input myInputDirs\
    -out myOutputDir\
    -mapper myPythonScript.py\
    -reducer/bin/wc\
    -file myPythonScript.py
```

3. Hadoop Pipes（用于支持 C/C++）

Hadoop 平台和 MapReduce 还提供了 Hadoop Pipes 来支持用户用 C/C++语言编写的 Mapper、Reducer、Partitioner、Combiner、RecordReader 等组件。与 Hadoop Streaming 不同的是，Hadoop Pipes 使用 Socket 接口作为 MapReduce 引擎与 C/C++组件的通信，而 Hadoop Streaming 使用标准的输入输出格式（stdin/stdout）。

Spark

Spark（http://spark.apache.org）与 Hadoop 两者都是大数据处理框架，但 Spark 是 Hadoop 的后继产品。由于 Hadoop 在设计上只适合离线数据的计算以及它在实时查询和迭代计算上的不足，已经不能满足日益增长的大数据业务需求，因而 Spark 应运而生。Spark 是一个围绕速度、易用性和复杂性基于内存计算构建的开源大数据分布式并行计算框架。所谓内存计算是指采用了各种内存技术在计算过程中让 CPU 从主内存读写数据而不是从磁盘读写数据的计算模式。Spark 具有如下几个主要特点。

▶ 运行速度快。Spark 将内存数据抽象成弹性分布式数据集（Resilient Distributed Dataset，RDD），然后在内存不足时利用"最近最少使用（LRU）"内存替换策略协调内存资源。基于内存计算的执行速度比 Hadoop MapReduce 可快上百倍，比基于磁盘的执行速度也快 10 倍。

▶ 容易使用。Spark 支持使用 Scala、Java、 Python 和 R 语言进行编程，简洁的 API 设计有助于用户轻松构建并行程序，并且可以通过 Spark Shell 进行交互式编程。

- 通用性。Spark 提供了完整而强大的技术栈，包括 SQL 查询、流式计算、机器学习和图计算组件，这些组件可以无缝整合在同一个应用中，足以应对复杂的计算。
- 运行模式多样。Spark 可运行于独立的集群模式中，或者运行于 Hadoop 中，也可运行于 Amazon EC2 等云计算环境，并且可以访问 HDFS、Cassandra、HBase、Hive 等多种数据源。

Spark 大数据处理架构及其生态系统

在实际应用中，大数据处理主要包括以下 3 种类型：
- 超大规模数据的批量处理：通常时间延迟在数十分钟到数小时之间。
- 静态数据的交互式查询：通常时间延迟在数十秒到数分钟之间。
- 基于流数据的实时动态处理：通常时间延迟在数百毫秒到数秒之间。

目前，已有很多相对成熟的开源软件用于以上几种情景。比如，可以利用 Hadoop MapReduce 进行批量数据处理，可以用 Impala 进行交互式查询（Impala 与 Hive 相似，但底层引擎不同，提供了实时交互式 SQL 查询）。对于流式数据处理可以采用开源流计算框架 Storm。一些企业可能只涉及其中部分应用场景，仅需部署相应软件即可满足业务需求，但是对于互联网公司而言，通常会同时存在以上三种场景，就需要同时部署三种不同的软件，这样做难免会带来如下问题：
- 不同场景之间输入输出数据无法做到无缝共享，通常需要进行数据格式的转换；
- 不同的软件需要不同的开发和维护团队，带来了较高的使用成本；
- 难以对同一个集群中的各个系统进行资源协调和分配。

Spark 遵循"一个软件栈满足不同应用场景"的设计理念，已经形成了一套完整的生态系统，既能够提供内存计算框架，也可以支持 SQL 即时查询、实时流式计算、机器学习和图计算等。Spark 可以部署在资源管理器 YARN 之上，提供一站式的大数据解决方案。因此，Spark 所提供的生态系统已能够应对上述三种场景，即同时支持批处理、交互式查询和流数据处理。

目前，Spark 生态系统已经成为伯克利数据分析软件栈（Berkeley Data Analytien stack，BDAS）的重要组成部分。BDAS 架构如图 4.17 所示。从图 4.17 可以看出，Spark 利用了 Hadoop/HDFS 成熟的分布式文件系统，并使用 Mesos 或 YARN 作为集群资源调度器，在与 MapReduce 批处理模型兼容的同时，Spark 基于核心库（Spark Core）提供了自己的支持流计算（Spark Streaming）、图并行处理（GraphX）、机器学习（MLBase）、SQL 查询引擎（Sharp SQL）等一系列计算工具。其中最重要的是支持内存计算的 Spark Core 。因此，Spark 生态系统可以很好地实现与 Hadoop 生态系统的兼容，使得现有 Hadoop 应用程序可以非常容易地迁移到 Spark 系统中。Spark 生态系统中各个子系统或工具的具体功能如下。

1. Spark 内核（Spark Core）

Spark Core 即 Spark Runtime，包含有 Spark 的最基本、最核心的功能和基本分布式算子，如内存计算、任务调度、部署模式、故障恢复、存储系统的交互等。Spark Core 提供有向无环图（DAG）的分布式并行计算框架，支持内存多次迭代计算和数据共享。Spark 的一切操作都是基于弹性分布式数据集（RDD）实现的。

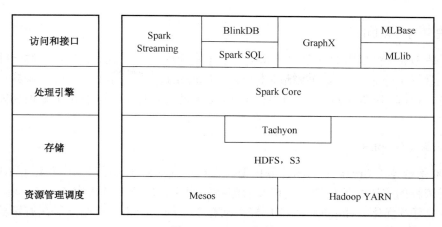

图 4.17 BDAS 架构

2. 流计算（Spark Streaming）

Spark Strcaming 是 Spark 系统中用于流数据的分布式流处理框架，属于 Spark 的核心 API，支持高吞吐量，支持容错的实时流数据处理。Spark Strcaming 将流数据以时间片为单位分割成 RDD，能够以相对较小的时间间隔对流数据进行处理。Spark Streaming 支持多种数据输入源，如 Katka、Flume 和 TCP 套接字等。这些数据可以利用 Spark 自带的各类算子如 Map、Reduce、Join、Window 进行处理。最后经过处理的数据可以输出到文件系统、数据库、实时仪表盘等。图 4.18 示出了 Spark Streaming 的数据处理流程。

图 4.18 Spark Streaming 的数据处理流程

在 Spark 中，数据并非到达即时处理，而是将数据划分为一个一个的块（Batch），然后以块为单位处理。因此，Spark 只能算是准实时的流数据计算，但这样可以提高效率。块的划分越细，实时性越强；反之则实时性降低，效率提高。

3. SQL 查询（Spark SQL）

Spark SQL 作为 Spark 大数据框架的一部分，主要用于结构化数据处理和对 Spark 数据执行类的查询，并且与 Spark 生态系统其他模块无缝结合。Spark SQL 兼容 SQL、Hive、HBase、JSON、JDBC 和 ODBC 等操作。Spark SQL 的核心组件是一个 RDD 类型的 SchemaRDD，它用一个 Schema 来描述一行中所有列的数据类型，类似于关系数据库的一张表。Spark SQL 关键是把已有的 RDD 带上 Schema 信息，然后注册成类似 SQL 中的 Table，对其进行 SQL 查询。因此，Spark SQL 的一个重要特点就是能够统一处理关系表和 RDD，使得开发人员不需要自己编写 Spark 应用程序，就可以轻松地使用 SQL 命令进行查询，并进行更复杂的数据分析。

4. 机器学习（MLlib）

MLlib 是 Spark 对常用的机器学习算法的一个实现库，即在 Spark 平台上对一些常用的机器学习算法进行了分布式实现，包括基本统计、k-means 聚类、分类与回归、奇异值分解、特征值提取及转换等，降低了机器学习的门槛。开发人员只要具备一定的理论知识就能进行机器学习的工作。

5. 图计算（GraphX）

GraphX 是构建于 Spark 上的图计算模型，它利用 Spark 框架提供的内存缓存 RDD、DAG 和基于数据依赖的容错性等特性，实现高效健壮的图计算框架。可认为 GraphX 是 Pregel 在 Spark 上的重写及优化。GraphX 性能良好，拥有丰富的功能和运算符，能在海量数据上自如地运行复杂的图计算算法。

需要说明的是，无论是 Spark SQL、Spark Streaming、MLlib，还是 GraphX 都可以使用 SparkCore 的 API 处理问题，它们的方法几乎是通用的，处理的数据也可以共享，不同应用之间的数据可以无缝集成。

Spark 系统架构

在讨论 Spark 系统架构之前，先明确以下术语的基本含义：

- Application：应用主控程序，即用户编写的 Spark 应用程序。
- Driver Program：运行 Application 的 main()函数并且创建 SparkContext，通常用 SparkContext 代表 Driver Program。
- Executor：执行程序，是为某 Application 运行在工作节点（Worker Node）上的一个进程。该进程负责运行任务（Task），并负责将数据保存在内存或者磁盘上。每个 Application 都有各自独立的 Executor。
- Cluster Manager：集群资源管理器，用于在集群上获取资源的外部服务（如 Standalone、Mesos、YARN）。
- Worker Node：集群中任何可以运行 Application 代码的节点。
- 任务（Task）：运行在 Executor 上的工作单元。
- 作业（Job）：一个作业包含多个 RDD 及作用于相应 RDD 上的各种操作。
- 阶段（Stage）：是作业的基本调度单位，一个作业被分为多组任务，每组任务被称为"阶段"，或者称为"任务集"（TaskSet）。
- RDD：弹性分布式数据集，是 Sparkd 的基本计算单元，可以通过一系列算子进行操作（主要为 Transformation 和 Action 操作）。
- DAG：有向无环图（Directed Acyclic Graph，DAG），用于反映各个 RDD 之间的依赖关系。
- DAGScheduker：集 DAG 调度器，根据 Job 构建基于 Stage 的 DAG，并提交 Stage 给 TaskScheduler。
- TaskScheduler：即任务调度器，将 TaskSet 提交给 Worker（集群）运行并回报结果。

1. Spark 系统的构建

Spark 是运行在集群架构上的高性能分布式计算平台，其系统仍采用了 Master/Slave 结构，即集群由一个主节点（Master）和多个从节点（Worker）组成。Master 作为整个集群的控制节点，负责整个集群的运行管理，Worker 作为计算节点接受主节点命令并报告本节点状态。Master 节点与 Worker 节点之间通过高速网络连接，如图 4.19 所示。

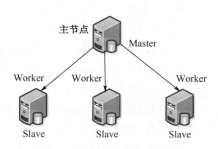

图 4.19　Spark 系统的组成

部署在这些集群服务器节点（硬件）之上的是 Spark 分布式计算系统的各个功能组件（软件），包括：客户端（Client）、应用主控程序（Driver）、集群资源管理器（Cluster Manager）、运行在工作节点（Worker Node）上的执行程序（Executor）、并行处理线程（Task）等，如图 4.20 所示。系统软件（功能组件）到系统硬件（服务器）的部署对应关系，即软件组件到服务器节点的映射关系如下：

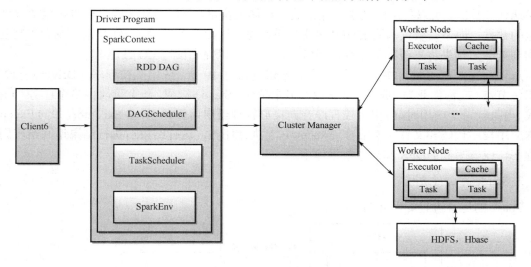

图 4.20　Spark 计算架构

- 主节点（Master）：部署有集群资源管理器（分布式模式是 Mesos 或 YARN 的 ResourceManager）。
- 工作节点（Worker Node）：部署有 YARN 的 NodeManager、ApplicationMaster、Execotor，以及由 Execotor 启动的并行处理线程（Task）。
- 客户端节点（Client）：应用程序（Application）。

Spark 应用主控程序 Driver（包括 DAGScheduler、TaskScheduler、SparkEnv、RDD DAG 等）的部署方式比较灵活，与 Spark 的运行模式有关。

2. Spark 的运行模式

Spark 的运行模式灵活多样，既有单机运行模式，也有分布式运行模式，取决于应用程序计算的需要。集群的资源调度服务可以使用外部的集群资源调度框架（如 Mesos 或 YARN），也可以使用 Spark 内含的 Standalone 模式调度功能。目前，Spark 集群支持如下三种典型的运行模式：

- Standalone 模式：即独立集群运行模式，使用 Spark 自带的 Master 程序提供集群资源调度服务。这种模式主要用于本地开发测试。

- YARN-Client 模式：在该模式中 Driver 在客户端本地运行，使得应用程序与 Spark 客户端可以进行交互。可通过 WebUI 查询 Driver 的状态，默认端口是 http://hadoop:4040，YARN 状态可通过 http://hadoop:8088 端口访问。
- Spark-Cluster 模式：在此模式下，当用户向 YARN 提交有关应用程序后，YARN 将分两个阶段运行应用程序：第一个阶段把应用主控程序 Driver 作为一个 ApplicationMaster 在 YARN 集群中先启动；第二个阶段由 ApplicationMaster 创建应用程序并为它向 ResourceManager 申请资源，并启动 Executor 运行 Task，同时监控它的整个运行过程，直到运行结束。

可见，与 Hadoop MapReduce 计算框架相比，Spark 所采用的 Executor 有两个优点：一是利用多线程来执行具体的任务（Hadoop MapReduce 采用的是进程模型），减少了任务的启动。二是 Executor 中有一个 BlockManager 存储模块，会将内存和磁盘共同作为存储设备，当需要多轮迭代计算时，可以将中间结果存储到这个存储模块里，下次需要时就可以直接读该存储模块里的数据，而不需要读写到 HDFS 等文件系统里，因而有效减少了 I/O 开销；或者在交互式查询场景下，预先将表缓存到该存储系统上，从而可以提高读写 I/O 性能。

总体而言，在 Spark 中，一个应用（Application）由一个应用主控程序（Driver）和若干个工作节点（或称作业）构成，一个作业由多个阶段（Stage）构成，一个阶段由多个任务（Task）组成。当执行一个应用时，应用主控程序会向集群管理器申请资源，启动 Executor，并向 Executor 发送应用程序代码和文件，然后在 Executor 上执行任务，运行结束后执行结果返回给应用主控程序，或者写到 HDFS 或其他数据库中。

3. Spark 的运行流程

Spark 的运行流程如图 4.21 所示。

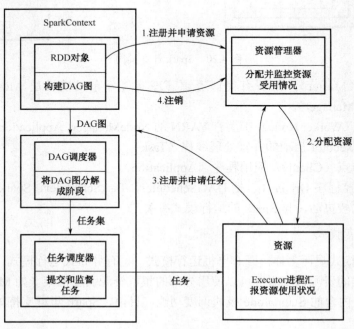

图 4.21 Spark 运行流程

（1）当一个 Spark 应用被提交时，首先要为这个应用构建基本的运行环境，即由应用主控程序创建一个 SparkContext，由 SparkContext 负责与资源管理器的通信以及资源的申请、任务的分配和监控等。SparkContext 会向资源管理器注册并申请运行 Executor 的资源。

（2）资源管理器为 Executor 分配资源，并启动 Exccutor 进程，Executor 运行情况将随着"心跳"发送到资源管理器上。

（3）SparkContext 根据 RDD 的依赖关系构建 DAG 图，DAG 图提交给 DAG 调度器（DAGScheduler）进行解析，将 DAG 图分解成多个"阶段"（每个阶段都是一个任务集），并且计算出各个阶段之间的依赖关系；然后把一个个"任务集"提交给底层的任务调度器（TaskScheduler）进行处理；Executor 向 SparkContext 申请任务，任务调度器将任务分发给 Executor 运行，同时 SparkContext 将应用程序代码发放给 Exccutor。

（4）任务在 Executor 上运行，把执行结果反馈给任务调度器，然后再反馈给 DAG 调度器，运行完毕后写入数据并释放所有资源。

4. Spark 计算架构的特点

总体来说，Spark 计算架构具有以下几个特点。

（1）每个应用都有自己专属的 Excutor 进程，并且该进程在应用运行期间一直驻留。Excutor 进程以多线程的方式运行任务，减少了多进程任务频繁启动的开销，使得任务执行变得非常高效和可靠。

（2）Spark 运行过程与资源管理器无关，只要能够获取 Excutor 进程并保持通信即可。

（3）Executor 上有一个 BlockManager 存储模块，类似于键值存储系统（把内存和磁盘共同作为存储设备）。在处理迭代计算任务时，不需要把中间结果写入 HDFS 等文件系统，而是直接放在这个存储系统上，后续有需要时就可以直接读取；在交互式查询场景下，也可以把表提前缓存到这个存储系统上，提高读写 I/O 性能。

（4）任务采用了数据本地性和推测执行等优化机制。数据本地性尽量将计算移到数据所在的节点上进行，即"计算向数据靠拢"，因为移动计算比移动数据所占的网络资源要少得多。而且，Spark 采用了延时调度机制，可以在更大程度上实现执行过程优化。比如，拥有数据的节点当前正被其他的任务占用，那么在这种情况下是否需要将数据移动到其他空闲节点上呢？答案是不一定。因为，如果经过预测发现当前节点结束当前任务的时间要比移动数据的时间还要少，那么调度就会等待，直到当前节点可用。

弹性分布式数据集（RDD）

Spark 的核心是建立在统一的弹性分布式数据集（Resilient Distributed Dataset，RDD）之上的，使得 Spark 的各个组件可以无缝地进行集成，在同一个应用程序中完成大数据计算任务。RDD 的设计理念源自 AMP 实验室发表的论文《Resilient Distributed Datasets:A Fault-Tolerant Abstraction for In-Memory Cluster Computing》。

1. RDD 设计背景

RDD 是 Spark 中最核心的模块和类，也是 Spark 的精华所在。在实际应用中，存在许多迭代式算法（如机器学习、图计算等）和交互式数据挖掘工具，这些应用场景的共同之处是，不同计算阶段之间会重用中间结果，即一个阶段的输出结果会作为下一个阶段的输入。但是，目前的 MapReduce 框架都是把中间结果写入 HDFS 中，带来了大量的数据复制、磁盘 I/O 和序列化开销。虽然 Pregel 等图计算框架也将结果保存在内存当中，但是这些框架只能支持一些特定的计算模式，并没有提供一种通用的数据抽象。为了满足这种需求提出了 RDD。

2. RDD 的基本概念

一般来说，可以简单地把 RDD 理解成一个提供了许多操作接口的数据集合。它与一般数据集的不同是，其实际数据分布存储在磁盘和内存中。对应用程序开发者来说，RDD 可以看作 Spark 中的一个对象，它本身运行在内存中。例如，读文件计算是一个 RDD，结果集也是一个 RDD，不同的分片、数据之间的依赖、Key-Value 类型的 Map 数据都可以看作 RDD。RDD 是一个大的集合，将所有数据都加载到内存中，以方便进行多次重用。

Spark 用 Scala 语言实现了 RDD 的 API，程序员可以通过调用 API 实现对 RDD 的各种操作。例如，对于经典的 WordCount 程序，其在 Spark 编程模型下的操作方式如图 4.22 所示，操作步骤如下：

- 使用 textFile 函数读取文件系统中的文本文件，创建 RDD1。
- RDD1 经过 FlatMap 函数转换得到 RDD2。FlatMap 类似于 Map，Map 是对 RDD 中的每个元素都执行一个指定的函数来产生一个新的 RDD，任何原 RDD 中都有且只有一个元素与之对应，而 FlatMap 是原 RDD 中的元素经处理后可生成多个元素来构建新 RDD。

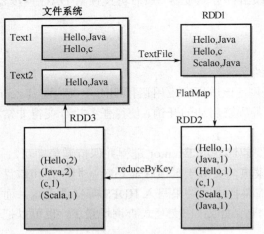

图 4.22　WordCount 程序在 Spark 编程模型下的 RDD 转换

- RDD2 再经过 reduceByKey 函数转换得到 RDD3。reduceByKey 就是对元素为 K-V 对的 RDD 中 Key 相同的元素的 Value 进行 Reduce，因此，Key 相同的多个元素的值被 Reduce 为一个值，然后与原 RDD 中的 Key 组成一个新的 K-V 对。
- RDD3 中的数据重新写回文件系统。

3. RDD 的操作类型与 DAG 图

RDD 提供了丰富的编程接口（API）来操作数据集合（具体可参阅官方网站文档）。实践证明，RDD 可以很好地应用于许多并行计算应用中，可以具备很多现有计算框架（如 MapReduce、SQL、Pregel 等）的表达能力，并且可以应用于这些框架处理不了的交互式数据挖掘应用。RDD 有以下两种操作算子：

- Transformation（转换）：Transformation 基于现有的数据集创建一个新的数据集，即返回值是一个 RDD，如 map、filter、union 等操作。Transformation 属于延迟计算，当一个 RDD 转换成另一个 RDD 时并没有立即进行转换，仅仅是记住了数据集的逻辑操作。
- Action（执行/行动）：在数据集上进行运算，返回的计算结果把 RDD 持久化起来。Action 是一个真正触发执行的过程，它将规划以作业（Job）的形式提交给计算引擎，由计算引擎将其转换为多个 Task，然后分发到相应的计算节点，开始真正的处理过程。

在 Spark 中，所有的数据集都被包装成 RDD 进行操作。每次 RDD 操作结束之后都可以存储至内存，下一个操作可以直接从内存中输入。Spark 内核会在需要计算发生的时刻绘制一张关于计算路径的有向无环图（DAG）。例如，在图 4.23 中，从输入中在逻辑上生成 A 和 C 两个 RDD，经过一系列"Transformation"操作，逻辑上生成了 F（也是一个 RDD），之所以说是逻辑上是因为这时候计算并没有发生，Spark 内核只是记录了 RDD 之间的生成和依赖关系。当 F 要进行输出时，也就是当 F 进行"Action"操作时，Spark 才会根据 RDD 的依赖关系生成 DAG，并从起点开始真正的计算。

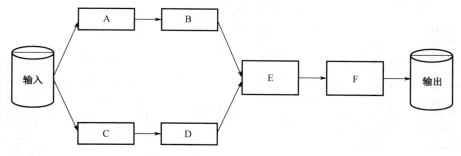

图 4.23　有向无环图 DAG 的生成

上述一系列处理称为一个"血缘关系（Lineage）"，即 DAG 拓扑排序的结果。采用惰性调用，这些具有血缘关系的操作都管道化了，一个操作得到的结果不需要保存为中间数据，而是直接管道式地流入下一个操作进行处理。同时，这种通过血缘关系把一系列操作进行管道化连接的方式，也使得管道中每次操作的计算变得相对简单，保证了每个操作在处理逻辑上的单一性。

由此可以看到，Spark 的一切操作是基于 RDD 实现的。RDD 提供了一个抽象的数据架构，不必担心底层数据的分布式特性，只需将具体的应用逻辑表达为一系列转换处理，不同 RDD 之间的转换操作形成依赖关系，实现管道化，避免了中间结果的存储，从而大大降低了数据复制、磁盘 I/O 和序列化开销。

4. RDD 之间的依赖关系

RDD 中不同的操作会使得不同 RDD 中的分区产生不同的依赖。RDD 中的依赖关系分为窄依赖（Narrow Dependency）与宽依赖（Wide Dependency），两种依赖之间的区别如图 4.24 所示。窄依赖表现为一个父 RDD 的分区对应于一个子 RDD 的分区，或多父 RDD 的分区对应于一个子 RDD 的分区。宽依赖则表现为存在一个父 RDD 的一个分区对应一个子 RDD 的多个分区。即如果父 RDD 的一个分区只被一个子 RDD 的一个分区所使用就是窄依赖，否则就是宽依赖。窄依赖典型的操作包括 map、filter、union 等；宽依赖典型的操作包括 groupByKey、sortByKey 等。对于连接（Join）操作，可以分为两种情况：

▶ 对输入进行协同划分，属于窄依赖，如图 4.24（a）所示。所谓协同划分（Copartitioned）是指多个父 RDD 的某分区的所有"键（Key）"落在子 RDD 的同一个分区内，不会产生同一个父 RDD 的某一分区落在子 RDD 的两个分区的情况。

▶ 对输入做非协同划分，属于宽依赖，如图 4.24（b）所示。

对于窄依赖的 RDD，可以流水线的方式计算所有父分区，不会造成网络之间的数据混合。对于宽依赖的 RDD，则通常伴随着 Shuffle 操作，即首先需要计算好所有父分区数据，然后在节点之间进行 Shuffle 操作。

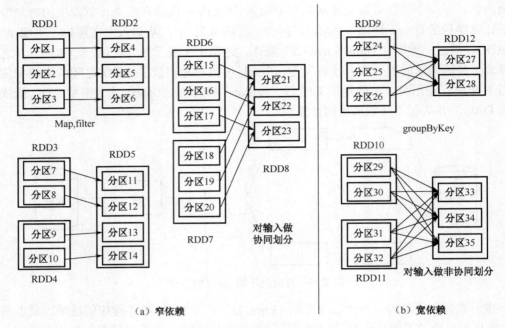

图 4.24　RDD 之间的两种依赖

Spark 的这种依赖关系设计，使其具有了天生的容错性，大大加快了 Spark 的执行速度。相对而言，在两种依赖关系中，窄依赖的失败恢复更为高效，它只需要根据父 RDD 分区重新计算丢失的分区即可（不需要重新计算所有分区），而且可以并行地在不同节点上进行重新计算。而对于宽依赖而言，单个节点失效通常意味着重新计算过程会涉及多个父 RDD 分区，开销较大。此外，Spark 还提供了数据检查点和记录日志，用于持久化中间 RDD，从而使得在进行失败恢复时不需要追溯到最开始的阶段。在进行故障恢复时，Spark 会对数据检查点开销和重新计算 RDD 分区的开销进行比较，从而自动选择最优的恢复策略。

5. RDD 运行逻辑

在 Spark 应用中，整个执行流程在逻辑上运算之间会形成有向无环图。Action 算子触发之后会将所有累积的算子形成一个有向无环图，然后由调度器调度该图上的任务进行运算。Spark 的调度方式与 MapReduce 有所不同，它根据 RDD 分区之间不同的依赖关系切分形成不同的阶段（Stage），一个阶段包含一系列函数进行流水线执行，如图 4.25 所示。假设从 HDFS 中读入数据生成 3 个不同的 RDD（即 A、C 和 E），通过一系列转换操作后再将计算结果保存回 HDFS。对 DAG 进行解析时，在依赖图中进行反向解析，由于从 RDD A 到 RDD B 的转换以及从 RDD B 和 RDD F 到 RDD G 的转换都属于宽依赖，因此在宽依赖处断开后可以得到 3 个阶段，即阶段 1、阶段 2 和阶段 3。通过该图可以看出，在阶段 2 中，从 Map 到 Union 都是窄依赖，这两步操作可以形成一个流水线操作。比如，分区 7 通过 map 操作生成的分区 9，可以不用等待分区 8 到分区 10 这个转换操作的计算结束，而是继续进行 union 操作，转换得到分区 13。这样的流水线执行大大提高了计算的效率。

通过上述讨论可知，把一个 DAG 图划分成多个阶段以后，每个阶段都代表了一组由关联的、相互之间没有 Shuffle 依赖关系的任务组成的任务集合。每个任务集合会被提交给任务调度器进行处理,由任务调度器将任务分发给 Executor 运行。

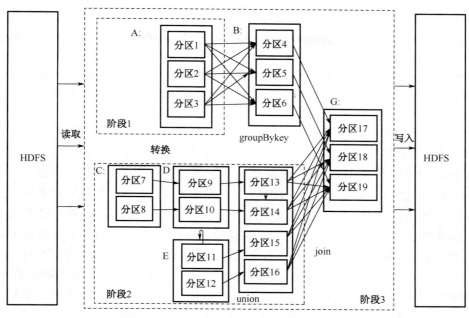

图 4.25　RDD 运行逻辑

6. RDD 运行过程

依据上述对 RDD 概念、依赖关系和阶段划分的讨论,结合之前 Spark 运行流程,可将 RDD 在 Spark 框架中的运行过程归纳如下(如图 4.26 所示)。

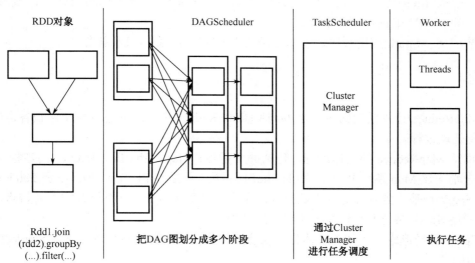

图 4.26　RDD 在 Spark 中的运行过程

- ► 创建 RDD 对象;
- ► SparkContext 负责计算 RDD 之间的依赖关系,构建 DAG;
- ► DAGScheduler 负责把 DAG 图分解为多个阶段,每个阶段中包含了多个任务,每个任务被任务调度器分发给各个 Worker Node 上的 Executor 去执行。

对此，可以通过一个"Hello World" Spark 程序更加直观地解释 RDD 的运行过程。这个程序的功能是读取一个 HDFS 文件，计算出文件中所包含字符串"Hello World"的行数。

```
val sc= new SparkContext(" spark://localhost:7077","Hello World", "YOUR_SPARK_HOME","YOUR_APP_JAR")
val fileRDD = sc.textFile(" hdfs://192.168.0.103:9000/examplefile")
val filterRDD = fileRDD.filter(_.contains(" Hello World"))
filterRDD.cache()
filterRDD.count()
```

其中，第 1 行代码用于创建 SparkContext 对象；第 2 行代码从 HDFS 文件中读取数据创建一个 RDD；第 2 行代码中的 sc.textFile 默认从 HDFS 读取文件，也可以指定 sc.textFile（"路径"），在路径前面加上 hdfs://表示从 HDFS 文件系统上读取；第 3 行代码对 fileRDD 进行转换操作得到一个新的 RDD，即 filterRDD；第 4 行代码表示对 filterRDD 进行持久化，把它保存在内存或磁盘中（这里采用 cache 接口把数据集保存在内存中），方便后续重复使用。当数据被反复访问时（比如查询一些热点数据，或者运行迭代算法），这是非常有用的，而且通过 cache()可以缓存非常大的数据集，支持跨越几十甚至上百个节点；第 5 行代码中的 count()是一个行动操作，用于计算一个 RDD 集合中包含的元素个数。这个程序的执行过程如下：

▶ 创建这个 Spark 程序的执行上下文，即创建 SparkContext 对象；
▶ 从外部数据源（即 HDFS 文件）中读取数据创建 fileRDD 对象；
▶ 构建起 fileRDD 和 filterRDD 之间的依赖关系，形成 DAG 图，这时候并没有发生真正的计算，只是记录转换的轨迹；
▶ 执行到第 5 行代码时，count()是一个行动类型的操作，触发真正的计算，开始实际执行从 fileRDD 到 filterRDD 的转换操作，并把结果持久化到内存中，最后计算出 filterRDD 中包含的元素个数。

可见，一个 Spark 应用程序，基本上是基于 RDD 的一系列计算操作。

练习

1. MapReduce 计算模型的核心是 Map 函数和 Reduce 函数，简述这两个函数各自的输入、输出以及处理过程。
2. 简述 MapReduce 的工作流程，包括提交任务、Map、Shuffle、Reduce 的过程。
3. 分别简述 Map 端和 Reduce 端的 Shuffle 过程，包括 Spill、Sort、Merge 和 Fetch 的过程。
4. Spark 是基于内存计算的大数据计算平台，试简述 Spark 计算平台的主要特点。
5. 简述 Spark 系统的组件及各个组件的功能。
6. Spark 已经形成一个结构一体化、功能多样化的大数据生态系统，试述 Spark 生态系统的组成架构。
7. 在下述 Spark 支持的分布式部署方式中哪个是错误的？（　　）
　　a. standalone　　　b. spark on mesos　　　c. spark on YARN　　　d. Spark on local
【提示】参考答案是选项 d。
8. 下面哪个操作是窄依赖？（　　）
　　a. join　　　b. filter　　　c. group　　　d. sort

【提示】参考答案是选项 b。

9. 下面哪个操作肯定是宽依赖？（　　）

  a. map   b. flatMap   c. reduceByKey   d. sample

【提示】参考答案是选项 c。

补充练习

在互联网上检索查找文献，讨论：

1. 一个 MapReduce 程序在运行期间所启动的 Map 任务数量和 Reduce 任务数量各由什么因素决定？

2. MapReduce 程序的输入文件、输出文件都保存在 HDFS 中，而在 Map 任务完成时的中间结果则保存在本地磁盘中，试分析中间结果存储在本地磁盘而不是 HDFS 上有何优缺点。

3. Spark 技术栈有哪些组件？每个组件都有什么功能？适合什么应用场景？

4. Spark Streaming 是 Spark 的一个核心扩展，试描述其数据处理流程。

第四节　Spark 应用示例

  Apache Spark 是一个大数据处理通用引擎，提供了分布式的内存抽象。正如其名，Spark 最大的特点就是快。此外，Spark 还提供了简单易用的 API。其中，Spark 的 shell 作为一个强大的交互式数据分析工具，通过它用几行代码就能进行交互分析。

  本节在介绍如何搭建 Spark 运行环境的基础上，重点讨论 Spark 的基本操作使用。

学习目标

- 熟悉 Spark 运行环境的搭建方法；
- 掌握 Spark Scala 编程模型。

关键知识点

- Spark 运行环境的搭建、Scala 开发 Spark 应用程序。

Spark 配置及运行

  运行 Spark 需要 Java JDK 1.7、CentOS 6.x 。系统默认只安装了 Java JRE，还需要安装 Java JDK，并配置好 JAVA_HOME 变量。此外，Spark 会用到 HDFS 与 YARN，因此需要先安装 Hadoop，具体请参阅相关的 Hadoop 安装教程，在此不再复述。

Spark 的源码编译

  在安装配置好 Hadoop 环境之后，就可以开始安装 Spark（官网下载地址：http://spark.apache.org/downloads.html）。Spark 源码（Source code）需要编译才能使用。

  Spark 可以通过 SBT 和 Maven 两种方式进行编译，通过 make-distribution.sh 脚本生成部署包。SBT 编译需要安装 Git 工具，而 Maven 则需要 maven 工具，两种方式均需在联网环境下进行。下面以 spark-2.3.0 版本为例进行介绍。

1. SBT 方式

Spark 使用 SBT（Simple Build Tool）作为项目构建工具，需要下载安装 SBT。Spark 源码使用分布式版本控制系统 Git 作为版本控制工具，需要下载 Git 的客户端工具并安装。例如，把下载的 spark-2.3.0.tgz 源代码使用 Linux 系统传输工具（SSH Secure File Transfer）上传到 /home/hadoop/upload 目录下并解压缩。把 spark-2.3.0 改名移动到 /app/complied 目录下，随后编译执行如下脚本：

```
$cd /app/complied/spark-2.3.0-sbt
$sbt/sbt assembly -Pyarn -Phadoop-2.6 -Pspark-ganglia-lgpl -Pkinesis-asl -Phive
```

注意：编译 Spark 源代码的时候，需要从网上下载依赖包，所以整个编译过程机器必须保证在联网状态。

2. Maven 方式

首先要安装采用纯 Java 编写的开源项目管理工具 Maven 并配置参数。在编译前最好安装 3.0 以上版本的 Maven，在 /etc/profile 配置文件中加入如下设置：

```
export MAVEN_HOME=/app/apache-maven-3.0.5
export PATH=$PATH:$JAVA_HOME/bin:$MAVEN_HOME/bin:$GIT_HOME/bin
```

随后下载 Spark 源代码并上传到 /home/hadoop/upload 目录下。下载时需要注意 Spark 和 Hadoop 之间版本对应关系。在主节点上解压缩：

```
$cd /home/hadoop/upload/
$tar -xzf spark-2.3.0.tgz
把 spark-2.3.0 改名并移动到 /app/complied 目录下：
$mv spark-2.3.0 /app/complied/spark-2.3.0-mvn
$ls /app/complied
```

然后编译执行如下脚本：

```
$cd /app/complied/spark-2.3.0-mvn
$export MAVEN_OPTS="-Xmx2g -XX:MaxPermSize=512M -XX:ReservedCodeCacheSize=512m"
$mvn -Pyarn - Phadoop-2.6 - Pspark-ganglia-lgpl -Pkinesis-asl -Phive -DskipTests clean package
```

注意：编译 Spark 源代码的时候，需要从网上下载依赖包，编译过程必须保证机器在联网状态。整个编译过程需编译约 24 个任务，耗时较长。

Spark Standalone 安装

Spark 有很多种模式，最简单的是单机本地模式，还有单机伪分布式模式，复杂的则运行在集群中，目前都能很好地运行在 Yarn 和 Mesos 中。Standalone 模式是 Spark 自带的，在大多数情况下 Standalone 模式已足够用。如果企业已经有 Yarn 或者 Mesos 环境，也很方便部署。

当安装配置好 Hadoop 环境、安装好 Spark 之后，即可进行 Standalone 模式的部署。

（1）向环境变量添加 spark home：

```
export SPARK_HOME=/home/mupeng/Hadoop/spark-2.3.0-bin-hadoop2.6
export PATH=$SPARK_HOME/bin:$PATH
```

（2）配置./conf/slaves。首先将 slaves.template 拷贝一份：

```
cp slaves.template slaves
```

修改 slaves 文件：

```
#A Spark Worker will be started on each of the machines listed below.
spark-master
ubuntu-worker
spark-worker1
```

（3）配置./conf/spark-env.sh。同样将 spark-env.sh.template 拷贝一份：

```
cp spark-env.sh.template spark-env.sh
在 spark-env.sh 最后加入以下几行内容：
export JAVA_HOME=/home/mupeng/java/jdk1.8.0_161
export SCALA_HOME=/home/mupeng/scala/scala-2.11.8
export SPARK_MASTER_IP=192.168.248.150
export SPARK_WORKER_MEMORY=25g
export MASTER=spark://192.168.248.150: 8080
```

以上具体参数的意义可参照 https://www.jianshu.com/p/9d96fdc79fcb。最后将 spark-2.3.0-bin-hadoop2.6 文件夹拷贝到另外两个节点即可。此时，可以通过浏览访问 Web 管理界面 http://192.168.248.150:8080 来观察安装部署是否成功。

Spark 的运行与基本操作

在 Standalone 模式下需要先启动 Master，再逐个启动 Worker。

```
./sbin/start-master.sh
```

随后执行：

```
./bin/spark-class org.apache.spark.deploy.worker.Worker spark://MasterURL:PORT
```

另外，若有多个 Worker，可以使用$SPARK_HOME/sbin/start_slaves.sh 启动。

在此使用 Hadoop 中的 WordCout 程序通过 Spark Shell 进行交互分析。在 MapReduce 实现 WordCout 需要 Map、Reduce 和 Job 三个部分，而在 Spark 中甚至一行即可。Spark Shell 提供了简单的方式来使用 Spark API，且能以实时、交互方式来分析数据。Spark Shell 支持 Scala 和 Python 语言。Spark Shell 实现 WordCount（可加载本地文件、加载 HDFS 中的文件），文件内容如下：

```
hadoop@master:~$ cat sparktest.txt
hello world
hello world
hello world1
hello world2
hi world
hi njit
```

首先启动 Spark Shell。在 Spark 启动过程中可以看到 sc，输入"sc"则显示 SparkContext，而 SparkContext 相当于 Spark 程序的入口点，封装了整个 spark 运行环境的信息。

```
hadoop@master:/usr/local/spark$ ./bin/spark-shell
18/10/17 16:26:44 WARN NativeCodeLoader: Unable to load native-hadoop library fo
r your platform... using builtin-java classes where applicable
18/10/17 16:26:53 WARN Utils: Service 'SparkUI' could not bind on port 4040. Att
empting port 4041.
Spark context Web UI available at http://master:4041
Spark context available as 'sc' (master = local[*], app id = local-1539764813537
).
Spark session available as 'spark'.
Welcome to
      ____              __
     / __/__  ___ _____/ /__
    _\ \/ _ \/ _ `/ __/  '_/
   /___/ .__/\_,_/_/ /_/\_\   version 2.3.0
      /_/

Using Scala version 2.11.8 (Java HotSpot(TM) 64-Bit Server VM, Java 1.8.0_161)
Type in expressions to have them evaluated.
Type :help for more information.

scala> sc
res0: org.apache.spark.SparkContext = org.apache.spark.SparkContext@70a24f9
```

输入"sc."进行 Tab 键补全（如下所示），即 sc 有一个方法 textFile，这个方法是用来加载文件数据的。

```
scala> sc.
accumulable                  getCheckpointDir            parallelize
accumulableCollection        getConf                     range
accumulator                  getExecutorMemoryStatus     register
addFile                      getExecutorStorageStatus    removeSparkListener
addJar                       getLocalProperty            requestExecutors
addSparkListener             getPersistentRDDs           requestTotalExecutors
appName                      getPoolForName              runApproximateJob
applicationAttemptId         getRDDStorageInfo           runJob
applicationId                getSchedulingMode           sequenceFile
binaryFiles                  hadoopConfiguration         setCallSite
binaryRecords                hadoopFile                  setCheckpointDir
broadcast                    hadoopRDD                   setJobDescription
cancelAllJobs                isLocal                     setJobGroup
cancelJob                    isStopped                   setLocalProperty
cancelJobGroup               jars                        setLogLevel
cancelStage                  killExecutor                sparkUser
clearCallSite                killExecutors               startTime
clearJobGroup                killTaskAttempt             statusTracker
collectionAccumulator        listFiles                   stop
defaultMinPartitions         listJars                    submitJob
defaultParallelism           longAccumulator             textFile
deployMode                   makeRDD                     uiWebUrl
doubleAccumulator            master                      union
emptyRDD                     newAPIHadoopFile            version
files                        newAPIHadoopRDD             wholeTextFiles
getAllPools                  objectFile
```

接着进行如下操作，可以获得词频统计结果：

```
Using Scala version 2.11.8 (Java HotSpot(TM) 64-Bit Server VM, Java 1.8.0_161)
Type in expressions to have them evaluated.
Type :help for more information.

scala> val r1 = sc.textFile("file:///home/hadoop/sparktest.txt")
r1: org.apache.spark.rdd.RDD[String] = file:///home/hadoop/sparktest.txt MapPart
itionsRDD[1] at textFile at <console>:24

scala> val r2 = r1.flatMap(line=>line.split(" "))
r2: org.apache.spark.rdd.RDD[String] = MapPartitionsRDD[2] at flatMap at <consol
e>:25

scala> val r3 = r2.map(word=>(word,1))
r3: org.apache.spark.rdd.RDD[(String, Int)] = MapPartitionsRDD[3] at map at <con
sole>:25

scala> val r4 = r3.reduceByKey((w,k) => w + k)
r4: org.apache.spark.rdd.RDD[(String, Int)] = ShuffledRDD[4] at reduceByKey at <
console>:25

scala> r4.collect
res0: Array[(String, Int)] = Array((world2,1), (hello,4), (world,3), (world1,1),
 (hi,2), (njit,1))
```

注意，要加载本地文件，必须采用"file:///"开头的这种格式。执行 val r1 = sc.textFile("file:///home/hadoop/sparktest.txt") 命令后（若要加载 HDFS 上的文件，可将 file 换成 hdfs，前提是确保 HDFS 上确有此文件），由于 Spark 的惰性机制结果不会立刻显示，只有遇到"行动"类型的操作，才会从头到尾执行所有操作。

例如：执行 r1.first() 会输出第一行文本。first() 是一个"行动"（Action）类型的操作，会启动真正的计算过程，从文件中加载数据到变量 textFile 中，并取出第一行文本：

```
scala> r1.first()
res2: String = hello world
```

r1 包含了多行文本内容，textFile.flatMap(line => line.split()) 会遍历 r1 中的每行文本内容，当遍历到其中一行文本内容时，会把文本内容赋值给变量 line，line => line.split() 是一个 Lamda 表达式，左边表示输入参数，右边表示函数里面执行的处理逻辑，这里执行 line.split(" ")，也就是针对 line 中的一行文本内容，采用空格作为分隔符进行单词切分，从一行文本切分得到很多个单词构成的单词集合。这样，对于 textFile 中的每行文本，都会使用 Lamda 表达式得到一个单词集合。textFile.flatMap() 操作把多个单词集合"拍扁"得到一个大的单词集合。然后，针对这个大的单词集合，执行 map() 操作，也就是 map(word => (word, 1))，这个 map 操作会遍历这个集合中的每个单词，当遍历到其中一个单词时，就把当前这个单词赋值给变量 word，并执行 Lamda 表达式 word => (word, 1)，这个 Lamda 表达式的含义是，word 作为函数的输入参数，然后，执行函数处理逻辑，这里会执行(word, 1)，也就是针对输入的 word，构建得到一个 tuple(元组)，形式为(word,1)，key 是 word，value 是 1（表示该单词出现 1 次）。

程序执行到这里，已经得到一个 RDD，这个 RDD 的每个元素是(key,value)形式的 tuple。最后，针对这个 RDD 执行 reduceByKey((w, k) => w + k)操作，这个操作会把所有 RDD 元素按照 key 进行分组，然后使用给定的函数（这里就是 Lamda 表达式：(a, b) => a + b），对具有相同的 key 的多个 value 进行 reduce 操作，返回 reduce 后的(key,value)，比如(" hi",1)和(" hi",1)，具有相同的 key，进行 reduce 操作以后就得到("hi",2)。以同样的方法可得到其他单词个数，达到单词计数的目的。

以上 5 条命令等价于以下 2 条命令：

```
scala> val r5 = sc.textFile("file:///home/hadoop/sparktest.txt").flatMap(line=>l
ine.split(" ")).map(word=>(word,1)).reduceByKey((w,k) => w + k)
r5: org.apache.spark.rdd.RDD[(String, Int)] = ShuffledRDD[9] at reduceByKey at <
console>:24

scala> r5.collect
res1: Array[(String, Int)] = Array((world2,1), (hello,4), (world,3), (world1,1),
 (hi,2), (njit,1))
```

Spark 的 Scala 编程

用不同的编程语言都可以编写大数据应用程序，比如 Java、Python、C++、Scala 等。Hadoop 本身就是用 Java 编写的。尽管大多数 Hadoop 应用程序都是用 Java 编写的，但它也支持用其他语言来编写。类似地，Spark 是由 Scala 编写的，但是它也支持其他语言，包括 Scala、Java、Python 和 R。其中，Scala 是 Spark 的主要编程语言。

Scala 语言

Scala 语言是一个现代的多范式编程语言，平滑地集成了面向对象和函数式语言的特性，旨在以简练、优雅的方式表达常用编程模式。Scala 语言的名称来自"可扩展的语言（A Scalable Language）"，从写小脚本到建立大系统的编程任务均可胜任。

Scala 的优势是提供了交互式解释器（Read-Eval-Print Loop, REPL），在 Spark Shell 中可进行交互式编程（即表达式计算完成就会输出结果，而不必等到整个程序运行完毕，因此可即时查看中间结果，并对程序进行修改），这样可以在很大程度上提升编程效率。

Scala 运行于 JVM（Java 虚拟机）上，并兼容现有的 Java 程序，且能融合到 Hadoop 生态圈中。Scala 可以与 Java 互操作，它用 Scalac 编译器把源文件可以编译成 Java 的 class 文件（即在 JVM 上运行的字节码）；用户可以从 Scala 中调用所有的 Java 类库，同样也可以从 Java 应用程序中调用 Scala 的代码。从字节码的层面来看，Scala 应用程序和 Java 应用程序没有区别。

Scala 开发环境搭建

Scala 应用程序代码可以用任何文本编辑器编写，用 scalac 编译，用 Scala 执行。可以使用由 Typesafe 提供的基于浏览器的 IDE，也可以使用基于 Eclipse 的 Scala IDE、Intellij IDEA 或 NetBeans IDE。可以从 www.scala-lang.org/download 下载 Scala 二进制文件、Typesafe Activator 和上述各种 IDE。例如以 Scala for Eclipse 为例，下载网址为 http://scala-ide.org/download/sdk.html。然后，选择合适的 Scala 版本并下载（https://www.scala-lang.org/），例如选择 scala-2.13.0-M5.tgz。

依次安装 Scala 和 IDE 即可，可以通过 cmd 模式运行 scala-version，进行 Scala 版本及安装情况的检测。

Scala 开发 Spark 应用程序

Scala 是一门支持面向对象编程和函数式编程的混合语言，也是一门功能强大的语言。伴随着强大性而来的是它的复杂性。限于篇幅在此无法介绍 Scala 语言本身，仅以简单的 WorldCount 的 Scala 应用程序（http://spark.apache.org/examples.html）为例，编写一个最简单的 Spark 应用程序。

在终端中执行如下命令创建一个文件夹 sparkapp 作为应用程序根目录：

```
cd~# 进入用户主文件夹
mkdir ./sparkapp # 创建应用程序根目录
mkdir -p ./sparkapp/src/main/scala # 创建所需的文件夹结构
```

在 ./sparkapp/src/main/scala 下建立一个名为"SimpleApp.scala"的文件（vim ./sparkapp/src/main/scala/SimpleApp.scala），添加代码如下：

```
/* SimpleApp.scala */
import org.apache.spark.SparkContext
import org.apache.spark.SparkContext._
import org.apache.spark.SparkConf

object SimpleApp{
def main(args: Array[String]){
val conf=new SparkConf().setAppName("Simple Application")
val sc=new SparkContext(conf)          //读取数据
val input=sc.textfile(inputFile)       //切分词汇
val words=input.flatMap(line=>line.split(" "))   //转换为键值对并计数
val counts=words.map(word=>(word,1)),reduceByKey{case(x,y)=>x+y}
counts.saveAsTextFile(outputFile)
}}
```

（1）使用 Java 语言编程：

```
JavaRDD<String>textFile=sc.textFile("hdfs://…");
JavaRDD<String>words=textFile.flatMap(new FlatMapFunction<String,String>0(){
public Iterable< String>call(String s){return Arrays.asList(s.split(" "));
});
JavaPairRDD< String ,Integer>pairs=words.mapToPair(new PairFunction< String , String ,Integer>(){
public Tuple2< String ,Integer>call(String s){return new Tuple2< String ,Integer>(s,1);
});
JavaPairRDD< String ,Integer>counts=pairs.reduceByKey(new Function2<String ,Integer,Integer>(){
public Integer call< Integer a,Integer b}{return a+b;
});
Counts.saveAsTextFile("hdfs://…")
```

（2）使用 Python 编程：

```
text_file=sc.textFile("hdfs://…")
counts=text_file.flatMap(lambda line:line.split(" "))\
    .map(lambda word:(word,1))\
    .reduceByKey(lambda a,b:a+b)
counts.saveAsTextFile("hdfs://…")
```

可以把上面的代码写到文件中，编译并运行它。Scala 源代码文件以.Scala 作为后缀名。但这不是必需的。不过建议以代码中的类名或单例名作为文件名。比如，上面的代码文件称作 SimpleApp.scala。

Scala 是一门运行在 JVM 之上的静态类型语言，它用来开发多线程和分布式的应用程序。它结合了面向对象编程和函数式编程各自的优点，而且可以与 Java 无缝集成在一起，可以在 Scala 中使用 Java 的库，反之亦然。

使用 Scala 不仅能让开发者显著提高生产力和代码质量，还可以开发出健壮的多线程和分布式应用程序。

Spark 的主要应用场景

Spark 是一种与 Hadoop 相似的开源集群计算环境，是专为大规模数据处理而设计的基于内存的迭代计算引擎，现已形成一个高速发展、应用广泛的生态系统。Spark 使用 Scala 语言实现，是一种面向对象、函数式编程语言，能够像操作本地集合对象一样轻松地操作分布式数据集，具有运行速度快、易用性好、通用性强以及随处运行等特点，适合大多数批处理工作。表 4-2 中列举了 Spark 的一些应用场景。鉴于 RDD 的特性，Spark 不适用异步细粒度更新状态的应用，例如 Web 服务的存储或者增量的 Web 爬虫和索引。

表 4-2　Spark 的应用场景举例

应用场景	时间对比	成熟的框架	Spark
复杂的批量数据处理	小时，分钟级	MapReduce（Hive）	Spark Runtime
基于历史数据的交互式查询	分钟级，秒级	MapReduce	Spark SQL
基于实时数据流的数据处理	秒级，秒级	Storm	Spark Streaming
基于历史数据的数据挖掘	分钟级，秒级	Mahout	Spark MLlib
基于增量数据的机器学习	分钟级	无	Spark Streaming+MLlib
基于图数据的数据处理	分钟级	无	Spark GraphX

Spark 已成为大数据时代企业大数据处理优选技术，其中代表性企业有腾讯、Yahoo 及淘宝等。比较成功的业务案例如下。

腾讯大数据实时精准推荐

为了满足数据挖掘分析与交互式实时查询的计算需求，腾讯大数据使用 Spark 平台支持数据挖掘分类计算、交互式实时查询计算，以及允许误差范围的快速查询计算，构建了超过 200 多台的 Spark 集群，实现了在"数据实时采集、算法实时训练、系统实时预测"的全流程实时并行高维算法，成功应用于"广点通"上，能够支持每天上百亿的请求量。

Yahoo 的后端实时处理框架

在 Spark 技术的研究与应用方面，Yahoo 始终处于领先地位，已将 Spark 应用于本公司的各种产品之中。移动 App、网站、广告服务、图片服务等的后端实时处理框架均采用了 Spark。

淘宝的 Spark 流式计算

淘宝技术团队采用 Spark 解决多次迭代的机器学习算法、高计算复杂度的算法，使用 Spark Streaming 构建了实时数据处理系统，用于计算当前电商平台最受人们关注的商品有哪些，包括用户当前浏览的商品以及浏览商品的次数、停留时间和是否收藏该商品等。同时利用 GraphX 解决了许多生产问题。例如，将交易记录中的物品和人组成大规模图，使用 GraphX 对图进行处理（上亿个节点、几十亿条边）。

练习

1. 简要描述 Spark 分布式集群搭建的步骤。

【提示】搭建 Spark 分布式集群主要有以下几个步骤：

（1）准备 Linux 环境，设置集群搭建账号和用户组，设置 ssh，关闭防火墙，关闭 seLinux，配置 host、hostname。

（2）配置 JDK 环境变量。

（3）搭建 Hadoop 集群，如果要做 master ha，需要搭建 ZooKeeper 集群；修改 hdfs-site.xml、hadoop_env.sh、yarn-site.xml、slaves 等配置文件。

（4）启动 Hadoop 集群，启动前要格式化 NameNode。

（5）配置 Spark 集群，修改 spark-env.xml、slaves 等配置文件，拷贝 hadoop 相关配置到 spark conf 目录下。

（6）启动 Spark 集群。

2. 尝试编写一个 Spark 应用程序，使之可以在本地文件系统中生成一个数据文件 studentinfo.txt，该文件包含了序号、性别和身高三个列，形式如下：

```
1    F    165
2    M    175
3    M    170
4    F    160
5    F    172
```

3. 尝试编写一个 Spark 应用程序，使之能够对 HDFS 文件中的数据文件 studentinfo.txt 进行统计，计算得到男性总数、女性总数、男性最高身高、女性最高身高、男性最低身高、女性最低身高。

补充练习

在互联网上检索查找文献，讨论研究 Spark 有哪几种部署模式，每种模式各具有什么特点？

本 章 小 结

本章侧重讨论了大数据分析中对各种各样的应用进行有效知识发现的方法，概要介绍了数据挖掘的基本概念、发现知识的模式、类型和技术，包括关联分析方法、聚类方法分析，以及分类与预测等。同时，讨论了应用广泛的 MapReduce、Spark 大数据处理系统的架构及其工作机制，及其相应的大数据分析方法和步骤，以便读者能够利用大数据分析计算平台进行完整的数据分析。

实际中，大数据处理的问题复杂多样，单一的计算模式无法满足不同类型的计算需求，MapReduce 只是大数据计算模式中的一种，它代表了针对大规模数据的批量处理技术。此外，还有查询分析计算、流计算、图计算等多种大数据计算模式，如表 4-3 所示。

表 4-3 大数据计算模式

大数据计算模式	解决问题	代表产品
查询分析计算	大规模数据的存储管理和查询分析	Dremel、Hive、Cassandra、Impala 等
流分析计算	针对流数据的实时计算	Storm、S4、Flume、Streams、Puma 等
图分析计算	针对大规模图数据的处理	Pregel、GraphX、Giraph、PowerGraph、Hama 等

Hadoop 和 Spark 作为目前流行的大数据分布式处理框架，得到了产业界的认可，在大量知名公司中得到了广泛应用。MapReduce 是 Hadoop 平台的分布式计算引擎，通过构建 Mapper 与 Reducer，编程人员可以忽略程序底层的并行计算与调度，将精力集中在具体的计算任务上，降低并行程序的编写难度，提高并行程序的编写效率。用于实时流数据处理的内存计算框架 Spark 主要解决了在 MapReduce 分布式计算框架下不能有效处理迭代计算和交互式计算等两大类问题，适合于迭代运算比较多的机器学习和数据挖掘运算。Spark 可以与 Hadoop 联合使用，增强 Hadoop 的性能，同时还增加了内存缓存、流数据处理、图数据处理等更为高级的数据处理能力。MapReduce 和 Spark 两种框架并非是相互独立，而是相互借鉴、共同成长的关系。在实际应用中，需要针对不同的应用场景灵活采用相关技术去解决大数据问题。

人类正在迈入后信息时代的"三元空间"世界。信息（数据）正成为物质、能量之外的新资源。大数据分析为处理结构化与非结构化的数据提供了新途径。通过本章内容的学习，应掌握大数据分析的基本方法，熟悉大数据分析的一般流程与主要技术，为大数据分析应用奠定基础；并且能在云计算、人工智能背景下的大数据智能分析领域打开一个窗口，从宏观世界、现实社会、基础理论和技术方法上研究解决大数据智能分析与处理问题。

小测验

1. 大数据分析涉及哪些技术？它的难点是什么？
2. 简述大数据分析的流程。
3. 概述常用的图数据分析系统。
4. 试说明在 Apriori 算法中支持度、置信度扮演的角色。
5. 聚类已经被认为是一种具有广泛应用的、重要的数据挖掘技术，对如下每种情况给出一个应用实例：
（1）把聚类作为主要的数据挖掘功能的应用。
（2）把聚类作为预处理工具，为其他数据挖掘任务作为数据准备的应用。
6. 简述决策树分类的主要步骤。
7. MapReduce 中有这样一个原则，即移动计算比移动数据更经济。试述什么是本地计算，并分析为什么要采用本地计算。

8. 尝试设计一个基于 MapReduce 的算法，求出数据集中的最大值。
9. 简述 Spark 运行的基本流程，通过 WordCount 例子分析 Spark 的运行过程。
10. Spark 为什么比 MapReduce 快？
11. 分析 Spark 与 Hadoop 各自的优势。结合你的理解，谈谈 MapReduce 和 Spark 的区别。

【提示】Spark 在内存中处理数据，需要很大的内存容量。如果 Spark 与其他资源需求型服务一同运行在 YARN 上，又或者数据块太大以至于不能完全读入内存，此时 Spark 的性能就会有很大的降低，此时 Spark 可能比不上 MapReduce。当对数据的操作只是简单的 ETL 的时候，Spark 比不上 MapReduce。

第五章　大数据可视化

　　人类的创造性不仅取决于逻辑思维，还与形象思维密切相关。人类习惯利用形象思维将数据映射为形象视觉符号，从中发现规律，进而获得科学发现。其中，可视化技术对重大科学发现起到了重要作用。在大数据时代，大数据可视化分析将为科学发现创造新的手段和条件。数据可视化是一个处在不断演变之中的概念，其边界在不断扩大，目前主要是指技术上较为高级的技术方法，而这些技术方法允许利用图形、图像处理、计算机视觉和用户界面，通过表达、建模以及对立体、表面、属性和动画的显示，对数据加以可视化解释。大数据可视化技术的基本思想，是将数据库中每一个数据项作为单个图元元素表示，大量的数据集构成数据图像，同时将数据的各个属性值以多维数据的形式表示，从不同的维度观察数据，进而对数据进行更深入的观察和分析。

　　大数据可视化是进行各种大数据分析的重要组成部分之一。一旦原始数据流用图像形式表示，做决策就变得容易多了。例如，大家所熟悉的电子表格软件 Microsoft Excel，已被广泛使用了几十年，如今甚至有很多数据还只能以 Excel 表格的形式获取。在 Excel 中，让某几列高亮显示、制作几张图表很简单，于是也很容易对数据有个大致的了解。如果要将 Excel 用于整个可视化过程，应使用其图表功能来增强其简洁性，但 Excel 的默认设置很难满足这一要求。Excel 的局限性还在于它一次所能处理的数据量，而且除非通晓 Excel 内置编程语言，否则针对不同数据集制作一张图表是一件很烦琐的事情。因此，如何对体量巨大、类型繁多、价值密度低、处理速度快的大数据进行可视化分析呢？显然,最好有一种能够像眼睛一样直接、反应灵敏的可视化技术条件。

　　本章将在介绍大数据可视化基本概念、可视化技术特点以及可视化展现方式的基础上，讨论大数据可视化分析研发资源和工具，并给出比较典型的大数据可视化应用案例。

第一节　可视化基础知识

　　大数据可视化将枯燥的数字形象地展现出来。大数据可视化这种新的视觉表达形式是应信息社会的蓬勃发展而出现的；因为人们不仅要真实呈现世界，也要通过这种呈现来处理更庞大的数据集，理解各种各样的数据，表现多种数据之间的关系。面对大数据深奥的面貌，如何才能让大数据变得亲切、易于理解呢？可视化无疑是最有效的途径。大数据可视化技术可借助人脑的视觉思维能力，帮助人们理解大量的数据信息，发现数据中隐含的规律，从而提高数据的使用效率和实用价值。

学习目标

- ▶ 掌握数据可视化与大数据可视化的基本概念；
- ▶ 熟悉常见的大数据可视化呈现方式。

关键知识点

- ▶ 大数据可视化的含义和功能；

▶ 大数据可视化的展现方式。

数据可视化

数据可视化（Data Visualization）主要是借助于图形化手段，清晰有效地传达与沟通信息。对大数据背景下的数据可视化应用展开研究，将有助于发展和创新数据可视化技术。

数据可视化简史

数据可视化发展史与人类现代文明的启蒙以及测量、绘图等科技发展一脉相承。在地图、科学计算、统计图表和制图等领域，数据可视化技术已经应用发展了数百年之久。

（1）图表萌芽时期：早在16世纪，人类就开发了能够精确观测的物理仪器和设备，同时通过手工绘制可视化图表。图表萌芽的标志是几何图表和地图的生成，其目的是展示一些重要信息。

（2）图形符号时期：17～18世纪为从物理测量的可视化到图形符号时期。在17世纪，最重要的科技进展是物理基本量的测量理论和测量仪器的完善。它们被广泛应用于测绘、制图、地理勘探和天文观测；同时，制图学理论、真实测量数据等技术也开始能够满足人们对可视化的需求。到了18世纪，制图学进一步发展，不再满足仅仅在地图上展现几何信息，发明了新的图形形式和其他物理信息的概念图，形成了统计图形学，陆续出现了折线图、柱状图和饼状图等。

（3）数据图形时期：到了19世纪上半叶，包括折线图、柱状图、直方图、饼状图、时间线、轮廓线等统计图形和概念图迅速发展应用；19世纪下半叶则到了统计图的黄金时期，其标志性事件是法国人于1896年发布的描述1812年至1813年拿破仑进军俄国首都莫斯科大败而归的历史事件的流程图。

（4）数据可视化的现代启蒙期：20世纪初，统计图形的主流化应用使得数据可视化在商业、政府、航空、生物等领域得到迅速发展。1967年法国人Jacques Berlin出版的《图形符号学》描述了关于图形设计的框架。进入20世纪70年代以后，随着计算机技术的发展，人们利用计算机创建出了首批图形图表。1987年，由布鲁斯·麦考梅克、汤姆斯·蒂凡提和玛克辛·布朗所编写的美国国家科学基金会报告《Visualization in Scientific Computing》（科学计算之中的可视化），对于这一领域产生了大幅度的促进和刺激。这份报告强调了新的基于计算机的可视化技术方法的必要性。随着计算机计算能力的迅速提升，人们创建了规模越来越大，复杂程度越来越高的数值模型，从而造就了形形色色体积庞大的数值型数据集。同时，人们不但利用医学扫描仪和显微镜之类的数据采集设备产生大型的数据集，而且还利用可以保存文本、数值和多媒体信息的大型数据库来收集数据。因而，引发了应用计算机图形学技术与方法来处理和可视化规模庞大数据集的热潮。

（5）从信息可视化、交互可视化到可视分析学时期：信息可视化出现于20世纪90年代初。数字化的非几何数据（如金融交易、社交网络、文本数据、地理信息等）大量产生，催生了多维、时变、非结构信息的大数据可视化需求。进入21世纪，原有的数据可视化技术已经难以应对海量、高维、多源、动态数据的分析挑战，需要综合数据可视化、计算机图形学、数据挖掘等理论与方法，研究新的理论模型、可视化方法和交互方法，辅助用户在大数据不完整环境下快速挖掘有用信息，以便做出有效决策。因此产生了可视分析学这一新的研究领域。目前，可视分析学的基础理论和方法正在形成，而实际应用也还在发展探索之中。

随着"大数据时代"的高速发展，数据可视化已变得越来越重要；但可视化不只是简单地对图表进行装饰，让它看起来美观，也不是突出显示信息图的"信息"部分。有效的数据可视化需要在形式和功能之间找到微妙的平衡。朴素的图表虽然乏味而无法吸引人的注意，但也可能会表达出强有力的观点；华丽的可视化可能完全无法传达正确的信息，也可能会含有丰富的信息。数据与可视化需要相互配合，将出色的分析与精彩的讲述紧密结合起来是数据可视化不断追求的目标。

数据可视化释义

数据可视化是指运用计算机图形学、图处理技术，将数据转换为图形或图像在屏幕上显示出来，并利用数据分析和开发工具发现其中未知信息的交互处理的理论、方法和技术。

数据可视化是数据分析或数据科学的关键技术之一。简单地说，数据可视化就是以图形化方式表示数据。决策者可以通过图形直观地看到数据分析结果，从而更容易理解业务变化趋势或发现新的业务模式。

数据可视化技术的基本思想是将数据库中每一个数据项作为单个图元元素来表示，用大量数据集构成数据图像，同时将数据的各个属性值以多维数据的形式表示，从不同的维度观察数据，进而对数据进行更深入的观察和分析。数据可视化常用到如下基本概念：

- 数据空间——由 n 维属性和 m 个元素组成的数据集所构成的多维信息空间；
- 数据开发——指利用一定的算法和工具对数据进行定量的推演和计算；
- 数据分析——对多维数据进行切片、分块、旋转等；
- 数据可视化——将大型数据集中的数据以图形图像形式表示，并利用数据分析和开发工具发现其中未知信息的处理过程。

数据可视化的重要性

数据可视化是关于图形或图形格式的数据展示。从人类大脑处理信息的方式看，使用图形图表观察大量复杂数据要比查看电子表格或报表更容易理解。数据可视化就是这样一种以普通方式向人快速、简单传达信息的技术。图像和图表已被证明是一种传达新信息的有效方法。有研究表明，80%的人记得他们所看到的景象，但只有20%的人记得所阅读的内容！通过数据可视化能够有效地利用数据，就商业营销而言，能够帮助人们对以下问题快速提供答案：

- 需要注意的问题或改进的方向；
- 影响客户行为的因素；
- 确定商品放置的位置；
- 销量预测。

数据可视化技术及其特点

数据可视化技术能够提供多种同时进行数据分析的图形方法，反映信息模式、数据关联或趋势，帮助决策者直观地观察和分析数据，实现人与数据之间直接的信息传递，从而发现隐含在数据中的规律。数据可视化技术的主要特点是：

- 交互性，即用户可以方便地以交互的方式管理和开发数据。

- 多维性，即可以看到表示对象或事件的数据的多个属性或变量，而数据可以按其每一堆的值，将其分类、排序、组合和显示。
- 可视性，即数据可以用图像、曲线、二维图形、三维体和动画来显示，并可对其模式和相互关系进行可视化分析。

数据可视化的功能

数据可视化无处不在，例如打开浏览器，网站就是个数据可视化，背后是数据库密密麻麻的数据表，到了用户的浏览器就是浅显易懂的页面。从不同的角度讨论数据可视化的作用，会有不同的表述。从宏观的角度分析，数据可视化具有记录信息、信息分析与推理、信息传播与协同三大功能。从应用的角度来看，数据可视化有多个目标，例如有效地呈现重要特征、揭示数据的客观规律、辅助理解事物的概念、对测量进行质量监控等。

（1）快速理解信息：通过使用业务信息的图形化表示，企业能以一种清晰的、与业务联系更加紧密的方式查看大量的数据，根据这些信息制定决策。相对于电子表格的数据分析，图形化格式的数据分析更快，可以帮助人们更加及时地发现问题、解决问题。

（2）标识关系和模式：即使面对大量错综复杂的数据，图形化表示也能使数据变得可以直观理解，能够识别高度关联、互相影响的多个因素。这些关系有些是显而易见的，有些则不易发现。识别这些关系可以帮助人们聚焦于最有可能影响其重要目标的领域。

（3）发现新趋势：使用数据可视化，可以辅助人们发现业务或市场趋势，准确定位超越竞争对手的自身优势，最终影响其经济效益、社会效益；对于企业而言更容易发现影响产品销量和客户购买行为的异常数据，并把小问题消灭于萌芽之中。

（4）方便沟通交流：一旦从可视化分析中对业务有了更新、更深入的了解，下一步就需要在机构或事件之间沟通这些情况。使用图表、图形或其他有效的数据可视化表示在沟通中是非常重要的，因为这种表示更能吸引人的注意力，并能快速获得对彼此状态的反映。

大数据可视化

在大数据时代，人们不仅要处理海量的数据，同时还要对这些数据进行加工、传播、分析和分享。目前，实现这些形式比较好的方法就是大数据可视化。数据可视化是关于数据视觉表现的形式，如柱状图、饼状图、直方图、散点图、折线图等最基本的统计图表。由于这些原始统计图表只能呈现数据的基本统计信息，当面对复杂或大规模结构化、半结构化和非结构化数据时，大数据可视化的设计与编码就复杂得多了。因此，大数据可视化可以理解为数据量更加庞大、结构更加复杂的数据可视化。大数据的可视化侧重发现数据中蕴含的规律特征、洞察数据价值，呈现形式也多种多样。大数据可视化与数据可视化的区别如表 5-1 所述。

表 5-1 大数据可视化与数据可视化的区别

	大数据可视化	数据可视化
数据类型	结构化、半结构化、非结构化	结构化
呈现形式	多种呈现形式	主要是统计图表
实现手段	各种技术方法、工具	各种技术方法、工具
结果	发现数据中蕴含的规律特征	看到数据及其结构关系

大数据可视化呈现形式

从大数据可视化呈现的形式来划分,有以下几种常见形式。

1. 数据的可视化

数据的可视化主要是借助于图形化手段,清晰有效地传达与沟通信息。为了有效地传达思想、概念,需要美学与功能齐头并举,直观传达关键特征,从而实现对于相当稀疏而又复杂数据集的深入洞见。因此,数据可视化的核心是对原始数据采用什么样的可视化元素来表达。图 5.1 所示是利用可视化工具呈现的某物流云平台大数据可视化用户界面,其中利用多种图表形式呈现了物流数据的分布情况。

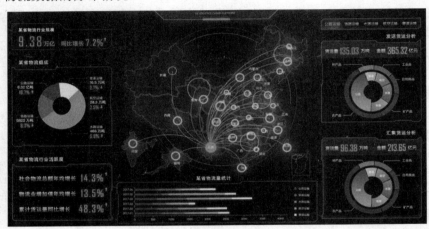

图 5.1 物流云平台大数据可视化用户界面

在大数据可视化分析中,空间大数据的可视化呈现形式更是多种多样:有相对量化的,也有抽象的;有离散的,也有连续的。不同的呈现形式所要表达的含义也不尽相同,主要呈现方式有海量散点、分组散点、气泡、热力、立体热力、网格,以及立体柱状、道路密度分级渲染、道路热力渲染、静态线、飞线、动态网格密度、蜂窝网格密度等方式。

海量散点图:散点图是一种离散点在空间中的表达形式,通过海量散点的全量展示,能够让人们体会到每一个动作(如开关锁、上下车)在特定位置的特殊含义。

分组散点图:分组散点是一类特殊的散点形式,主要是通过对类别进行不同颜色的区分,以表达不同的含义,让用户获取更加明确的信息。例如,将共享单车开锁点、关锁点设置为不同颜色,观察不同时间段(如上下班高峰期),开锁与关锁两个点的分布是否有完全不同的规律。

气泡图:气泡图是散点的一种特殊形式,通过不同的权重表达散点的大小,同时也可以关联不同的颜色,形成一个个不同大小、不同颜色的点。相比普通散点和分组散点,气泡图所表达的数据维度较多,展现效果也更加华丽多彩。

热力图:热力图是一种常见的空间表达方式,主要是通过离散的数据分布(可能还带有权重),在不同的层级在同一屏幕区域的聚合表达,如离散的手机 GPS 位置请求,可以把每次请求当作一个独立个体,通过热力展示得到某一些区域人员分布情况。如果密度大,在热力图上展示这块区域就比较热,可以用比较偏热的颜色表达这种信息,如红色、紫色等。

立体热力:立体热力与热力的概念基本一致,只是在不同技术上的表达方式不一致。普通热力主要是二维地图的表达,立体热力主要是支持 WebGL 展示平台上的一种展示形式,如

Mapbox 或者其他三维可视化平台。

网格图：网格图是一种经过空间统计分析后的表达形式，通过定义规则的网格，如矩形网格、蜂窝网格，然后统计每个网格内的散点数量，最后根据网格的分级标准，如不同的值区间，进行不同颜色的分段表达。其实网格图类似于热力图，不过网格图在视觉上规则感较强。

2. 指标的可视化

在大数据可视化过程中，采用可视化元素将指标可视化会增强视觉效果，即在设计指标及数据时，使用对应实际含义的图形来呈现，会更加生动的展现数据图表，更便于用户理解图表要表达的主题。例如，iOS 手机与平板分布如图 5.2 所示，当展示使用不同类型的手机和平板用户占比时，直接用总的苹果图形为背景来划分用户比例，用户第一眼就可以直观看到这些图是在描述苹果设备，直观而清晰。

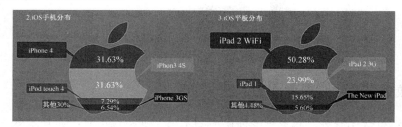

图 5.2　iOS 手机和平板分布

3. 数据关系的可视化

数据关系也是数据可视化要表达的主题之一。例如，学术期刊之间存在千丝万缕的联系，比如文章的相互引用。期刊 A 的文章往往倾向于引用期刊 B 的文章，而期刊 B 则对 A 的文章表示不屑，转而引用 C 的文章比较多。例如，通过 Web of Knowledge 平台就可以查看学术期刊间的关系，如图 5.3 所示。从该图可以看到期刊关系的可视化结果，色块面积表示引用量。另外，在工具窗口的上方有个可以下拉的选项框，用以选择被引或引用的关系。

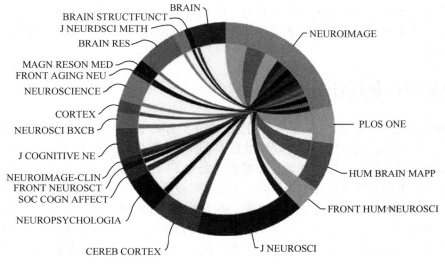

图 5.3　学术期刊相互引用关系的聚类可视化

4. 背景数据的可视化

在许多情况下，仅有原始数据是不够的，因为数据没有价值，信息才有价值。设计师马特·罗宾森和汤姆·维格勒沃斯用不同的圆珠笔和字体写"Sample"这个单词。因为不同字体使用墨水量不同，所以每支笔所剩的墨水也不同。于是产生了一幅很有趣味图，如图5.4所示。在这幅图中不再需要标注坐标系，因为不同的笔及其墨水含量已经包含了这个信息。

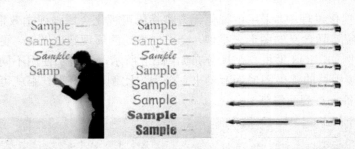

图 5.4 马特·罗宾森和汤姆·维格勒沃斯字体测量可视化

实施大数据可视化需要考虑的问题

尽管大数据可视化展示方式多种多样，但当采用一项新技术时，需要采取一些有效方法。除了扎实地掌握数据外，还需要理解可视化目标、需求和受众。在机构准备实施数据可视化时，一般要考虑以下几方面的问题：

▶ 明确试图可视化的数据，包括数据量和基数（一列数据中不同值的个数）；
▶ 确定需要可视化和传达的信息种类，如事务明细、累积聚合、比值比例等；
▶ 了解数据的受众，并领会他们如何处理可视化信息；
▶ 使用一种对受众来说最优、最简的可视化方案传达信息。

在明确数据属性、作为信息消费者的受众等相关问题后，就需要准备与大量数据打交道了。大数据给可视化带来新的挑战，4V（Volume、Velocity、Variety、Value）是必须要考虑的问题，而且数据产生的速度经常会比其被管理和分析的速度快。需要可视化的列的基数也是应该考虑的重要因素，高基数意味着该列有大量不同值（如身份证号），而低基数则说明该列有大量重复值（如性别）。

大数据可视化设计

大数据可视化应用非常广泛，很多不同行业的企业都希望将大数据转化为信息可视化呈现的各种方式，以便可以从不同的维度观察数据，从而对数据进行更深入的观察和分析。那么如何进行大数据可视化呢？尽管不同的应用领域可能有不同的数据可视化需求，但大数据可视化的基本步骤、技术体系和流程等是相同的。大数据可视化并不是一个单独的算法，而是多个算法集成的一个流程。除了基本视觉映射之外，还需要设计并实现其他环节，例如前端的数据采集和处理，后端用户的交互。一般来说，以数据流向为主线，大数据可视化的内容和过程可分为数据采集分析、数据处理和变换、可视化映射和用户感知4个模块。数据可视化的概念模型如图5.5所示。

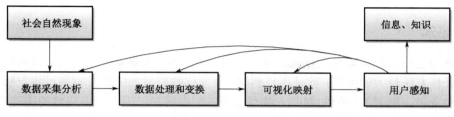

图 5.5　大数据可视化的概念模型

数据采集分析

大数据是可视化操作的对象。数据可以通过调查记录、仪器采样和计算模拟等方式采集。数据采集的方式直接决定了数据的类型、纬度、大小、格式、精确度和分辨率等重要属性，而且在很大程度上决定了数据可视化的呈现效果。想要清楚地展现数据，就要先具有并了解数据，如元数据规模、维度、元数据间的关系等。然后根据大数据分析的目标，才能有的放矢地解决问题并形成完善的可视化解决方案。例如，对于医学图像领域的大数据可视化，涉及的视觉元素有形状、色彩、尺寸、位置、方向等，因此需要了解磁共振（MRI）成像原理、数据来源和信噪比，才能设计出更有效的可视化方案。

数据处理和变换

数据处理和变换属于大数据可视化的奠基性工作。因为原始数据在采集完成后不可避免地含有误差和噪声，并且数据的特征和模式也可能被隐藏，而数据可视化需要将用户难以理解的原始数据变换成易于理解的模式或特征展现出来。这个过程包括滤波、去噪、数据清洗和特征提取等，为后续的可视化映射做准备。

经过处理和变换的数据通常会损失原始数据中的一些信息，或加入本来不存在的信息，因此在设计数据可视化方案时，要慎重考虑数据的性质及用户需求，有针对性地选择合适的数据处理和变换算法，并向用户阐明。

可视化映射

可视化映射是整个数据可视化设计中的关键环节。该环节将数据的类型、数值、空间坐标、不同位置数据之间的联系等映射为可视化通道中诸如位置、标记、颜色、形状和大小之类的不同元素。可视化映射的最终目的是让用户可以洞见数据背后隐含的规律、特征和价值。

可视化映射的主要工作是可视化编码，即将数据映射成可视化元素。可视化元素由可视化空间、标记和视觉通道三部分组成。其中，标记是数据属性到可视化元素的映射，用以直观地表示数据的属性归类；视觉通道是属性的值到标记的视觉呈现参数的映射，用于展现数据属性的定量信息。可视化空间、标记和视觉通道三者的有机结合才可以完整地将数据信息进行可视化表达。

在设计大数据可视化方案时有很多方法可供选用。例如，在设计可视化地图上的温度场或气压场时，可以选择颜色、线段的长度或圆形的面积等。

用户感知

用户感知是指用户从数据可视化结果中提取信息、灵感和知识。可以说数据可视化与其他数据分析处理方法最大的不同，就是用户感知。可视化映射后的结果只有通过用户感知才能转换成知识和灵感，增强用户感知度的方法是图形匹配。现在已经有很多成熟的图形可以借鉴，如中国地图、饼图、拓扑图和趋势图等。

在匹配图形的同时，还要考虑呈现展示的平台。用户可能是投放在大屏幕上查看，或在桌面终端或在移动终端查看，因此要对屏幕特征进行分析，包括面积、背景、颜色、可操作性等，以实现最佳可视化效果。

图形匹配后，需要把数据按属性恰当绘制到各维度上，并不断调整直到合理。虽然说这些工作较简单，但很耗时费力。当维度过多时，在信息架构上是否广而浅或窄而深都需要仔细琢磨，而后再加上交互导航，使图形更"可视"。最后还需要进行检查测试，直到满意为止。

练习

1. 什么是数据可视化？数据可视化的功能有哪些？
2. 什么是大数据可视化？大数据可视化需要考虑哪些问题？
3. 试述数据可视化的重要作用。
4. 简述数据可视化与大数据可视化的区别与联系。
5. 简述大数据可视化设计的主要内容及环节。
6. 试列举几个大数据可视化的有趣案例。

补充练习

在互联网上检索查找文献，讨论和研究大数据可视化的呈现形式。

第二节 可视化分析研发资源与工具

对于大数据可视化，如今已有许多可视化分析研发资源与工具可供选用，其中大部分是免费的，可以满足各种可视化需求，包括入门级工具（Excel）、信息图表工具、地图工具、时间线工具和高级研发分析工具等。但是，哪一种研发资源与工具最适合，这主要取决于数据以及数据可视化的目的。有些工具适合用于快速浏览数据，而有些工具则适合为更广泛的分析设计图表，而最可能的情形是将某些工具组合起来使用才最适合。

可视化的解决方案主要有两大类：非程序式和程序式。以前可用的程序很少，但随着数据源的不断增长，出现了许多点击/拖曳型工具，它们可以协助用户理解自己的数据。一般来说，为满足并超越用户的期望，大数据可视化研发资源与工具应具备如下特征：

▶ 能够处理不同种类型的传入数据；
▶ 能够应用不同种类的过滤器来调整结果；
▶ 能够在分析过程中与数据集进行交互；
▶ 能够连接到其他软件来接收输入数据，或为其他软件提供输入数据；

▶ 能够为用户提供协作选项。

尽管实际上存在着许多可用于大数据可视化分析研发资源与工具，且它们都是既开源又专有的，在这其中有一些性能比较好，因为它们提供了上述所有或者部分功能。本节将主要介绍其中几种较受欢迎的大数据可视化工具软件，以便选用。

学习目标

▶ 熟悉常见的大数据可视化分析研发资源与工具；
▶ 掌握某种典型大数据可视化工具的使用方法。

关键知识点

▶ 大数据可视化分析研发工具的主要功能和应用场景。

信息图表工具

信息图表工具是信息、数据、知识等的视觉化表达。它利用人脑对于图形信息相对于文字信息更加容易理解的特点，高效、直观、清晰地传递数据信息。信息图表工具主要有以下几种。

Tableau

Tableau 是一款智能工具软件（https://www.tableau.com/），比较适合企业和部门进行日常数据报表和数据可视化分析工作。Tableau 目前有多种版本，其中 Tableau desktop 是基于斯坦福大学突破性技术的软件应用程序，是桌面系统中最简单的智能工具软件。在操作上简单易用，只需拖曳和点击几下，就可以轻松创建交互式可视化报表，如图 5.6 所示。

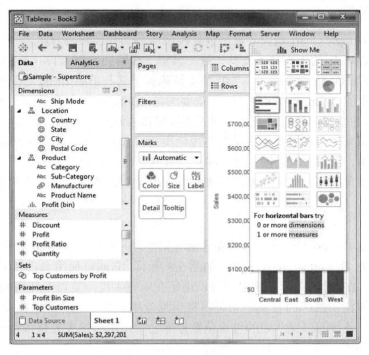

图 5.6　Tableau 软件工具

Tableau 允许任何人连接到相应的数据，然后可视化并创建交互式的可共享仪表板。Tableau 可以连接到文件、关系数据源和大数据源获取和处理数据。该软件允许数据混合和实时协作，这使它非常独特。Tableau 主要有如下特点：

- 简单易用：Tableau 实现了数据运算与美观图表的完美结合，不需要用户编写复杂的代码，只需通过拖曳就可以制作数据可视化图表。这使得一些不具备专业编码能力的人也可以制作出精美的可视化图表，完成一些初步数据分析工作。
- 混合数据源：Tableau 可以使用多种不同的数据源，例如 Excel 或者数据库，通过这种混合数据架构提供更多维度的交互。Tableau 支持绝大多数数据库服务器连接，包括传统的数据库以及大数据云计算环境下的云数据库，同时支持自定义 SQL 查询，这使得在数据处理阶段就具有较多的操作。另外，不管是连接数据文件还是数据库，Tableau 都只能处理结构化数据，每个数据都有其相应的数据类型，从而在快速创建可视化图表的时候足够智能，但这也是其局限性所在。
- 高效快速：Tableau 在计算能力方面十分高效，其数据处理速度极快，处理上百万数据只需几秒钟就可完成，这无疑大大减少了数据分析人员的工作时间。
- 地图：Tableau 一个重要且独具特色的功能，是可以在报表里嵌入多种可视化地图。通过自动识别地理编码或者自定义地理编码，在地图上显示相对应的数据情况；可为用户在基于地理位置的市场定位、制定营销策略提供精准的数据支持。
- 仪表板：仪表板可以让用户轻松创建集多个工作表于一身的可视化报表，更加方便进行多维度观察分析；同时其单个工作表的交互式操作能进行联动其他工作表。

Tableau 是大数据可视化的市场领导者之一。它在为大数据操作、深度学习算法和人工智能(AI)应用程序提供交互式数据可视化等方面尤为高效。

Google Chart

谷歌公司的 Google Chart 是大数据可视化制图服务的最佳解决方案之一，而且它是完全免费的，且得到了 Google 的大力技术支持。该工具将生成的图表以 HTML5/ SVG 呈现，因此可与任何浏览器兼容。Google Chart 对 VML 的支持确保了其与旧版 IE 的兼容性，并且可以将图表移植到最新版本的 Android 和 iOS 上。更重要的是，Google Chart 结合了来自 Google 地图等多种 Google 服务的数据，生成的交互式图表不仅可以实时输入数据，还可以使用交互式仪表板进行控制。Google Chart 提供了大量的可视化类型（http://www.google-chart.com/），从简单的折线图、条状图、饼图、散点图、时间序列一直到多维交互矩阵，如图 5.7 所示。其中，图表可供调整的选项有很多，如果需要对图表进行深度定制，可以参考其详细的帮助文档。

D3.js

"D3" 是 Data-Driven Documents（数据驱动文件）的缩写，D3.js 是一个用于实时交互式大数据可视化的 JS 库（https://d3js.org/），如图 5.8 所示。它通过使用 HTML\CSS 和 SVG 来渲染图表和分析图。D3 对网页标准的强调足以满足在所有主流浏览器上使用的可能性，使用户免于被其他类型架构所捆绑的苦恼，它可以将视觉效果很棒的组件和数据驱动方法结合在一起。可以说 D3.js 是目前最受欢迎的可视化数据库之一，用于很多表格插件中。D3.js 是一个 JavaScript 库，利用现有的 Web 标准，通过数据驱动的方式实现数据可视化。D3.js 允许绑定任意数据到文档对象模型（Document Object Model，DOM），然后将数据驱动转换应用到文档（Document）中，以任何需要的方式直观地显示大数据。

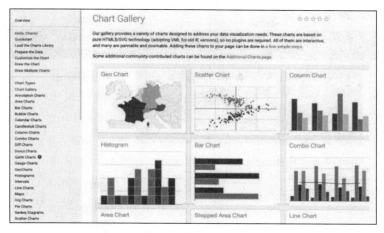

图 5.7　Google Chart 统计图表

由于 D3.js 不是一个工具，用户在使用它处理数据之前，需要了解 JavaScript，并能以一种能被其他人理解的形式呈现。除此以外，由于 D3.js 库将数据以 SVG 和 HTML5 格式呈现，因此 IE7/8 浏览器不能使用 D3.js 功能。

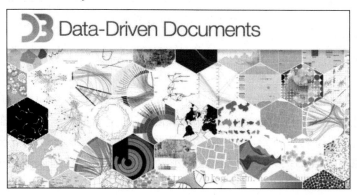

图 5.8　D3.js 提供的可视化图表

时间线工具

时间线又称时间轴，是一种把一段时间用一条或多数轴（线）表达的方式。时间线是表现数据在时间维度上演变的有效方式。它通过互联网技术，依据时间顺序，把一方面或多方面的事件串联起来，形成相对完整的记录体系；然后再利用图文形式呈现给用户。时间线可以应用于不同的领域，其最大的作用就是把过去的事务系统化、完整化、精确化。自 2012 年 Facebook 在 F8 大会上发布以时间线格式组织内容之后，时间线工具在国内外社交网站上得到大范围应用。近年来出现了不少基于 Web 的数字时间线工具，界面各异、功能不一。例如，Timetoast 就是一个在线创作基于时间线服务的网站（https://www.timetoast.com/）。Timetoast 可以用不同轴的时间线记录用户某个方面的发展历程、心理路程、进度过程等，如图 5.9 所示。Timetoast

基于 Flash 平台，可以在类似的 Flash 时间轴上任意加入事件，定义每个事件的时间、名称、图像等，最终在时间轴上显示事件在时间序列上的发展，事件显示和切换流畅，随着鼠标点击即可显示相关事件，操作非常简单。

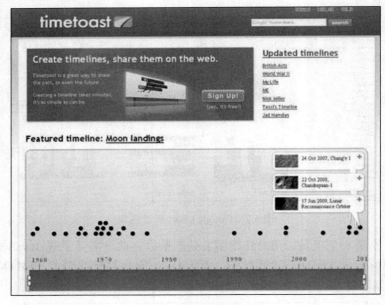

图 5.9　Timetoast 界面

地图工具

大数据地图工具在数据可视化中较为常见，它在展现数据基于空间或地理分布上有很强的表现力，可以直观地展现分析指标的分布、区域等特征。当指标数据要表达的主题与地域有关联时，就可以选择地图作为大背景，以帮助用户更加直观地了解整体数据情况，洞见数据价值，同时也可以根据地理位置归纳为某一区域进一步查看详细数据。这类大数据可视化工具主要有以下几款软件。

Google Fusion Tables

Google Fusion Tables（数据融合表）是 Google Labs 针对数据可视化推出的一项新服务。它与 Google Spreadsheets（电子表格）不同，这项服务是针对大数据集优化过的，用户可以导入大到 100 MB 的表格。Google Fusion Tables 让用户可以轻松绘制专业的统计地图。用户可以从自己的计算机导入电子表格，从 Google Spreadsheets 选择或打开一个已有文件，然后导入到 Google Fusion Tables 中。对于海量数据用户可以进行分类筛选、选择聚合，或从某些列中创建视图。该工具可以让数据表呈现为图表、图形和地图，从而洞见一些隐藏在数据背后的模式和趋势。

Modes Maps

Modes Maps 是一个小型、可扩展、交互式的免费地图库，提供了一套查询卫星地图的 API。

Modes Maps 是一个开源项目,有强大的社区支持,是在网站上整合地图应用的理想工具。

Leaflet

Leaflet 是为移动设备开发的一个小型化前端地图可视化开源框架,虽然其代码量大小仅有 33 KB,但具备开发人员开发在线地图的大部分功能。

Leaflet 是轻量级、跨平台的,对移动端友好,并且 PC 上的所有效果均能在移动终端上无缝呈现。它能够轻松地在 iPad、iPhone 和 Android 等移动终端上构建全视频应用,提供特有的本地接口让开发者轻松获取当前的定位信息并使用它。

可视化分析研发资源与编程语言

拿来即用的软件工具可以让用户在短时间内就能开展大数据可视化工作,但这些软件为了通用性,总是或多或少的进行了泛化,如果要想得到新的特性或方法,则需要自行研发实现。因此,在许多情况下,需要用户自己编程,根据自己的需要将数据可视化并获得特定的效果。因此,除了要掌握通用的大数据可视化软件工具之外,也要熟悉一些基本的可视化编程语言与方法。

Jupyter Notebook

Jupyter Notebook 是一个开源的 Web 应用程序,旨在方便开发者创建和共享代码文档。Jupyter Notebook 支持运行 40 多种编程语言,支持实时代码、数学方程、可视化和 Markdown 编辑器,其功能包括:数据清理和转换、数值模拟、统计建模和机器学习等。

Jupyter 是从 IPython 衍生出来的开源项目(Jupyter 官方的服务器安装程序:https://github.com/jupyterhub/jupyterhub)。它的界面包含代码输入窗口,并通过运行输入的代码以基于所选择的可视化技术提供视觉可读的图像,如图 5.10 所示。

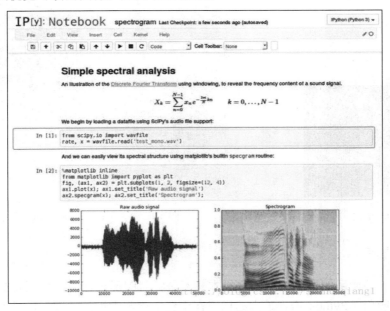

图 5.10　Jupyter Notebook 界面

以上提到的功能仅仅是 Jupyter Notebook 的一小部分。Jupyter Notebook 可以在团队中共享，以实现内部协作，并促进团队相互合作进行数据分析。团队可以将 Jupyter Notebook 上传到 GitHub 或 Gitlab，以便能相互合作。团队可以使用 Kubernetes 将 Jupyter Notebook 包含在 Docker 容器中，也可以在任何其他使用 Jupyter 的机器上运行 Notebook。除此以外，Jupyter 还能够与 Spark 等多框架进行交互，这使得对从具有不同输入源的程序收集的大量密集数据进行处理时，Jupyter 能够提供一个全能的解决方案。

R 语言

R 语言是绝大多数统计学家最中意的分析软件，开源免费，图形功能强大。R 语言是用于统计分析、图形表示和报告的编程语言，它已经超越仅仅是流行的开源编程语言的意义，成为统计计算和图表呈现的软件环境，并且还处在不断发展的过程之中。R 语言由 Ross Ihaka 和 Robert Gentleman 在新西兰奥克兰大学创建，目前由 R 语言开发核心团队维护。R 语言在通用公共许可证（GNU）下免费提供，并为各种操作系统（如 Linux、Windows 和 Mac）提供预编译的二进制版本。

R 语言的使用方法很简洁，支持 R 语言的工具包也有很多，只需把数据载入到 R 语言中，写一两行代码就可以创建出数据图形。例如，若要绘制 2D 等高线，选用图 5.11 所示的测试集，则所要做的工作主要是调用 stat_density()函数。这个函数会给出一个基于数据的二维核密度估计，然后可基于这个估计值就可判断各样本点的"等高"性。用 R 语言绘制各数据点及等高线的代码如下：

```
ggplot(faithful, aes(x = eruptions, y = waiting)) +    //基函数
    geom_point() +      //散点图函数
    stat_density2d()    //密度图函数
```

该代码的运行结果如图 5.12 所示。

图 5.11 2D 等高线测试集

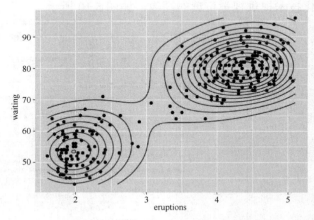

图 5.12 用 R 语言绘制的 2D 等高线

Python 语言

Python 是一种通用的编程语言，它原本并不是针对图形设计的，但还是被广泛应用于数据处理和 Web 应用。Python 语言最大的优点在于善于处理大批量的数据，且性能良好，不会

造成宕机，尤其适合繁杂的计算和分析工作。Python 语法干练易读，有很多模块可以用于创建数据图形。

以上介绍的几种可视化工具与编程语言只不过是在线或独立数据可视化解决方案及工具中的一部分。每家公司都能够找到适合自己的工具，并使用这些工具将输入的原始数据转化为一系列清晰易懂的图像和图表。数据可视化工具的作用在于帮助确定趋势和模式，从而做出有证据支持的决策。

练习

1. 用于大数据可视化分析的典型开源与商业软件有哪些？
2. 可视化工具主要包括哪些类型？各自的代表性产品有哪些？
3. 下载安装 Tableau（http://www.tableau.com/zh-cn），尝试 Tableau 数据可视化设计实践，总结归纳出实际执行的基本步骤。

补充练习

在互联网上查找文献，对比研究两款以上大数据可视化分析开源与商业软件的性能。

第三节　大数据可视化应用

在数字信息时代，大数据可视化技术在时空数据、地理空间数据、网络数据、跨媒体数据等领域都有着广泛应用。综合多媒体获取和理解数据信息已经成为信息传播的发展方向。可视化的数据多种多样，一般将其分为一维、二维、多维、层次、网络、时序 6 类；随着网络社交媒体的发展，文本类和地理类数据也越来越受到重视，归纳起来共有 8 种类型之多。这些大数据都有可视化的一般方法。例如，对于二维数据可视化，一般采用基于位置的方法、基于颜色和面积的方法；时序数据的可视化有基础统计图、日历图等方法；文本可视化方法可以分为基于文本内容的和基于文本关系的方法。

如何把信息传达给相应的人，这就需要一种深入浅出、图文并茂的形式，一张图甚至可以胜过千言万语。本节主要介绍几个大数据可视化应用案例，意在通过这些案例让读者对大数据可视化有一个更加深入的了解。

学习目标
▶ 了解大数据可视化的典型应用。

关键知识点
▶ 大数据可视化应用典型案例。

基于 Web 的数据可视化

过去几十年里，Web 的迅速发展使其成为世界上规模最大的公共数据源。从 Web 超链接、网页内容和使用日志中采集到的数据信息，一般是批量、快速的。如何迅速提取出其中有价值的信息呢？这是 Web 数据可视化所要解决的主要问题。

Web 数据可视化参考模型

基于 Web 的数据可视化主要有以下 4 种参考模型：

（1）在服务器端生成描述数据的图形，然后在客户端实现图形的显示，客户端用浏览器显示。

（2）服务器端经过可视化映射后，输出 VRML（Virtual Reality Modeling Language）成 Java3D 格式的 3D 模型，返回给客户。客户端利用支持 VRML 或 Java3D 的浏览器绘制和操纵 3D 模型。

（3）客户下载数据，在客户端执行可视化流水线，利用 JavaApplet 实现可视化计算，客户还可以下载可视化软件。虽然客户端可以完全控制可视化过程，但对客户端的硬件、软件资源要求较高。

（4）服务器端以 HTMLForms 或 JavaApplet 方式提供可视化控制页面，浏览器客户下载控制页面，实现可视化过程的控制。

其中，第 1 种模型使用 Tee Chart Pro AetiveX 控件，可以直接安装在服务器端，在服务器端动态生成图形文件（JPEG 格式），然后将图形传回客户端，在浏览器中显示出来。该方法适用于任何流行的客户端浏览器。第 2、3 种模型需要针对具体的应用设计 Java 绘图程序。第 4 种模型在服务器端采用复杂的可视化计算处理，可避免客户端较高的资源要求；同时客户端又能完成可视化结果的交互控制，具有较好的交互性以及计算负荷均衡的优点，但程序设计较为复杂。

Web 数据可视化步骤

基于 Web 的大数据可视化一般可以分为以下步骤实施：

（1）发现问题。数据可视化都是为了解决某个问题的。所以，面对海量的数据，首先要思考如何针对业务问题合理抽取相对应的数据。为创建信息可视化而提出问题时，应该尽可能地关注以数据为中心的问题。那些以"在哪里""什么时间""有多少"或者"有多频繁"开头的问题通常是较好的开始，这些问题会使人们专注于在特定的参数集合内查找数据，因此更有可能找到适用于可视化的数据。而对于以"为什么"开头的问题则要格外小心，它意味着对数据的较为正式的描述开始转入改写数据分析。

（2）采集数据。数据的采集或者说 Web 数据抓取和整理是数据可视化的关键所在。然而准确地抓取到所需要的数据是一项非常困难的工作。通常，最好从已经可用的数据着手并尽量找到一种方式来描绘它，而不是尝试自己去采集数据。获得原始数据之后，认真做好数据的解析、组织、分组或者修改，对数据进行再加工。

（3）选择一种可视化方式呈现信息。在明确计划要展现的数据内容后，需综合运用视觉元素的造型、色彩、动态等赋予图表较好的视觉体验。数据可视化的过程应始终围绕可视化的核心目标：帮助用户更好、更准确的理解数据。Web 常见的可视化方式有：地图、时间线、网络图、树状图、矩阵图、散点图、气泡图、流程图、折线图、标签云、数据表、雷达图、热力图和平行坐标轴等。

Web 数据可视化展现方式

Web 数据可视化一般常用如下几种展现方式。

1. 尺寸与图表报表

尺寸是最常用的可视化展现方式。当辨别两个对象时,可以通过尺寸对比快速予以区分。此外,使用尺寸可以加快理解两组不熟悉数字之间的区别。例如百度统计,这个应用旨在通过对网站流量的专业分析,帮助用户不断从网站流量数据中挖掘有价值的信息,指导网站运营。如这个网页目录的访客数统计图,采用了气泡面积的可视化展现方式,通过气泡尺寸面积对比,直观的展现出各网页目录的访客数。通常,有超过 30 种图表类型可供选择,例如多 Y 轴折线图、条形图、堆积柱形图、气泡图、饼状图、甘特图、散点图和漏斗图等,可根据需要选择使用,如图 5.13 所示。

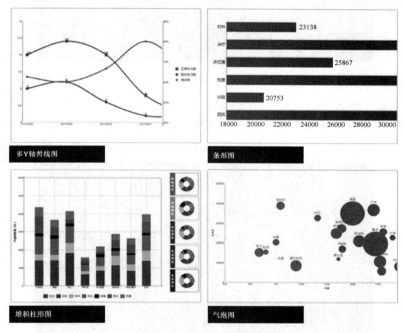

图 5.13　图表报表展现方式

2. 色彩

色彩是展现大数据集的一种常用方式,通过色彩可以识别出很多层次和色调。运用色彩进行可视化设计时要特别注意:确保用户能够区分出 45%与 55%的数据点。

例如,一个利用色彩的可视化案例是"担保圈焰火"。目前,汽车信贷业务的超常规发展为银行带来了利润,但在分享车贷"蛋糕"喜悦的同时,不断攀升的车贷违约率使银行业十分忧虑。因为越来越多的车贷存在一些不易规避的风险。图 5.14 所示的"担保圈焰火",展现了在某家银行的汽车厂商、4S 店和个人客户之间建立的担保关系网络。

在该图中,点代表车贷客户或者车贷担保人,线代表担保人和被担保人的担保关系,不同颜色用来区分相应的担保网络。图中比较明显的是黄色、蓝色、紫色三个群体,黄色群体比较正常,中心是 4S 店,周围是一对一的个人客户,而左下角的蓝色和紫色群体存在重叠,也就是说有些客户在两家以上的公司申请汽车贷款,可能存在一定的骗贷隐患,需要银行高度关注。

3. 位置

基于位置的展现方式就是把数据和某些类型的地图关联起来,或者把它与一个真实或虚拟地方相关的可视化元素进行关联。

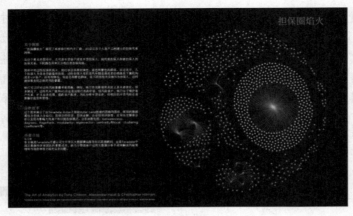

图 5.14 "担保圈焰火"

例如,一个基于位置的可视化应用案例是"资金喷泉"。资金喷泉展示了不同公司之间的资金流动关系,是一个可以清晰发现客户层级的资金视图,如图 5.15 所示。其中所展示的是一家大型银行的一个分析项目:使用转账交易数据了解风险和发现市场机会。

图 5.15 资金喷泉

在图 5.15 中,每一个点代表公司,线代表两家公司之间的资金转移,箭头表示资金的流向。从营销和供应链角度,可以从图中找到核心企业,再延伸到上下游;从风险角度,一方面衡量市场变化,一方面监控资金流向。市场营销人员可以利用"资金喷泉"切入核心企业,了解上下游关联关系,开展供应链金融。在纷繁复杂的交易过程中,风险人员可以根据它识别客户异常资金交易,防范风险,通盘考虑相关参与方,而不是单单关注交易对手。

4. 网络

网络呈现方式主要用于显示数据点之间的二元连接。对于查看数据点之间的关系很有帮助。网络可视化在社交网站中已广泛应用,如 QQ 上有个应用,可以通过人脉关系图查看自己的人际网络。在微博等社交媒体上谁关注谁,在选举中谁投票给谁,在组织中谁与谁有合作关系等,都可以通过网络图展示出来。

图 5.16 所示是研究社交网络小社会现象的一个案例,它演示了大数据可视化在社交网络

关系分析中的应用。该案例选择了 16 个国家最具影响力的纸质媒体,查找并罗列这些媒体从 2010 年 1 月 1 日到 2014 年 12 月 31 日 5 年间的所有文章,分析任意两种媒体之间的引用关系。选定媒体后,统计媒体在这期间是否引用了其他媒体稿件;将引用次数进行记录,最终形成一个网络可视化图。

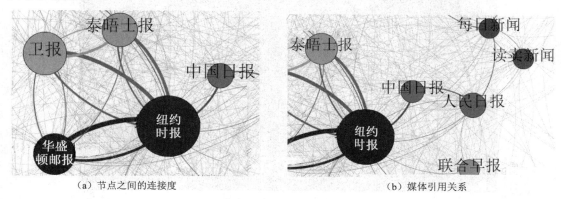

图 5.16　媒体引用关系大数据可视化案例

图 5.16 展现了媒体之间的引用关系,同一个国家的两个节点的颜色相同,意味着同一个国家的两个媒体距离较近。值得说明的是,输入到可视化系统的最初数据并不包括国家的信息,也并不知道哪两个媒体属于同一个国家。为什么经过自动处理后,同一个国家的媒体位置会非常接近呢?可能有两种情况,一是同一个国家的媒体互相引用比较多,二是同一国家的媒体有相似引用外媒的方式。

在图 5.16(a)所示的四份报纸中,《纽约时报》的节点最大,其他 4 份报纸都有较粗的线连入纽约时报,且这 5 个节点互相之间都有较高的连接度。从整体上来观察,美国的节点要比英国的大。

对于图 5.16(b),在中国的《人民日报》和《中国日报》两个节点中,《中国日报》比《人民日报》更活跃一些,它有两条稍粗的线条指向《纽约时报》和《人民日报》,但整体上其他国家的媒体没有大量引用它们的文章。《人民日报》指向外面的连线很细,引用其他文章数量偏少。日本的《每日新闻》指向《人民日报》较多,存在一定量的引用。从图 5.16(b)还可以看到,《人民日报》比《中国日报》离核心《纽约时报》稍远。

5. 时间线

时间常常被认为是一种主观的体验,然而在可视化表达中,时间却成为结构化维度。时间能帮助人们构建稳健而直观的框架,更好地建立事件间的联系。随时间变化的数据通常根据时间线进行描绘。按照时间线阐述信息已经广泛应用于企业传播、营销的各个领域。采用时间线呈现大数据需要考虑以下构成元素:

▶ 描述时间的轨迹或路径:以何种方式呈现时间线,它的发展轨迹如何,如何体现时间的变化?
▶ 点或段的定义:在时间线上排布哪些要素,某一个固定的时间节点如何展开?
▶ 文本或图形的定义:文本和图形所放置的位置,是否需要呈现某种变化关系?
▶ 标签和调用的定义:补充说明的标签如何植入,需要调用哪些图文来强化阐释?

例如,一种显示大英图书馆中西方历史资源精致的交互时间线如图 5.17 所示。用户在显示的顶部选择一个时间线，然后通过在底部的滚轴控制时间周期，最后选择一个图像卡，即可访问该卡背面的信息页面。与大多数时间线不同，使用交互的时间线并没有描绘一个完整而庞大的时间路径，而是将它们打包，卡片化地放置在最底层时间线上。

图 5.17　交互时间线

文本数据可视化

文本作为信息交流的主要载体，对其进行可视化能够有效帮助人们快速理解和获取其中所蕴含的信息。文本可视化是大数据可视化研究的主要内容之一，它是指对文本数据进行分析，抽取其中特征信息，并将这些信息以易于感知的图形或图像方式展现出来。文本可视化涉及信息检索、数据挖掘、计算机图形学、人机交互、认知科学、可视化技术等理论与方法。

文本可视化的基本框架

由于文本类别的多样化以及读者需求的多样性，人们提出了许多可视化方法，包括普适性文档可视化方法、针对特定文档类别和分析需求的可视化方法。一般来说，文本可视化的基本流程包括文本处理、可视化映射和用户认知（交互操作）三个主要步骤，如图 5.18 所示。其中，文本处理涵盖了数据采集、数据预处理、知识表示等环节。

（1）文本处理。文本处理是文本可视化的基础，其主要任务是根据用户需求对原始文本资源中的特征信息进行分析，例如提取关键字或主题等。文本可视化依赖于自然语言处理，词袋模型、命名实体识别、关键词抽取、主题分析、情感分析等是较常用的文本分析技术。文本处理的过程主要包括：

- ▶ 特征提取，通过分词、抽取、归一化等操作提取出文本词汇的内容；
- ▶ 利用特征构建向量空间模型（Vector Space Model，VSM）并进行降维，以便将其呈现在低维空间，或者利用主题模型处理特征；
- ▶ 最终以灵活有效的形式表示处理过的数据，以便进行可视化呈现和交互。

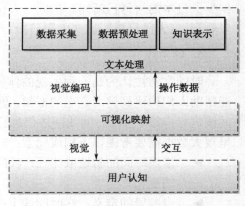

图 5.18　文本可视化的主要步骤

（2）可视化映射。可视化映射是指以合适的视觉编码和视觉布局方式呈现文本特征。其中，视觉编码是指采用合适的视觉通道和可视化图符表征文本特征。视觉布局是指承载文本特征信息的各个图元在平面上的分布和呈现方式。

（3）交互操作。对于一个可视化结果，不同用户感兴趣的部分可能不完全相同。通过交互操作提供在可视化视图中浏览和探索感兴趣部分的手段，以达到用户认知的目的。

可视化对象类型

（1）信息图。文本内容的视觉编码主要涉及尺寸、颜色、形状、方位、文理等；文本间关系的视觉编码主要涉及网络图、维恩图、树状图、坐标轴等。

（2）视觉编码。文本可视化的一个重要任务，是选择合适的视觉编码呈现文本信息的各种特征。例如，词频通常由字体的大小表示，不同的命名实体类别用颜色加以区分。

（3）交互方式。便于用户能够通过可视化有效地发现文本信息的特征和规律，通常会根据使用的场景为系统设置一定程度的交互功能。交互方式主要有高亮（Highlighting）、缩放（Zooming）、动态转换（Animated Transitions）、关联更新（Brushing and Linking）、焦点加上下文（Focus+Context）等。

文本可视化方法和典型案例

文本可视化方法和方案较多，比较典型的是文本云（Text Cloud）可视化方法。文本云又称标签云（Tag Cloud）或单词云，是对文本关键字进行可视化的一种直观、常用方法。文本云一般使用字体的大小与颜色对关键字的重要性进行编码。权重越大的关键字，其字体越大，颜色越鲜亮。除了字体与颜色，关键字的布局也是文本云可视化的一个重要编码维度。图5.19所示是一种文本云可视化结果。

图 5.19 文本云可视化结果

文本云将关键词按照一定的顺序和规律排列，如频度递减、字母顺序等，并以文字的大小代表词语的重要性。文本云允许自定义可视化空间，如长方形、圆形或其他不规则图形，将关键字紧密布局在视图空间。这种文本云方法已经广泛用于报纸、杂志等传统媒体和互联网，甚至T恤等实物中。

社交网络可视化

社交网络是指基于互联网的人与人之间的相互联系、信息沟通和互动娱乐的运作平台。例如 Facebook、Twitter、微信、新浪微博、人人网、豆瓣等，都是当前普及的社交网站。通过社交网络能够很容易看出一个网络内的朋友与熟人，但很难理解社交网络中成员之间是如何链接的，以及这些链接是如何影响社交网络的。若将社交网络可视化则有助于理解这些问题。

社交网络可视化是人们了解社交网络结构、动态、语义等信息的重要工具。不同用户期待获取不同的信息，因此可视化结果需要呈现出社交网络的不同内容。社交网络可视化方法较多，比如有结构型、时序型、基于位置信息的可视化等。其中，结构型可视化着重于展示社交网络的结构，即体现社交网络中参与者之间的拓扑关系。经常使用的结构型可视化方法是节点链接图，用节点表示社交网络的参与者，节点之间的链接表示两个参与者之间的某一种联系，包括朋友关系、亲属关系、关注或转发关系、共同兴趣爱好等。通过对边和节点的合理布局反映出社交网络中的聚类、社区、潜在模式等。一种结构型社交网络可视化结果示例如图 5.20 所示。

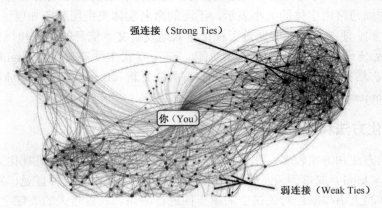

图 5.20　社交网络可视化结果示例

大数据的可视化有很多呈现形式，众多的表现形式需要通过各种各样的手段来呈现，在计算机上主要通过程序算法来实现。可视化设计师在选择表现形式的同时，一定要考虑受众是否能够很好地接受和吸收信息，他们需要了解视觉心理对用户浏览时的影响。随着互联网的发展，今后大数据可视化还会发展出许多新技术来帮助人们理解、洞见数据价值。

练习

1. 大数据可视化的主要任务有哪些？
2. 为什么要进行大数据可视化？
3. 在熟悉 Tableau 自带的世界指标、中国分析和示例超市 3 个典型应用案例的基础上，在典型案例"世界指标"工作界面的下方，列举了 7 个工作表，即人口、医疗、技术、经济、旅游业、商业和故事，展示了现实世界的若干侧面。请阅读视图，通过移动鼠标，分析和钻取相关信息并简要回答如下问题：

（1）在符号地图中，圆面积越大，说明什么？
（2）2018 年世界上人口数最大的 5 个国家是（　　）。
（3）在符号地图中，2018 年人口出生率较高的国家是（　　）。
（4）人口出生率较高的国家主要分布在世界上哪些地区？
（5）通过信息钻取，你还获得了哪些信息或产生了什么想法？

补充练习

在互联网上查找文献，研究利用 Tableau 进行大数据可视化设计。尝试实际执行 Tableau 数据可视化设计的各项步骤，熟悉大数据可视化设计技巧。

本 章 小 结

在大数据时代，数据的数量和复杂度的提高，对大数据分析、理解和呈现带来巨大挑战。除了直接统计或者数据挖掘的方式，可视化能够通过视觉表现方式帮助人们探索和解释复杂的数据，并洞见数据价值。自从计算机开始应用于可视化，人们发现了许多可视化技术，已有的可视化技术也得到了改进与提升。大数据可视化通过图像、图形技术对数据进行形象化处理，促使出现了更加智能的数据可视化工具，为更大范围的数据可视化提供了触摸可及的技术条件。大数据可视化新技术、新平台的出现，使得可视化可以实现用户与可视化数据之间的交互，从采集分析数据到呈现数据信息做到了一体化实现。由大数据可视化实际应用案例可以看到，将大量的数据以图形的方式在 Web 页面上展现出来，有助于分析数据，揭示数据内部规律。随着计算机图形学、多媒体技术、人机交互技术的发展以及各应用领域的需要，数据可视化将有更加广阔的发展空间。

如何实现大数据可视化呢？对一般用户而言，可以借助第三方数据分析工具，导入数据，按自己的需求进行分析配置，即可实现可视化分析。在互联网时代，许多客户关系管理系统（CRM）自带大数据分析工具（如智云通 CRM 系统），在企业经营过程中，使用 CRM 系统时会积累大量数据。如果要盘点或分析经营状况，只要打开大数据分析工具，调用营销数据，按需配置（自定义横纵轴数据），就可以从可视化图形中得出结论，帮助决策。如果一张图表还不足以分析清楚，亦可制作一个图表集，进行对比分析。

数据可视化方法很多，新的可视化工具和图表类型还在不断出现，每种方法都试图创造出比之前更有吸引力、更有利于传播数据信息的图表。本章在分析数据可视化理论的基础上，归纳总结了主流的数据可视化技术与工具，并结合一些具体的典型应用场景，对大数据可视化进行了应用案例介绍，为大数据可视化进一步应用实践提供贴切实际工程的参考依据。

小测验

1. 下列哪一项不是大数据提供的用户交互方式？（　　）
   a. 统计分析和数据挖掘　　　　b. 任意查询和分析
   c. 图形化展示　　　　　　　　d. 企业报表

【提示】参考答案是选项 c。

2. 大数据分析工具通常应用在大数据架构的哪个位置？（　　）
   a. 数据采集层和数据存储层之间　b. 数据存储层和数据计算层之间
   c. 数据计算层和数据应用层之间　d. 数据应用层和数据展示层之间

3. 大数据分析工具可视化组件通常包含的三大部分？（　　）
   a. 数据准备　　　b. 数据汇总　　　c. 数据过滤　　　d. 数据挖掘
   e. 可视化设计　　f. 成果发布　　　g. 成果分享

3. 大数据分析工具可视化设计中常用的图表包括（　　）。
   a. 柱线图　　　　b. 环形图　　　　c. K线图　　　　d. 地图
   e. 仪表盘　　　　f. KPI 图　　　　g. 雷达图　　　　h. 以上全部
4. 大数据分析工具可视化设计中常用的数据展示包括（　　）。
   a. 数据钻取　　　b. 数据联动　　　c. 数据同步　　　d. 数据扩展
5. 简要写出所使用过的某种大数据可视化工具软件的操作步骤，并描述其主要性能。
6. 以 Tableau 系统提供的 Excel "示例-超市"文件作为数据源，完成 Tableau 可视化故事的相关案例，实际体验 Tableau 可视化故事的操作方法和步骤，了解 Tableau 可视化故事分析技巧。

第六章　大数据应用

随着新一代信息技术的发展和应用，尤其是互联网、物联网、移动互联网、社交网络等技术的发展，人类已进入大数据时代。前几章对大数据的概念以及 Hadoop、MapReduce、Spark 开发技术和大数据可视化进行了讨论和介绍，构建了一条连接宏观理念和深奥技术细节之间的链路。本章将主要讨论大数据系统性应用实践问题，即从大数据查询分析着手，建立起大数据业务价值与技术架构之间的映射关系，使读者能够初步了解大数据的应用场景，给大数据应用实践提供可供参考的技术细节和实施案例。同时，使他们增强大数据安全应用的意识，自觉维护大数据安全应用。

第一节　大数据查询

大数据查询分析是大数据技术的核心问题之一。自从称为云计算底层技术三大基石的 GFS、MapReduce、Bigtable 推出以来，大数据查询分析技术不断砥砺前行。建立在 Hadoop 数据仓库基础构架上的 Hive 项目提供了一系列用于存储、查询和分析大数据的工具。2009 年之后，Google 又连续推出多项新技术，包括 Dremel、Pregel、Percolator、Spanner 和 F1。其后，大数据公司 Cloudera 开源了大数据查询分析引擎 Impala；Hortonworks 开源了 Stinger；Fackbook 开源了 Presto。类似于 Pregel，UC Berkeley AMPLAB 实验室开发了 Spark 图计算框架，并以 Spark 为核心开源了大数据查询分析引擎——SparkSQL。

本节对 Hive、Impala 和 SparkSQL 等开源大数据查询分析引擎进行简要介绍，并就 SparkSQL 的应用编程进行简单讨论。

学习目标

▶ 熟悉大数据查询的常用分析引擎及其工具软件；
▶ 了解 SparkSQL 的应用方法。

关键知识点

▶ 大数据分析查询引擎，包括 Hive、Impala 和 SparkSQL 等。

大数据查询分析引擎

基于 MapReduce 模式的 Hadoop 擅长数据批处理，不是特别符合即时查询的场景。实时查询一般使用 MPP（Massively Parallel Processing）架构，因此用户需要在 Hadoop 和 MPP 两种技术中做出选择。在 Google 的第二波技术浪潮中，一些基于 Hadoop 架构的快速 SQL 访问技术受到人们的关注。最近 Impala、SparkSQL 等开源工具备受青睐，这也显示了大数据领域对于 Hadoop 生态系统支持实时查询的期望。

Hive

Hive 是基于 Hadoop 的一个数据仓库工具,可以将结构化数据文件映射为一张数据库表,并提供简单的 SQL 查询,可以将 SQL 语句转换为 MapReduce 任务进行运行,其优点是学习成本低,可以通过类 SQL 语句快速实现简单的 MapReduce 统计,不必开发专门的 MapReduce 应用程序,比较适合对数据仓库的统计分析。

Hive 是建立在 Hadoop 上的数据仓库基础构架。它提供了一系列工具,可以用来进行数据提取、转化和加载(ETL)。Hive 定义了简单的类 SQL 查询语言,称为 HQL,它允许熟悉 SQL 的用户查询数据,但仅是为方便用户使用 MapReduce 而在外面封装了一层 SQL,其问题域比 MapReduce 更窄。这主要是因为 SQL 无法正确表达数据挖掘算法、推荐算法、图像识别算法等,仍然需要通过编写 MapReduce 来完成。

Impala

Apache Impala 是在 Cloudera 公司 Google 的 Dremel 启发下开发的实时交互 SQL 大数据查询工具(https://impala.apache.org/)。Impala 继续使用缓慢的 Hive+MapReduce 进行批处理,却使用了与商用并行关系数据库中类似的分布式查询引擎(由 Query Planner、Query Coordinator 和 Query Exector 三部分组成),直接从 HDFS DN 或 HBase 中用 SELECT、JOIN 和统计函数查询数据,从而大大降低了延迟。

Impala 拥有与 Hadoop 一样的可扩展性,提供了类 SQL(类 HSQL)语法,在多用户场景下也能拥有较高的响应速度和吞吐量,能查询存储在 Hadoop 的 HDFS 和 HBase 中的 PB 级大数据。Impala 由 Java 和 C++实现,Java 提供查询交互的接口和实现,C++实现查询引擎部分。除此之外,Impala 还能够共享 Hive Metastore(这将逐渐变成一种标准),甚至可以直接使用 Hive 的 JDBC jar 和 beeline 等直接对 Impala 进行查询,支持丰富的数据存储格式(Parquet、Avro 等)。

1. Impala 系统组成

Impala 系统由下列几部分组成:

- Clients:即 Impala 的客户,包括 Hue、ODBC 客户端、JDBC 客户机和 Impala Shell 的实体都可以与 Impala 交互。这些接口通常用于发出查询或完成诸如连接 Impala 之类的管理任务。
- Hive Metastore:用于存储对 Impala 可用的数据信息。例如,元数据存储让 Impala 了解哪些数据库可用,以及这些数据库的结构是什么。
- Impala:即运行在 DataNodes 上的过程,用于协调和执行查询。每个 Impala 的实例都可以接收、计划和协调来自 Impala 客户的查询。查询被分发到 Impala Nodes 上,这些节点像 Worker 一样,执行并行的查询片段。
- HBase 和 HDFS:用于查询数据的存储。

2. Impala 的工作流程

从用户使用方式上来看,Impala 和 Hive 很相似,并且可以共享一份元数据。从实现的角度来看,Impala 的系统架构与查询执行流程如图 6.1 所示。

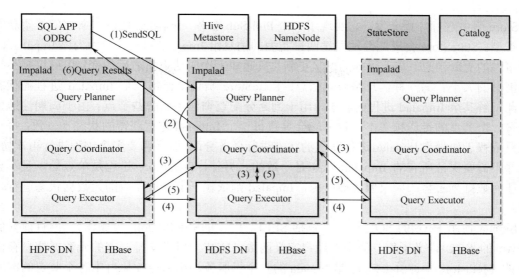

图 6.1　Impala 的系统架构与查询执行流程

从图 6.1 可以看出，Impala 自身包含 Impalad、Catalog 和 StateStore 三个模块。除此之外它还依赖于 Hive Metastore 和 HDFS NameNode。其中，Impalad 主要包含 Query Planner、Query Coordinator 和 Query Executor 三个模块。Query Palnner 接收来自 SQL APP 和 ODBC 的查询，然后将查询转换为许多子查询；Query Coordinator 将这些子查询分发到各个节点，由各个子节点上的 Query Executor 负责子查询的执行；最后返回子查询的结果，这些中间结果经过聚集之后最终返回给用户（SQL APP 和 ODBC）。

Imapalad 模块负责接受用户的查询请求，也意味着用户可以将请求发送给任意一个 Impalad 进程。该进程在本次查询充当协调者（Coordinator），生成执行计划并且分发到其他 Impalad 进程执行，最终汇集结果返回给用户。对于当前 Impalad 和其他 Impalad 进程而言，它们同时也是本次查询的执行者，完成数据读取、物理算子的执行并将结果返回给协调者 Impalad。这种无中心查询节点的设计，能够最大限度地保证容错性并且容易实现负载均衡。如图 6.1 所示，通常在每一个 HDFS 的 NameNode 上部署一个 Impalad 进程，由于 HDFS 存储数据通常是多副本的，所以这种部署可以保证数据的本地性，查询尽可能从本地磁盘（而非网络）读取数据。为了让查询分割的子任务做到尽可能从本地读取数据，Impalad 需要从 Metastore 中获取表的数据存储路径，并且从 NameNode 中获取每一个文件的数据块分布。

Catalog 模块提供元数据服务。它以单点的形式存在，既可以从外部系统（如 HDFS NameNode 和 Hive Metastore）提取元数据，也可以在 Impala 中将执行的 DDL 语句提交到 Metatstore。由于 Impala 没有 update/delete 操作，所以它不需要对 HDFS 做任何修改。有两种方式向 Impala 导入数据（DDL）——通过 Hive 或者 Impala。如果通过 Hive，则改变的是 Hive Metastore 的状态，此时需要通过在 Impala 中执行 REFRESH 以通知元数据的更新；如果是在 Impala 中操作，则 Impalad 会将该更新操作通知 Catalog。后者通过广播的方式通知其他的 Impalad 进程。默认情况下 Catalog 是异步加载元数据的，因此查询可能需要等待元数据加载完成之后才能进行（第一次加载）。该服务的存在将元数据从 Impalad 进程中独立出来，简化了 Impalad 的实现，降低了 Impalad 之间的耦合。

StateStore 模块完成两项工作：消息订阅服务和状态监测。Catalog 中的元数据通过

StateStore 服务进行广播分发。它实现了一个 Pub-Sub 服务，Impalad 可以注册它们希望获得的事件类型。StateStore 会周期性地发送两种类型的消息给 Impalad 进程：一种为该 Impalad 注册监听事件的更新消息。基于版本的增量更新（只通知上次成功更新之后的变化）可以减小每次通信消息的大小。另一种消息是心跳信息。StateStore 负责统计每一个 Impalad 进程的状态，并据此了解其余 Impalad 进程的状态，用于判断分配查询任务到哪些节点。由于周期性地推送并且每一个节点的推送频率不一致可能会导致每一个 Impalad 进程获得的状态不一致，每一次查询只依赖于协调者 Impalad 进程获取的状态进行任务分配，而不需要多个进程进行再次协调，因此并不需要保证所有的 Impalad 状态是一致的。另外，StateStore 进程是单点的，且不会持久化任何数据到磁盘。如果服务被挂掉，Impalad 则依赖于上一次获得的元数据状态进行任务分配。

Impala 使用 Hive 的 SQL 接口（包括 SELECT、INSERT、Join 等操作），但目前只实现了 Hive 的 SQL 语义子集，尚未对用户定义函数（UDF）提供支持，表的元数据信息存储在 Hive 的 Metastore 中。StateStore 是 Impala 的一个子服务，用来监控集群中各个节点的健康状况，提供节点注册、错误检测等功能。Impala 在每个节点运行一个后台服务 Impalad，Impalad 用来响应外部请求，并完成实际的查询处理。

3. Impala 的部署方式

通常情况下，采用混合、独立两种部署方式部署集群。混合部署就是将 Impala 集群部署在 Hadoop 集群之上，共享整个 Hadoop 集群的资源。独立部署则是单独使用部分机器，只部署 HDFS 和 Impala。前者的优势是 Impala 可以和 Hadoop 集群共享数据，不需要进行数据的拷贝，但存在 Impala 和 Hadoop 集群抢占资源的情况，进而可能影响 Impala 的查询性能（MR 任务也可能被 Impala 影响）。后者可以提供稳定的高性能，但需要持续地从 Hadoop 集群拷贝数据到 Impala 集群上，增加了 ETL 的复杂度。Impala 混合部署与独立部署时的各节点结构如图 6.2 所示。

混合部署与独立部署两种方案各有优劣。对于混合部署方案来说需要考虑如何分配资源问题。首先在混合部署的情况下不可能再让 Impalad 进程常驻（这样相当于把每一个 NodeManager 的资源分出去了一部分，并且不能充分利用集群资源）。由于 YARN 的资源分配机制延迟太大，对于 Impala 的查询速度有很大影响，于是 Impala 设计了一种在 YARN 上完成 Impala 资源调度的方案——Llama（Low Latency Application Master）。其要求是在查询执行之前必须确保需要的资源可用，否则会出现一个 Impalad 阻塞而影响整个查询的响应速度（木桶原理）。Llama 会在 Impala 查询之前申请足够的资源，并且在查询完成之后尽可能地缓存资源，只有当 YARN 需要将该部分资源用于其他工作时，Llama 才会将资源释放。虽然 Llama 尽可能保持资源，但在混合部署的情况下，还是有可能存在 Impala 查询获取不到资源的情况，所以为了保证高性能，一般还是采用独立部署方式。

Spark SQL

Spark SQL 的前身是 Shark，而 Shark 是伯克利实验室 Spark 生态环境的组件之一。随着 Spark 的发展，由于 Shark 过于依赖 Hive（如采用 Hive 的语法解析器、查询优化器等），难以实现 Spark 的 One Stack Rule Them All 既定方针，制约 Spark 各个组件的相互集成，因而提出了 Spark SQL 项目（http://spark.apache.org/sql/）。Spark SQL 抛弃原有 Shark 的代码，汲取了

Shark 的一些优点,如内存列存储(In-Memory Columnar Storage)、Hive 兼容性等,重新开发了 Spark SQL 代码。由于 Spark SQL 摆脱了对 Hive 的依赖性,在数据兼容、性能优化、组件扩展等方面都得到了改进和提高。

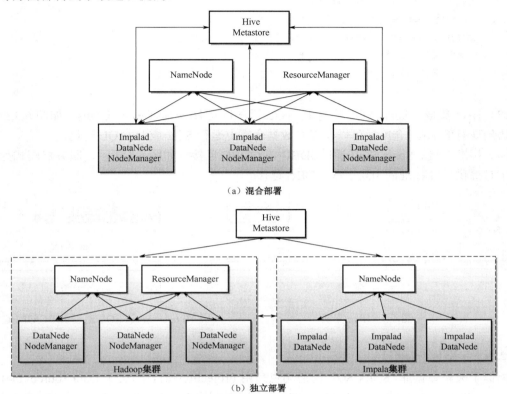

图 6.2 Impala 混合部署和独立部署时的各节点结构

1. SparkSQL 的功能与特性

在大数据处理领域,批处理、实时处理和交互式查询是三种主要处理方式。SparkSQL 就是为了解决 Spark 平台上的交互式查询问题,并且提供 SQL 接口兼容原有数据库用户的使用习惯而提出的。

SparkSQL 是 Apache Spark 用于处理结构化数据的模块,其功能主要是执行 SQL 查询语句。SparkSQL 也可以用来从 Hive 中读取数据,当使用其他编程语言运行一个 SQL 语句时,返回的结果是一个 Dataset 或者 DataFrame。用户可以使用命令行、JDBC 或 ODBC 方式与 SQL 进行交互。

Spark SQL 的主要特性如下:

(1)集成性。SparkSQL 不但兼容 Hive,还支持查询原生的 RDD,可以从 RDD、parquet 文件、JSON 文件中获取数据。SparkSQL 把 SQL 查询与 Spark 程序实现了无缝对接:Spark SQL 允许使用 SQL 或 DataFrame API 查询 Spark 程序内的结构化数据。

```
results = spark.sql(
  "SELECT * FROM people")
names = results.map(lambda p: p.name)
```

（2）统一的数据访问，可以用同样的方式连接到任何数据源。DataFrame 和 SQL 提供了访问各种数据源的常用方式，包括 Hive、Avro、Parquet、ORC、JSON 和 JDBC。

```
spark.read.json("s3n://...")
  .registerTempTable("json")
results = spark.sql(
  """SELECT *
     FROM people
     JOIN json ...""")
```

（3）Hive 集成。Spark SQL 支持 HiveQL 语法以及 Hive SerDes 和 UDFs，如图 6.3 所示，允许访问现有的 Hive 仓库，可以在现有数据仓库上运行 SQL 或 HiveQL 查询。

（4）标准连接。Spark SQL 通过 JDBC 或 ODBC 连接，如图 6.4 所示。服务器模式为商业智能工具提供行业标准的 JDBC 或 ODBC 连接。

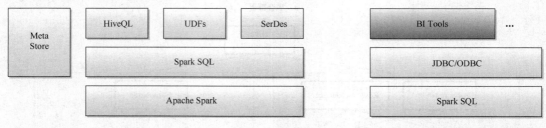

图 6.3　Hive 集成　　　　　　　图 6.4　Spark SQL 通过 JDBC/ODBC 连接

2. Spark SQL 运行架构

类似于关系数据库，Spark SQL 的语句也是由 Projection（a1, a2, a3）、Data Source（tableA）、Filter（condition）组成的，分别对应 SQL 查询过程中的 Result、Data Source、Operation。也就是说，SQL 语句按 Result→Data Source→Operation 的次序来描述，如图 6.5 所示。

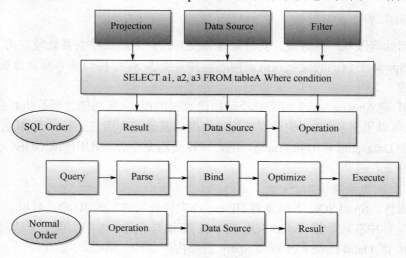

图 6.5　Spark SQL 运行架构

执行 Spark SQL 语句的顺序如下：

（1）对读入的 SQL 语句进行解析（Parse），分辨出 SQL 语句中哪些是关键词（如 SELECT、

FROM、Where)、哪些是表达式、哪些是 Projection、哪些是 Data Source 等，从而判断 SQL 语句是否规范。

(2) 将 SQL 语句和数据库的数据字典（列、表、视图等）进行绑定（Bind），如果相关的 Projection、Data Source 等都存在的话，就表示这个 SQL 语句是可执行的。

(3) 优化（Optimize）。一般，数据库会提供几个执行计划，这些计划都运行统计数据。数据库会在这些计划中选择一个最优计划。

(4) 计划执行（Execute），按 Operation→Data Source→Result 的次序来进行。在执行过程中，有时甚至不需要读取物理表就可以返回结果，比如重新运行刚运行过的 SQL 语句，可能就会直接从数据库的缓冲池中获取返回结果。

基于 Spark 的大数据实时查询

Apache 基金会推出的大数据处理引擎是 Spark Core，在其访问和接口层中，备受 Spark 社区关注的是 Spark SQL。Spark SQL 的核心是 SchemaRDD。SchemaRDD 由行对象组成，行对象拥有一个模式（Schema），用来描述行中每一列的数据类型。SchemaRDD 与关系数据库中的表很相似，可以通过存在的 RDD、一个 Parquet 文件、一个 JSON 数据库或者对存储在 Apache Hive 中的数据执行 Hive SQL 查询。它把已有的 RDD，带上 Schema 信息，然后注册成类似于 SQL 中的"Table"，对其进行 SQL 查询。这个过程可分为两个步骤：一是生成 SchemaRDD；二是执行查询。

生成 SchemaRDD

如果是 Spark-Hive 项目，那么读取 Metadata 信息作为 Schema、读取 HDFS 数据的过程交给 Hive 完成；然后根据这两部分生成 SchemaRDD，在 HiveContext 下进行 hql() 查询。

对于 Spark SQL 来说，在数据方面，RDD 可以来自任何已有的 RDD，也可以来自支持的第三方格式，如 json file、parquet file。通过查询 SQLContext 的源码，可以看到 SQLContext 由以下部分组成：

- Catalog：字典表，英语注册表，对表缓存，以便查询。
- DDLParser：用于解析 DDL 语句，如创建表。
- SparkSQLParser：作为 SqlParser 的代理，处理一些 SQL 中的通用关键字。
- SqlParser：用于解析 Select 查询语句。
- Analyzer：对还未分析过的逻辑执行计划进行分析。
- Optimizer：对已经分析过的逻辑执行计划进行优化。
- SparkPlanner：用于逻辑执行计划转化为可执行物理计划。
- prepareForExecution：用于将物理执行计划转化为可执行物理计划。

执行查询

SQLContext 对 SQL 的一个解析和执行流程如下：

(1) SQL 语句经过 SqlParser 解析成 Unresolved LogicalPlan。parseSql(sql: String)，simple sql parser 做词法语法解析，生成 LogicalPlan。

(2) analyzer(logicalPlan)，把做完词法语法解析的执行计划进行初步分析和映射，生成

Resolved LogicalPlan。目前 SQLContext 内的 Analyzer 由 Catalyst 提供,定义如下:

```
new Analyzer(catalog, EmptyFunctionRegistry, caseSensitive =true)
```

其中,catalog 为 SimpleCatalog,catalog 是用来注册 table 和查询 relation 的。而这里的 FunctionRegistry 不支持 lookupFunction 方法,所以该 analyzer 不支持 Function 注册,即 UDF。注意,需要遵守 Analyzer 内定义的规则。

(3)从步骤(2)得到的是初步的 logicalPlan,然后是使用 Optimizer 对 Resolved LogicalPlan 进行优化,生成 Optimized LogicalPlan。Optimizer 中定义了许多规则,会按序对执行计划进行优化。

(4)使用 SparkPlan 将 LogicalPlan 转换成 PhysicalPlan。优化后的执行计划还要送给 SparkPlanner 处理。在其里面定义了一些策略,目的是根据逻辑执行计划树生成最后可以执行的物理执行计划树,即得到 SparkPlan。

(5)使用 prepareForExecution 将 PhysicalPlan 转换成可执行物理计划。在最终真正执行物理执行计划前,还要进行两次规则。SQLContext 把这个过程称为 prepareForExecution。这个步骤是额外增加的,可直接 new RuleExecutor[SparkPlan]。

(6)使用 execute()执行可执行物理计划,生成 SchemaRDD。这个 execute()在每种 SparkPlan 的实现里定义,一般都会递归调用 children 的 execute()方法,所以会触发整棵 Tree 的计算。

查询流程总体上是"分析→优化→转换→执行"的过程。

Spark SQL 的编程示例

作为 Spark SQL 查询解决方案,可利用 Spark SQL 直接查询 JSON 格式的数据、Spark SQL 的自定义函数、Spark SQL 查询 Hive 上的表。作为示例,采用 Java 语言编写的简单代码如下:

```java
import java.util.ArrayList;
import java.util.List;

import org.apache.spark.SparkConf;
import org.apache.spark.api.java.JavaRDD;
import org.apache.spark.api.java.JavaSparkContext;
import org.apache.spark.api.java.function.Function;
import org.apache.spark.sql.api.java.DataType;
import org.apache.spark.sql.api.java.JavaSQLContext;
import org.apache.spark.sql.api.java.JavaSchemaRDD;
import org.apache.spark.sql.api.java.Row;
import org.apache.spark.sql.api.java.UDF1;
import org.apache.spark.sql.hive.api.java.JavaHiveContext;

/**
 *使用 JavaHiveContext 时,需注意以下 3 点:
 *1.需要在 classpath 下面增加 hive-site.xml,core-site.xml,hdfs-site.xml 三个配置文件;
 * 2.需要增加 postgresql 或 mysql 驱动包的依赖;
 * 3.需要增加 hive-jdbc,hive-exec 的依赖。
 */
```

```java
public class SimpleDemo {
    public static void main(String[] args) {
        SparkConf conf = new SparkConf().setAppName("simpledemo").setMaster("local");
        JavaSparkContext sc = new JavaSparkContext(conf);
        JavaSQLContext sqlCtx = new JavaSQLContext(sc);
        JavaHiveContext hiveCtx = new JavaHiveContext(sc);
        testQueryJson(sqlCtx);
        testUDF(sc, sqlCtx);
        testHive(hiveCtx);
        sc.stop();
        sc.close();
    }

    //测试 Spark SQL 直接查询 JSON 格式的数据
    public static void testQueryJson(JavaSQLContext sqlCtx) {
        JavaSchemaRDD rdd = sqlCtx.jsonFile("file:///D:/tmp/tmp/json.txt");
        rdd.printSchema();
        //Register the input schema RDD
        rdd.registerTempTable("account");
        JavaSchemaRDD accs = sqlCtx.sql("SELECT address,email,id,name FROM account ORDER BY id LIMIT 10");
        List<Row> result = accs.collect();
        for (Row row:result) {
            System.out.println(row.getString(0) + "," + row.getString(1) + "," + row.getInt(2) + ","+ row.getString(3));
        }
        JavaRDD<String> names = accs.map(new Function<Row,String>(){
            @Override
            public String call(Row row) throws Exception{
                return row.getString(3);
            }
        });
        System.out.println(names.collect());
    }

    //测试 Spark SQL 的自定义函数
    public static void testUDF(JavaSparkContext sc,JavaSQLContext sqlCtx){
        //Create a account and turn it into a Schema RDD
        ArrayList<AccountBean> accList = new ArrayList<AccountBean>();
        accList.add(new AccountBean(1,"lily","lily@163.com","gz tianhe"));
        JavaRDD<AccountBean> accRDD = sc.parallelize(accList);
        JavaSchemaRDD rdd = sqlCtx.applySchema(accRDD,AccountBean.class);
        rdd.registerTempTable("acc");

        // 编写自定义函数 UDF
        sqlCtx.registerFunction("strlength",new UDF1<String,Integer>(){
            @Override
```

```java
        public Integer call(String str) throws Exception{
            return str.length();
        }
    },DataType.IntegerType);

    // 数据查询
    List<Row> result = sqlCtx.sql("SELECT strlength('name'),name,address FROM acc LIMIT 10").collect();
    for (Row row:result){
        System.out.println(row.getInt(0)+","+row.getString(1)+","+row.getString(2));
    }
}

//测试 Spark SQL 查询 Hive 上面的表
public static void testHive(JavaHiveContext hiveCtx){
    List<Row> result = hiveCtx.sql("SELECT foo,bar,name from pokes2 limit 10").collect();
    for (Row row:result){
        System.out.println(row.getString(0) + "," + row.getString(1) + "," + row.getString(2));
    }
}
```

大数据查询实例及其技术发展

在大数据时代，通过互联网、社交网络、物联网，人们能够及时、全面地获得数据信息。大数据查询已经普遍应用，一个典型的实例是利用爬虫爬取了国家统计局 2017 年最新版城乡区划代码中的 67 万余个村名，找到了中国地名的许多奥秘。例如：

在村一级的行政单位中，最为典型的是有 818 个名字一模一样，如"和平村"（或"和平社区"）、743 个"团结村"（或"团结社区"）、682 个"胜利村"（或"胜利社区"）。

在北方地区以姓氏命名的村庄高度重合与集聚，许多乡村姓"王"和"刘"。例如，当自驾游遇到左一个"王家村"、右一个"王庄"，北边有"北王庄"，南边有"南王庄"时，就说明已到了河南省；当旅途沿线频繁出现"陈""王""李""赵""刘"百家姓时，可能已经驱车行进在好客山东地域，而且很容易查找"刘家的村"在哪里。

我国村庄的命名饱含了正能量，对"和平""团结""胜利"等词汇格外青睐。对 67 万多个村级行政单位的名称进行模糊查询，发现包含此类词汇的村庄数量很多。"和平""团结""胜利"出现频次都在 800 以上，红色村名在乡村十分风行。

大数据查询技术应用发展迅速，新技术不断问世。我国已经宣布研发成功全球大数据查询速度最快服务器。2018 年 03 月 15 日，TPCxT-BB 在 TPC 官网发布，曙光全新一代自主研发的双路机架服务器 I620-G30 服务器集群，其性能和性价比双破世界纪录。该服务器集群在 30 TB 的数据规模上以每分钟完成 3 383.95 次大数据查询、每次查询的成本为 307.86 美元的优异成绩而成为全球大数据查询速度最快、性价比最高的服务器。

据悉，TPCxT-BB 是国际标准化组织 TPC 应对大数据技术趋势而开发的一款专业级评测大数据系统性能的工业测试工具，目前作为全球通用标准使用。该标准为国内外服务器厂家、大数据服务供应商以及终端业务使用者所认可，其发布的成绩在大数据相关行业中具有广泛而深远的影响力。

练习

1. 常用的大数据查询引擎有哪些？
2. 简述 Impala 的两种部署方式。
3. 简述 SparkSQL 的运行架构。

补充练习

在互联网上查找文献，研究基于 Spark 空间的大数据查询编程方法。

第二节　大数据应用与发展

大数据的应用激发了一场思想风暴，也悄然改变了人们的生活方式和思维习惯。大数据是利害攸关的，它将重塑人们的生活、工作和思维方式，比其他划时代创新所引起的社会影响更大，人们的世界观正受到大数据的挑战。拥有大数据不仅意味着掌握过去，更意味着能够预测未来。数据已成为 21 世纪最为珍贵的财产，大数据技术所能带来的产业价值不可估量。本节仅从以下三方面进行简单讨论：大数据的社会价值；大数据的应用场景；大数据应用发展趋势。

学习目标

▶ 了解大数据的社会价值和应用场景；
▶ 了解大数据应用的发展趋势。

关键知识点

▶ 真正的大数据应用体现在数据挖掘的深度。

大数据的社会价值

随着大数据技术的不断发展，它给各行各业的发展模式和决策带来前所未有的革新与挑战。数据从非结构化到半结构化，从半结构化到结构化，从结构化到关联数据体系，从关联数据体系到数据挖掘，从数据挖掘到故事化呈现，从故事化呈现到决策导向，呈现出了信息资源应用的不同发展。通过大数据、云计算等先进技术，对数据进行高效采集和深度挖掘，可以释放出大数据的巨大社会价值。

大数据推动信息产业创新提升生产力

美国社会思想家托夫勒在《第三次浪潮》中提出：如果说 IBM 的主机拉开了信息化革命

的大幕，那么大数据才是第三次浪潮的华彩乐章。大数据将为信息产业带来新的增长点。面对爆发式增长的海量数据，基于传统架构的信息系统已难以应对，同时传统商业智能系统和数据分析软件，面对以视频、音频、图片、文字等非结构化的大数据，也缺少分析工具和方法。信息系统普遍面临升级换代，为信息产业带来新的、更为广阔的增长点。

大数据将加快信息技术产品的创新融合发展。IT 产业的生产力变化大体上经历了大型机时代、PC 时代、互联网时代、云计算时代。在大型机时代，硬件是主体。到了 PC 时代，软件是主要生产力，而进入互联网时代后，IT 产业生产力变为"软件+人"，一个软件开发出来后，需要许多工程师去不断地升级、完善这个软件。那么，云计算和大数据会让生产力发生什么变化呢？在云计算时代，IT 产业生产力将变成"系统架构+数据+人"。云计算所带来的计算、存储资源集中化效应以及数据量的激增，都使得系统架构在 IT 产业发展中发挥越来越关键的作用，因为支持云计算和大数据的基础是系统架构。

实际上，IT 产业生产力变革也就意味着计算范式的变化。如前所述，计算、存储资源集中化效应，以及海量数据的存储与处理需求，使得系统架构发挥越来越重要的地位，而这一现象也代表着计算范式的变化。计算范式正逐步从桌面系统（即单机计算）向数据中心发展。计算范式的变化同时引发了软件、硬件设计原则、思路的改变，整个 IT 产业的技术根基都将发生剧烈变革。大数据应用会给云计算带来落地的途径，使得基于云计算的业务创新和服务成为现实。

大数据参与决策变革经济社会管理模式

如今的商业社会进入大数据时代已经是不争的事实，谁拥有数据，谁将拥有未来。大数据作为一种重要的战略资产，已经不同程度地渗透到各行各业和部门，其深度应用不仅有助于改善企业经营活动，还有利于推动国民经济发展。麦肯锡全球研究院（Mckinsey Global Institute）的研究表明，在医疗、零售和制造业，大数据可以每年提高劳动生产率 0.5~1 个百分点。在宏观层面上，大数据使经济决策部门可以更敏锐地把握经济走向，制定和实施科学的经济政策。在微观层面上，大数据可以提高企业经济经营决策水平和效率，推动创新，给企业、行业领域带来价值：一是增加经济收入；二是提高效率；三是推动变革经济管理模式。

利用数据进行决策，在经济社会管理中"拿数据说话"的习惯已初见效益。如今社会成员已几乎透明地生存，每个人在数据空间中都会留下痕迹，折射其兴趣爱好、需求意向、性格特征等内心世界。管理者只需收集和分析相关数据便可以洞悉和预判现实社会中人们的未来行为，准确定位学习、工作、生活需求，从而实现精细化管理。总之：

- ▶ 采用高性能的数据分析挖掘工具，能够为管理决策提供可靠、有力的数据支撑；
- ▶ 基于大数据构建智慧决策平台，能够推动实现巨大经济效益；
- ▶ 让大数据参与决策，能够推动提高精细化、个性化管理水平。

互联网+大数据将重塑社会形态

互联网作为一个强有力的工具，能够以数据的形式实时记录人和物的行为。个人的几乎所有活动信息都会呈现在互联网之上，包括但不限于个人的姓名、电话、住址、社会家庭关系、活动轨迹、资金关系、资产数额、知识能力、个人喜好、照片、影像、银行账号、社会交流、商务交流等。除了个人信息，还有大量的企业信息，包括企业（特别是网上开店企业）的所有经营活动、资金活动、客户信息、市场状况、销售活动、广告活动等。当所有的个人信息和企业信息汇聚起来，又形成了整个经济社会数据。而所有人、机构和物体的行为又都可以通过设备及数据流的收集进行量化处理、测量评估，然后给出评估报告。例如，社交网络、购物喜好、生产过程、学习习惯、健康指标等，凡是能想到的一切东西，都可以进入数据流的世界。

互联网+大数据可以绘出社会人间百态。例如，针对社交网络的小世界现象进行的大数据分析，很好地验证了在线社交网络中的小世界现象，如图 6.6 所示。小世界现象，即小世界定律，又称作六度分隔理论（Six Degrees of Separation）。这个理论断言，世界上任意两个人之间最多隔了 5 个中间人（用数学语言表述是"平均最小路径"为 6）。根据 2011 年 Facebook 数据分析小组的报告，Facebook 约 7.2 亿用户中任意两个用户间的平均路径长度仅为 4.74 步，而这一指标在推特中为 4.67 步。可以说，在 5 步之内，任何两个网络上的个体都可以互相连接。

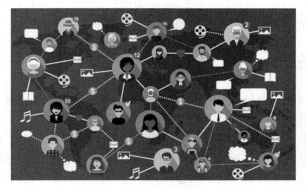

图 6.6　社交网络的小世界现象

通过大数据分析，社交网络大数据应用还体现在以下方面：

1. 社交推荐

社交推荐顾名思义是利用社交网络或者结合社交行为的推荐，具体表现为推荐 QQ 好友，微博根据好友关系推荐内容等。在线推荐系统最早被亚马逊用来推荐商品，如今，推荐系统在互联网已无处不在，目前热捧的概念是"流量分发是互联网第一入口"。支撑这个概念有两点核心，其一是内容，另外就是推荐。今日头条在短短几年间的迅速崛起便是很好的证明。

根据推荐系统推荐原理，社交推荐可定义为一种"协同过滤"推荐，即不依赖于用户的个人行为，而是结合用户的好友关系进行推荐。对于互联网上的每一个用户，通过其社交账户能很快定义这个用户的众多特点，再加之社交网络用户数之多，使得利用社交关系的推荐备受关注。

在社会实际中，人们愿意接受来自朋友的推荐。社交推荐在内容分发、广告宣传等领域有着十分重要的地位。随着在线社交网络的爆炸式增长，现在人们普遍了解，社会信息对推荐系统非常有帮助。

2. 舆情分析

舆情分析在互联网出现之前就被广泛应用在政府公共管理，商业竞争情报搜集等领域。在社交媒体出现之前，舆情分析主要是线下的报纸，还有线上门户网站的新闻稿件，这些信息的特点是相对专业准确，而且易于分析和管理。但是，目前一些名不见经传的微博用户、自媒体，或者一个个人微信公众号都可以成为舆情事件的策源地。它们的特点是信息新鲜，缺点是真实度较低且传播十分迅速，难以控制。所以，在社交网络下的舆情分析是一门新的学问。在互联网普及的大环境下如何应对舆情也已经有了新的工具，包括许多"舆情分析平台"和"舆情分析软件"。一些传统的舆情分析机构也开始转型做"大数据"的舆情分析。

3. 隐私保护

隐私问题已经是老生常谈了。在社交网络中，作为用户可能会留下大量痕迹，这些痕迹有隐性的，也有显性的。毫不夸张地说，社交服务提供商可以根据用户的少量痕迹，挖掘到大量个人信息，有些信息是用户不愿意别人知道的。这其中存在一个矛盾，即社交服务提供商处于商业目的想尽可能获取用户的个人信息，但用户又担心自己的个人信息被泄露。对于隐私保护，在技术层面、法律层面都要设计足够安全的机制，在保护个人隐私的前提下最大化商业利益和用户的体验。例如，许多网站注册账户的时候使用微信、支付宝账户验证，即免去了大家填写个人信息的烦恼，又保护了大家的隐私。

大数据应用场景

大数据作为互联网的信息处理技术创新，引发了价值链创新。2014年1月25日，中央电视台新闻节目利用大数据技术先后推出了"据说春运"和"据说春节"节目。"据说春运"节目在布满亮线的地图上，给出了像烟花一样的人口迁徙轨迹情况，引发了巨大关注；除夕之夜在"据说春节"节目里，采用百度地图定位大数据、百度指数来解读春运、年货、年夜饭等，用数据描述了中国老百姓的时尚变化、消费倾向。这一新闻报道模式可谓是央视新闻节目与百度大数据相碰撞而产生的创新性成果。如今，言谈必谈大数据。可以说，大数据的应用无处不在，与生活休戚相关，无论是在公共服务领域，还是在日常生活领域，都越来越离不开大数据。目前，大数据的应用事例大多围绕在医疗、购物、社交、出行、深度学习、人工智能、大科学计算、新材料发现等方面。随着大数据技术的不断发展以及大数据应用需求的实际推动，未来大数据与各行各业的融合，将会发展到浑然天成的地步。或许用不了多少年，人们将不再谈论大数据这个术语，因为它将成为工作、学习、科研、管理和日常生活服务中不可分割的一部分。当前，大数据技术的应用主要集中在以下几个行业领域。

大数据在政府管理方面的应用

政府数据资源丰富，应用需求旺盛，政府既是大数据发展的推动者，也是大数据应用的受益者。政府应用大数据能够更好地响应社会和经济指标变化，解决城市数字化管理、安全管控、行政监管中的实际问题，预测判断事态走势。

对政府管理而言，大数据的价值在于提高决策科学化与管理精细化的水平。为充分运用大数据的先进理念、技术和资源，加强对我国数字化社会的服务和监管、推进简政放权和政府职能转变，提高政府治理能力，一些省市已经开始设立大数据行政机构强化对社会实体的服务和监管。

大数据在金融行业的应用

近年来，随着"互联网金融"概念的兴起，银行业服务与管理模式发生了很大改变。统计显示，以ATM、网上银行、手机银行为代表的电子银行在我国当前已经逐渐成为重要交易渠道，对传统银行渠道的替代率超过了 60%。随着互联网金融向纵深发展，行业竞争日趋白热化。金融、类金融机构在其中的短板日益凸显。为了更好地获得最佳商机，金融行业开始步入大数据时代。例如：

华尔街某公司通过分析全球 3.4 亿个微博账户的留言来判断民众情绪，人们高兴的时候会买股票，而焦虑的时候会抛售股票。它通过判断全世界高兴的人多还是焦虑的人多来决定公司股票的买入还是卖出。

阿里巴巴集团根据在淘宝网上中小企业的交易状况筛选出财务健康和诚信经营的企业，给他们提供贷款，并且不需要这些中小企业的担保。目前阿里巴巴集团已放贷款上千亿元！，呆账率仅为 0.3%。

在信用卡服务方面，银行首先利用移动互联网技术的定位功能确定商圈，目前已实际覆盖全国近 200 个商圈，累计服务上千万人次；其次，利用用户活动轨迹追踪，确定高价值商业圈设计业务；最后，利用大数据进行客户需求的体验分析。

金融行业是经营信用的企业，数据的力量尤为关键和重要。随着移动支付、搜索引擎和云计算的广泛应用，海量化、多样化、传输快速化和价值化等大数据特征，将改变现代金融运营模式。中国银行业现阶段的大数据应用需求大致可以分为以下 4 种情况：

- ▶ 客户分析——基于各种数据源的客户数据和客户行为数据分析，用于客户分类、客户差异化服务、客户推荐系统、客户流失预测等；
- ▶ 风险分析——基于银行交易和客户交互数据进行建模，借助大数据平台快速分析和预测在此发生或者新的市场风险、操作风险等；
- ▶ 运营分析——基于企业内外部运营、管理和交互数据分析，借助大数据平台全方位分析处理、预测企业经营和管理绩效；
- ▶ 行业监管——基于企业内外部交易和历史数据，实时或准实时预测和分析欺诈、洗钱等非法行为，遵从法规和监管要求。

大数据在教育领域的应用

教育大数据来源广、应用多，在不同的教育场景都具有重要的作用。大数据在教育领域，主要是针对典型的教育大数据应用场景，进行认知诊断分析、知识跟踪分析、练习资源分析和学生学习活跃度预测等。例如，在教学过程中，教师精力有限，通常难以准确掌握每一位学生的学习状态和能力水平，只能给所有学生布置相同的作业和习题。因此，无法真正做到个性化教学。在信息化校园中，随着各类信息化技术与产品（如多媒体、网络、个人 PAD 终端等）的应用与普及，能够比较完备的记录学生的学业数据（如学生作业记录、考试记录等），如何利用这些学业数据，自动评估学生的学习状态和知识能力水平，对于提高教师教学的效率具有重要作用，也是学生个性化学习的基础。这类大数据分析通常被认为是认知诊断分析。

大数据在教育领域的典型应用案例，是 MOOC 教学的大数据分析。基于 MOOC 平台的海量数据，为了给教师、学生提供个性化的教育服务，提高教师的教学水平和学生的学习效率，国内外常见的分析应用主要集中在以下两个方面：

- ▶ 面向学习资源。MOOC 平台的学习资源主要有课程视频和习题，只有对课程视频和习题等学习资源进行内容理解，才能更好地进行学习资源应用服务。相关分析应用主要包括课程视频标注、课程关联与推荐等。

- 面向学生行为分析。学生是教育学习的主体,在 MOOC 平台中准确分析学生的学习行为有助于学习资源的优化配置,以及提高教师与学生的体验。相关性分析应用主要包括学生学习活跃度预测、课程论坛知识传播等。

大数据在交通领域中的应用

通过对交通数据的收集和分析挖掘,来对现有交通设施性能进行改善,提高其利用效率。麦肯锡全球研究院在 2013 年宣布,通过大数据对现有基础设施的进一步强化管理和维护,每年节省将近 4000 亿美元的支出。大数据在交通领域中较早的典型应用案例如下。

1. 以色列实时识别模式系统

以色列在特拉维夫和本古里安机场之间的 13 号公路上铺设了一条 1 英里(1 英里=1.609 km)的快车道,这条车道的收费系统是基于车辆的道路通过时间来收费的。它的工作原理是这样的:采用非常高阶的实时识别模式系统,通过统计在此快车道上的车辆数目或者通过计算两车之间的平均距离来评估道路的拥堵程度,从而可以智能选择在该道路系统能够承受的前提下是否该增加"吞吐量",而其收费方式也相应会智能化,当道路车流密度越高,收费就越高,车流密度越低,则收费越低。这种智能收费系统通过这种方式,在一定程度上降低了道路的拥堵程度。

2. 巴西优化航空路线利用率

巴西航空交通在过去十年里迅速发展,预计在 2030 年年客运量将至少增加 1 倍,旅客人次将达到 3.1 亿以上。为了解决空中交通拥堵问题,巴西引进了一种系统,利用 GPS 收集的数据来优化对现有航空路线的利用效率,以缩短飞机航线。这听起来似乎很简单,但是系统工作需要收集大量的数据,并对数据进行快速有效的分析,包括对飞机之间的距离、行驶时间、飞机行驶性能等进行综合性评估,才能保证飞机能够以最短的路线行驶。最早部署这一系统的巴西利亚国际机场的飞机,每一次降落都能节省 7.5 分钟和 77 加仑(1 加仑 = 4.546 L)的燃料,相当于减少 22 海里(1 海里 = 1.852 km)的飞行距离。巴西计划将该系统部署到该国最繁忙的十个机场,初步估计这一部署在北美机场的举措将会为巴西带来 16%到 59%的客流量的增长,当然,还需要考虑机场硬件设施等各类条件。

3. 欧洲铁路公司应用大数据提高交通客流量

欧洲铁路基础设施供应商通常要求运营商为他们提供详细的火车行驶路线,然后供应商开发一个尽力满足每一条路线的时间表系统。而这种系统通常难以保证列车性能和客流量的最佳配置。在德国,绝大多数的货运列车不会如期出发,这一情况不可避免地会导致轨道并发症。最近,一些铁路公司开始利用大数据"工业化"的方法来对铁路交通进行优化。基于对过去铁路客流量以及列车性能的需求分析将铁路轨道分裂成适应不同速度的插槽,能够满足不同性能的列车行驶速度和不同客流量的需要,而实现这些优化则需要有先进的规划技术。例如,针对列车的延迟出发可以考虑为其变换适应速度较高的铁路轨道插槽,从而弥补列车出发的一个时间差。通过这种创新,不仅提高了铁路行驶的准确性和可靠性,还带来了交通客流量 10%的提升。

4. 百度地图与交通部门合作深挖大数据

百度地图并不满足于对自有大数据进行挖掘,而是对交通部门的公共交通数据保持饥渴。公共交通大数据与百度用户大数据结合起来会有难以估量的价值。具体来说,主要体现在以下几方面：

(1) 大幅提升用户出行体验。百度地图与江苏交通部门合作，接入南京实时公交数据之后，用户就可在百度地图查询公交实时到站信息。除了实时公交之外，与成都合作接入最新路网信息，地图导航就会第一时间知晓交通事故、道路维修、交通管制等情况，进而改善出行体验。

(2) 提高日常交通疏导效率。基于互联网地图，交通信息不需通过大屏幕就可传达给司机。例如，交通部门可在云端疏导，司机则通过车载导航或手机地图收到语音指令，这样可避免让交警处于复杂恶劣的交通环境中。再比如有地方发生交通事故，用户可通过百度地图的个性化导航绕行。借助于互联网地图，交通部门信息将更有效地传达给市民，实现云端调度，提升道路资源的使用效率，降低城市拥堵程度。

(3) 辅助宏观交通规划决策。相当一部分交通问题（如长期拥堵、事故高发），均可归结到交通规划不合理，包括城市规划、道路规划、方向规划、交通灯设置、道路转向设置等。如果有了基于海量大数据的分析结果，就可更有效地进行交通规划决策，进而提升整体效率，尤其是公共交通规划，公交线路、地铁班线、出租车配额等诸多公共交通资源配置决策均可基于大数据进行。

(4) 为共享出行提供基础支持。共享出行已深刻改变了市民的出行，共享出行平台依赖地图进行派单、计费、导航，这是百度与 Uber 结盟的原因。专车是增加还是减少城市拥堵？专车如何派单和行走才能避免拥堵？通过地图大数据分析都会有答案。共享出行的本质是基于位置服务（Location Based Services, LBS）的大数据出行方式，百度地图大数据与公共交通大数据结合之后，可为共享出行提供更好的支持。

5. 未来无人驾驶车将十分依赖公共大数据

百度是中国布局无人车最积极的巨头，无人驾驶车被视为根治交通问题的终极解决方案。但是，无人驾驶车要全面上路，必须依赖于政府部门提供的实时而全面的交通数据，否则无人驾驶车很可能会开进死胡同出不来，或者遇到道路维修造成无人驾驶车大堵车。基于公共交通大数据，无人驾驶车就能接收云端的准确调度指令，选择正确路线。或许，百度地图与各地交通部门合作还有一个目的就是为 2020 年量产的无人驾驶车铺路。

大数据在医疗健康中的应用

随着医疗卫生信息化建设进程的不断加快，医疗数据的类型和规模也在以前所未有的速度迅猛增长，甚至产生了无法利用目前主流软件工具的现象。这些医疗数据能帮助医改在合理的时间内达到撷取、管理信息并整合为能够帮助医院进行更积极的经营决策的有用信息。而这具有特殊性、复杂、庞大的医疗大数据，仅靠个人甚至个别机构来进行搜索，基本上是不可能完成的。大数据在医疗卫生领域的预测已经有诸多成功案例，例如：

(1) 人体健康预测。中医可以通过望闻问切手段发现一些人体内隐藏的慢性病，甚至看体质便可知晓一个人将来可能会出现什么症状。人体体征变化有一定规律，而慢性病发生前人体已经会有一些持续性异常。理论上来说，如果大数据掌握了这样的异常情况，便可以进行慢性病预测。

(2) 疾病疫情预测。基于人们的搜索情况、购物行为可以预测大面积疫情暴发的可能性，最经典的"流感预测"便属于此类。如果来自某个区域的"流感""板蓝根"搜索需求越来越多，自然可以推测该处有流感趋势。其实，Google 已将大数据用于预测冬季流感趋势。早在

2009 年，Google 通过分析 5 000 万条美国人最频繁检索的词汇，将其与美国疾病中心在 2003 年到 2008 年间季节性流感传播时期的数据进行比较，并建立了一个特定的数学模型。最终 Google 成功预测了 2009 冬季流感的传播甚至可以具体到特定的地区和州。

大数据在宏观经济管理领域的应用

由于大数据模型对预测的价值非常之大，大数据将成为共享平台化的服务。数据和技术相当于食材和锅，基金经理和分析师可以通过平台制作自己的策略。例如，IBM 日本分公司建立了一个经济指标预测系统，它从互联网新闻中搜索出能影响制造业的 480 项经济数据，再利用这些数据进行预测，准确度相当高。印第安纳大学学者利用 Google 提供的心情分析工具，根据用户近千万条短信、微博留言，预测琼斯工业指数，准确率高达 85%。在宏观经济管理领域，比较典型的大数据应用案例很多，例如：

（1）股票市场预测。2017 年英国华威商学院和美国波士顿大学物理系的研究发现，用户通过谷歌搜索的金融关键词或许预测金融市场的走向，相应的投资战略收益高达 326%。此前则有专家尝试通过 Twitter 博文情绪来预测股市波动。

目前，美国已经有许多对冲基金采用大数据技术进行投资，并且收获甚丰。中国的中证广发百度百发 100 指数基金，上线 4 个多月就已上涨 68%。

与传统量化投资类似，大数据投资也是依靠模型，但模型里的数据变量几何倍地增加了，在原有的金融结构化数据基础上，增加了社交言论、地理信息、卫星监测等非结构化数据，并且将这些非结构化数据进行量化，从而让模型可以吸收。

（2）市场物价预测。通常，用消费者物价指数（Consumer Price Index，CPI）表征已经发生的物价浮动情况，但统计局数据并不权威。大数据则可能帮助人们了解未来物价走向，提前预知通货膨胀或经济危机。典型的案例莫过于马云通过阿里 B2B 大数据提前知晓亚洲金融危机，当然这些是阿里数据团队的功劳。淘宝网建立了"淘宝 CPI"，通过采集、编制淘宝网上 390 个类目的热门商品价格统计 CPI，预测某个时间段的经济走势比国家统计局的 CPI 提前了近半个月。

（3）用户行为预测。基于用户搜索行为、浏览行为、评论历史和个人资料等数据，互联网业务可以洞察消费者的整体需求，进而进行针对性的产品生产、改进和营销。《纸牌屋》选择演员和剧情、百度基于用户喜好进行精准广告营销、阿里根据天猫用户特征包下生产线定制产品、亚马逊预测用户点击行为提前发货，均是受益于互联网用户行为预测。

大数据在农业领域的应用

Glimate 公司由 Google 前雇员创办，该公司从美国气象局等的数据库中获得几十年的天气数据，将各地的降雨、气温和土壤状况以及历年农作物产量做成紧凑的图表，从而能够预测美国任一农场下一年的产量。农场主可以去该公司咨询明年种什么能卖出去、能赚钱，说错了该公司负责赔偿，赔偿金额比保险公司还要高，但到目前为止还没赔过。

通过对手机上的农产品"移动支付"数据、"采购投入"数据和"补贴数据"分析，可准确预测农产品生产趋势，政府可据此决定出台激励实施和确定合适的作物存储量，还可以为农民提供服务。

利用大数据进行气象预测是最典型的灾难灾害预测案例。地震、洪涝、高温、暴雨这些自然灾害,如果可以利用大数据能力进行更加提前的预测和告知,则有助于减灾防灾救灾赈灾。与以往不同的是,过去的数据收集方式存在着死角、成本高等问题,物联网时代可以借助廉价的传感器摄像头和无线通信网络,进行实时的数据监控收集,再利用大数据预测分析,做到更精准的自然灾害预测。

大数据在商业领域的应用

大数据在商业领域典型应用案例当属沃尔玛公司,它基于每个月4 500万个网络购物数据,结合社交网络上有关产品的大众评分,开发了机器学习语义搜索引擎"北极星",使得在线购物者增加了10%~15%,销售额增加十多亿美元。沃尔玛通过手机定位,分析顾客在货柜前停留时间的长短,进而判断顾客对什么商品感兴趣。不仅仅是通过手机定位,实际上美国有的超市在购物推车上还安装了位置传感器,根据顾客在不同货物前停留时间的长短来分析顾客可能的购物行为。

大数据在商业领域还有一个有趣的应用体现,即用户画像。用户画像属于营销术语,即通过研究用户的资料和行为,将其划分为不同的类型,进而采取不同的营销策略。传统的用户画像常用的手段是调查问卷。订阅过杂志和报纸的读者都知道,商家会有各种各样的有奖问卷,获得用户对于产品的反馈意见,其实是在对用户画像,而且画像资料常在非正常渠道流通。这就是用户为什么有时候会接到莫名其妙电话的原因。在社交网络,用户画像的方式很多,除了传统的线下问卷变成在线问卷方式之外,还把用户的行为,通过统计学方法获得一些用户特征(其经典实例是沃尔玛的"啤酒和尿布");或者利用机器学习进行建模、验证,都能获得意外的收获,如图6.7所示。

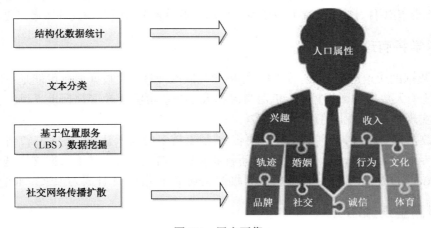

图6.7 用户画像

大数据应用发展趋势

大数据应用发展日新月异。随着信息技术和人类生产生活的交汇融合,以及互联网的快速普及,使得全球数据呈现爆发增长、海量集聚,对经济发展、社会治理、国家管理、人民生活都产生了重大影响。世界各国都把推进经济数字化作为实现创新发展的重要动能,在前沿技术研发、数据开放共享、隐私安全保护、人才培养等方面都做了前瞻性布局。大数据促使信息化社会发展进入了新阶段——大数据时代。

数据将成为重要战略资源

在未来一段时间内，大数据将成为企业、社会和国家层面重要的战略资源。大数据将不断成为各类机构（尤其是企业）的重要资产，成为提升机构和公司竞争力的有力武器。企业将更加钟情于用户数据，充分利用客户与其在线产品或服务交互产生的数据，获取价值。此外，在市场影响方面，大数据也将扮演重要角色——影响着广告、产品推销和消费者行为。

数据作为重要战略资源，数据管理将成为核心竞争力。当"数据资产是企业核心资产"的概念深入人心之后，企业对于数据管理会有更清晰的界定，会将数据管理作为核心竞争力，持续发展，战略性规划并运用数据资产。而对于具有互联网思维的企业来说，数据资产竞争力所占比重将显著提高，数据资产的管理效果将直接影响企业的财务表现；所以数据质量将是商业智能（Business Intelligence，BI）成功的关键，采用自助式商业智能工具进行大数据处理的企业将会脱颖而出。

大数据技术与云计算深度融合发展

大数据离不开云计算，云计算为大数据提供了弹性可拓展的基础设施，也是产生大数据的平台之一。自 2013 年开始，大数据技术已开始和云计算技术紧密结合，预计未来二者的关系将更为密切，深度融合发展。

除此之外，物联网、移动互联网等新兴计算形态，也将一齐助力大数据革命，让大数据形成产业并发挥更大的影响力。在大数据的应用发展中开源软件功不可没。大数据获得动力的关键在于开放源代码，帮助分解和分析数据。开源软件的盛行不会抑制商业软件的发展。相反，开源软件将会给基础架构硬件、应用程序开发工具、应用服务等各个方面的相关领域带来更多的机会。

数据科学将有理论级突破

随着大数据的快速应用发展，如同计算机和互联网一样，大数据很有可能是引发新一轮的技术革命。基于大数据的数据挖掘、机器学习和人工智能可能会改变数据世界里的很多算法和基础理论，实现科学技术上的理论级突破。

未来，数据科学将成为一门专门的学科，被越来越多的人所认知。各大高校将设立专门的数据科学类专业，会催生一批与之相关的新就业岗位。与此同时，基于数据这个基础平台，也将建立起跨领域的数据共享平台，数据共享将扩展到企业层面，并且成为未来产业的核心一环。

数据泄露呈泛滥态势

数据信息安全事件影响大数据的应用发展。据预测，在未来几年，数据泄露事件仍将会持续不断，除非在数据源头就能够得到安全保障。客观地说，数据应用与安全威胁是一对孪生姐妹，每种数据的开发应用都会面临数据攻击，无论是否已经做好安全防范。因此，需要从新的角度来认识、确保数据安全，所有数据在创建之初就需要获得安全保障，而并非在数据保存的最后一个环节，仅仅加强后者的安全措施已被证明于事无补。应该引起重视的是：

- ▶ 大数据将引发企业和国家安全问题；
- ▶ 大数据时代将引发个人隐私安全问题；
- ▶ 大数据时代，企业将面临数据信息安全的更大挑战；

- 大数据时代，大数据安全将上升为国家安全战略。

大数据时代，必须对数据安全和隐私进行有效的保护，正确、合理地利用大数据，促进大数据产业的健康发展。

数据生态系统复合化程度加强

大数据的世界不只是一个单一的、巨大的计算机网络，而是一个由大量活动构件与多元参与者元素所构成的生态系统，终端设备提供商、基础设施提供商、网络服务提供商、网络接入服务提供商、数据服务使能者、数据服务提供商、触点服务、数据服务零售商等一系列的参与者共同构建的生态系统。如今，这样一套数据生态系统的基本雏形已然形成，接下来的发展将趋向于系统内部角色的细分，也就是市场的细分。系统机制的调整，也就是商业模式的创新；系统结构的调整，也就是竞争环境的调整，从而使得数据生态系统复合化程度逐渐增强。

练习

1. 简述大数据技术的应用场景，并举例说明。
2. 论述大数据技术的发展趋势，并举例说明。
3. 研究和讨论：数据科学家的主要知识技能主要包括哪几个方面？

补充练习

利用网络检索工具，研究大数据技术的社会价值以及它对经济社会发展的影响。

第三节　大数据隐私与安全

作为以互联网为依托的大数据，也面临着网络所带来的各种安全风险；这些安全风险会威胁到大数据的安全，给用户造成利益损失。针对大数据安全风险，就必须加大大数据安全技术的应用，以技术为依托，确保大数据信息在存储、处理、传输过程的安全性，保护用户的隐私，从而避免因大数据安全问题而给用户造成的利益损失，从而发挥大数据的作用，推动社会更好地发展。

本节先简要讨论大数据环境下数据安全的基本含义、大数据安全能力成熟度模型；然后结合实际讨论大数据安全的基本技术手段和方法。

学习目标

- 掌握大数据安全的基本含义；
- 了解大数据安全能力成熟度模型；
- 掌握大数据安全的一些基本技术手段和方法。

关键知识点

- 大数据安全涉及组织、法律、技术等多方面，数据安全防护包括事前、事中和事后三个时间维度的安全防护；

- ▶ 大数据安全技术分为三个层次，包括大数据平台安全、数据安全、个人隐私安全。

大数据应用中的安全

大数据直接影响人们的日常生活、工作以及思维模式，因此有关学术和产业界开始不断加大对其研究力度，不过在进行收集、存储和沿用这类数据过程中，不可避免地遗留诸多安全隐患，致使许多用户隐私被泄露，并衍生出许多虚假和无效的大数据分析结果。

大数据隐私泄露事件

随着数据资源商业价值的凸显，针对数据的攻击、窃取、滥用、劫持等活动持续泛滥，并呈现出产业化、高科技化和跨国化等特性，对国家的数据生态治理水平和组织的数据安全管理能力提出全新挑战。在网络化飞速发展的时代里，大数据在存储、传输、处理等过程中面临着诸多安全风险。近年来大数据隐私泄露、数据被恶意滥用的事件屡见不鲜，例如：

2015 年 2 月，美国第二大健康医疗保险公司 Anthem 公司信息系统被攻破，将近 8 000 万客户和员工的记录遭遇泄露。

2016 年 7 月，法国数据保护监管机构 CNIL 向微软发出警告函，指责微软利用 Windows 10 系统搜集了过多的用户数据，并且在未获得用户同意的情况下跟踪了用户的浏览行为。

2016 年 9 月 22 日，全球互联网巨头雅虎证实至少 5 亿用户账户信息在 2014 年遭人窃取，内容涉及用户姓名、电子邮箱、电话号码、出生日期和部分登录密码。2016 年 12 月 14 日，雅虎再次发布声明，宣布在 2013 年 8 月，未经授权的第三方盗取了超过 10 亿用户的账户信息。2013 年和 2014 年这两起黑客袭击事件有着相似之处，即黑客攻破了雅虎用户账户保密算法，窃得用户密码。

2016 年 10 月，黑客通过控制物联网设备对域名服务区发动僵尸攻击，导致美国西海岸大面积断网。

2017 年 5 月 12 日，全球范围爆发针对 Windows 操作系统的勒索软件（WannaCry）感染事件。该勒索软件利用此前美国国家安全局网络武器库泄露的 WindowsSMB 服务漏洞进行攻击，受攻击文件被加密，用户需支付比特币才能取回文件，否则赎金翻倍或者文件被彻底删除。全球 100 多个国家数十万用户中招，国内的企业、学校、医疗、电力、能源、银行、交通等多个行业均遭受不同程度的影响。

大数据时代数据安全的重要性

综合近年来国内外重大数据安全事件发现，大数据安全事件正在呈现以下特点：

- ▶ 风险成因复杂交织，既有外部攻击，也有内部泄露，既有技术漏洞，也有管理缺陷；既有新技术新模式触发的新风险，也有传统安全问题的持续触发。
- ▶ 威胁范围全域覆盖，大数据安全威胁渗透在数据生产、流通和消费等大数据产业链的各个环节，包括数据源的提供者、大数据加工平台提供者、大数据分析服务提供者等各类主体都是威胁源；
- ▶ 事件影响重大深远。数据云端化存储导致数据风险呈现集聚和极化效应，一旦发生数据泄露，其影响将超越技术范畴和组织边界，对经济、政治和社会等领域产生影响，包括产生重大财产损失、威胁生命安全和改变政治进程。

为应对大数据应用的安全性需要，2018 年 7 月中国信息通信研究院安全研究所发表《大数据安全白皮书（2018）》。该白皮书从四个方面分析了大数据安全的重要性：

- ▶ 大数据已经对经济运行机制、社会生活方式和国家治理能力产生深刻影响，需要从"大安全"的视角认识和解决大数据安全问题。
- ▶ 大数据正逐渐演变为新一代基础性支撑技术，大数据平台的自身安全将成为大数据与实体经济融合领域安全的重要影响因素。
- ▶ 大数据时代，数据在流动过程中实现价值最大化，需要重构以数据中心、适应数据动态跨界流动的安全防护体系。
- ▶ 大数据推动数字经济新业态的蓬勃发展，广大民众却面临享受便捷化泛在化信息服务与个人信息权利之间的两难选择。

大数据安全含义

大数据安全主要是保障数据不被窃取、破坏和滥用，以及确保大数据系统的安全可靠运行。需要构建包括系统层面、数据层面和服务层面的大数据安全框架，从技术保障、管理保障、过程保障和运行保障多维度保障大数据应用和数据安全。

从系统层面来看，保障大数据应用和数据安全需要构建立体纵深的安全防护体系，通过系统性、全局性地采取安全防护措施，保障大数据系统正确、安全可靠的运行，防止大数据被泄密、篡改或滥用。主流大数据系统是由通用的云计算、云存储、数据采集终端、应用软件、网络通信等部分组成，保障大数据应用和数据安全的前提是要保障大数据系统中各组成部分的安全，是大数据安全保障的重要内容。

从数据层面来看，大数据应用涉及数据的采集、传输、存储、处理、交换、销毁等环节，每个环节都面临不同的安全威胁，需要采取不同的安全防护措施，确保数据在各个环节的保密性、完整性、可用性，并且要采取分级分类、去标识化、脱敏等方法保护用户个人信息安全。

从服务层面来看，大数据应用在各行业得到了蓬勃发展，为用户提供数据驱动的信息技术服务，因此，需要在服务层面加强大数据的安全运营管理、风险管理，做好数据资产保护，确保大数据服务安全可靠运行，从而充分挖掘大数据的价值，提高生产效率，同时又防范针对大数据应用的各种安全隐患。

大数据安全技术

在《大数据安全白皮书（2018）》一文中将大数据安全技术层次划分为 3 个方面，如图 6.8 所示。首先是大数据平台的安全，其次是大数据本身的安全，最后是个人隐私保护。大数据平台安全是所有安全设施的基础，是对大数据平台传输、存储、运算等资源和功能的安全保障，包括传输交换安全、存储安全、计算安全、平台管理安全以及基础设施安全。数据安全防护是指大数据平台为支撑数据流动所提供的安全功能，包括数据分类分级、元数据管理、质量管理、数据加密、数据隔离、防泄露、追踪溯源、数据销毁等内容。隐私保护是指利用去标识化、匿名化、密文计算等技术保障个人数据在平台上处理、流转过程中不泄露。隐私保护是建立在数据安全防护基础之上的更深层次安全要求。

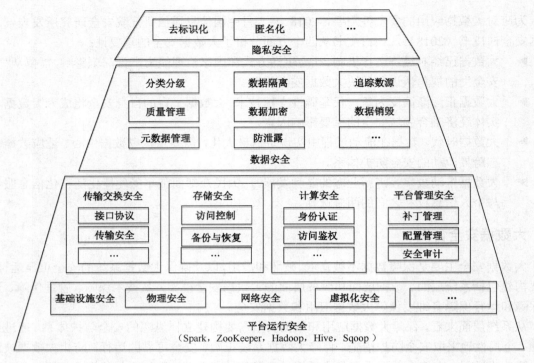

图 6.8 大数据安全技术框架

大数据平台安全技术

1. Hadoop 平台自身安全机制

一般而言，系统安全机制由认证和授权两大部分构成。认证就是简单地对一个实体的身份进行判断，而授权则是向实体授予对数据资源和信息访问权限的决策过程。在 Hadoop1.0 版本之前，Hadoop 并不存在安全认证，默认情况下集群内所有的节点都是可靠的、值得信赖的节点。Hadoop 2.0 以后版本的软件提供了身份认证、访问控制、安全审计、数据加密等基本安全功能。Hadoop 2.0 中的认证机制采用 Kerberos 和 Token 两种方案，而授权则是通过引入访问控制列表（Access Control List，ACL）实现的。Hadoop 在身份认证方面，支持简单机制和 Kerberos 机制。简单机制是默认设置，根据客户进程的有效用户标识符（UID）确定用户名，避免内部人员的误操作。

Kerberos 认证机制支持集群中服务器间的认证以及客户端到服务器的认证，该机制将认证的密钥在集群部署时事先放到可靠的节点上，集群运行时，集群内的节点使用密钥得到认证，只有被认证过节点才能正常使用。企图冒充的节点由于没有事先得到的密钥信息，无法与集群内部的节点通信。防止了恶意的使用或篡改 Hadoop 集群的问题，确保了 Hadoop 集群的可靠安全。Kerberos 是一个用于鉴定身份（Authentication）的协议，它采取对称密钥加密（Symmetric-key Cryptography），这意味着密钥不会在网络上传输。在 Kerberos 中，未加密的密码（Unencrypted Password）不会在网络上传输，因此攻击者无法通过嗅探网络来偷取用户的密码。

Hadoop Client 与 NameNode 和 Client 与 ResourceManager 之间初次通信均采用了 Kerberos 进行身份认证，之后便换用 Delegation Token 以便降低系统开销，而 DataNode 与 NameNode 和

NodeManager 与 ResourceManager 之间的认证始终采用 Kerberos 机制。默认情况下，Kerberos 认证机制是关闭的，管理员可通过将参数 hadoop.security.authentication 设为"kerberos"（默认值为"simple"）启动它。

目前，Hadoop 开源技术能够支持通过基于硬件的加密方案，从而大幅度提高数据加密的性能，实现最低性能损耗的端到端和存储层加密。加密的有效使用需要安全灵活的密钥管理和分发机制，目前在开源环境下没有很好的解决方式，需要借助商业化的密钥管理产品。

2. 在 Hadoop 平台上增加通用安全组件

通用安全组件是指适用于原生或二次开发的 Hadoop 平台的安全防护机制，一般实现方式是通过在 Hadoop 平台内部部署集中管理节点，负责整个平台的安全管理策略设置和下发，实现对大数据平台的用户和系统内组件的统一认证管理和集中授权管理。通用安全组件易于部署和维护，适合对已建大数据系统进行安全加固。

数据安全技术

（1）敏感数据识别技术。对大数据平台中存储的海量数据识别出敏感数据，建立系统的总体数据视图。常用的数据识别技术包括关键字检索、字典和正则表达式匹配；随着人工智能技术的发展，通过机器学习的方式可以实现大量文档的聚类分析、自动生成分类规则库，提高敏感数据识别的自动化水平。

（2）数据防泄露（DLP）技术。数据防泄露（Data Leakage Prevention，DLP）又称数据防丢失，其系统的主要功能就是防止数据的丢失和被滥用，通过对内容进行发现和分析在内的各种方式，防止最终用户偶然或恶意分享可能会给企业带来风险的敏感、重要和机密数据。例如，数据防泄露系统可以允许管理员通过预定义的内容选择器设置策略，或者甚至可以创建自定义规则来检查外发电子邮件及其附件。如果发现任何异常，数据防泄露系统就可以对邮件进行隔离审查，要求用户修改数据，或对电子邮件进行阻断并通知发件人。数据防泄露系统可以为企业带来一系列好处，包括合规支持和知识产权保护。安全产品供应商（如 CA 技术公司、Code GreenNetworks、英特尔（McAfee）、RSA、赛门铁克、Trustwave 公司以及 Websense 公司）均提供 DLP 套件。

（3）关系数据库安全防护技术。关系数据库安全防护技术主要包括数据库漏洞扫描、数据库防火墙、数据加密、数据脱敏、数据库审计等技术。

（4）非关系数据库安全防护技术。由于 NoSQL 等非关系型数据存储解决方案出现的时间较短，其内置的安全措施通常还比较少。

（5）密文计算技术。对大数据的数据源进行加密处理然后进行分发，获得这些数据的用户在加密后的数据上进行数据分析、挖掘，然后对分析结果进行解密处理，得到解密后的分析结果与未加密的原始数据进行分析所取得的结果完全一致，这就是所谓的同态加密（Homomorphic Encryption）。同态加密是一种特殊的加密方法，允许对密文进行处理得到的结果仍然是加密前数据处理的结果，即对密文直接进行处理，与对明文进行处理再加密，得到的结果相同。

（6）数字水印技术。数字水印（Digital Watermark）技术是指用信号处理的方法在数字化的多媒体数据中嵌入隐蔽的标记，这种标记通常是不可见的，只有通过专用的检测器或阅读器才能提取。数字水印是信息隐藏技术的一个重要研究方向。在大数据中使用数字水印技术是为了保持对分发后的数据流向追踪,在数据泄露行为发生后,对造成数据泄露的源头可进行回溯。对于结构化数据,在分发数据时采用增加伪行、伪列等方法;对于非结构化的音频、视频、图像等文件可以在不影响播放、查看的情况下增加隐藏标识水印信息。此外,基于数据血缘关系分析技术也是目前大数据的数据追踪和溯源的研究方向。数据与数据之间会形成多种多样的关系,这些关系与人类的血缘关系类似,所以被称为数据的血缘关系。

个人隐私保护

像使用水电煤一样方便、安全地使用数据,是大数据走向成熟的重要标志。作为大数据发展的重要推动力量,开源技术功不可没。但是开源社区现有技术已经无法满足日益迫切的数据安全需求,尤其在大数据安全领域,发展专业的大数据隐私保护技术已成趋势,数据脱敏(Data Masking)技术成为大数据隐私保护的利器。

数据脱敏又称数据漂白、数据去隐私化或数据变形,数据脱敏是在给定的规则、策略下对敏感数据进行变换、修改的技术机制,能够在很大程度上解决敏感数据在不可控环境中使用的问题。国内银行、通信运营商等是最早开始使用数据脱敏工具的单位,是应用最广泛的隐私保护技术。

数据脱敏在保留数据原始特征的条件下,对某些敏感信息通过脱敏规则进行数据的变形,实现敏感隐私数据的可靠保护。在不违反系统规则条件下,对真实数据进行改造并提供测试使用,如身份证号、手机号、卡号、客户号等个人信息都需要进行数据脱敏。只有授权的管理员或用户,在必须知晓的情况下,才可通过特定应用程序与工具访问数据的真实值,从而降低重要数据在共享、移动时的风险。数据脱敏在不降低安全性的前提下,使原有数据的使用范围和共享对象得以拓展,因而成为大数据环境下最有效的敏感数据保护方法之一。

数据脱敏包括静态数据脱敏和动态数据脱敏。静态和动态之分,主要在于脱敏的时机不同。对于静态脱敏来说,数据管理员提前对数据进行不同级别的脱敏处理,生成不同安全级别的数据,然后授予不同用户访问不同安全级别数据的权限。对于动态脱敏来说,管理员通过元数据管理不同用户访问具体数据的安全权限,在用户访问数据时,动态地从原始数据中按照用户权限动态地进行脱敏处理。

大数据安全与隐私保护措施

(1)加大大数据安全技术的研究与应用。大数据安全问题的产生与大数据安全技术之间有着必然的关联性,由于大数据安全技术的不合理、不先进,就容易造成大数据安全问题发生,难以保护用户的隐私。对于大数据而言,大数据安全保护技术是大数据安全与隐私保护的直接载体,能够确保数据信息在数据库领域范围内得到有效的处理。为了确保大数据安全,就应当加强大数据安全技术的研究和应用,以先进的大数据安全保护技术为依托来为大数据信息的存储、运输、处理提供安全保护。例如在大数据环境下,通过身份认证技术,用户在使用大数据时都需要通过身份认证来获得数据信息的使用权;在身份认证技术的保护下,可以实现最大化的保护用户隐私的目的,避免给用户带来经济损失。

(2)加强社交网络中数据信息的监督。社交网络作为人们进行信息交流和沟通的纽带,在大数据时代里,越来越多的人活跃在社交媒体上,而作为社会的一部分,都会涉及个人信息的部分泄露,对用户的人身安全及财产安全造成威胁。为了避免安全问题的发生,防止用户隐私的泄露，加强社交网络中数据信息的监管十分必要。对匿名的社交媒体信息，要利用信息技术对其进行社交网络匿名保护，确保个人信息安全，避免用户信息泄露而带来巨大的利益损失。同时，在社交网络信息传播过程中，要加强信息的全面监管，保护社交网络用户在交流过程中传输的信息的安全性，避免被他人恶意利用，保护用户的人身安全及财产安全。

（3）做好大数据安全的宣传与隐私保护的宣传工作。人们的安全意识的高低是引起大数据安全问题的一个重要因素。随着互联网的普及，人们利用互联网来进行各种互动，而在以利益为核心价值观的世界，用户容易受到利益的驱使，而许多不法分子正是利用了用户的这种心理，在互联网页面上插入一些能够吸引用户的小广告，而这些小广告大多携带木马病毒，一旦用户点开，就会受到病毒入侵，从而威胁到用户系统安全。为了确保大数据安全，保护用户的隐私，就必须加大大数据安全的宣传，将一些常见的大数据安全风险向广大群众普及，提高他们的认识，同时向用户普及一些大数据安全技术，让用户掌握一些基本的隐私保护技术，从而更好地满足用户的需要，保证用户安全地进行大数据信息传输、处理、存储，避免安全风险的发生。

练习

1. 为什么说"大数据正逐渐演变为新一代基础性支撑技术"？
2. 大数据安全的涉及数据的哪 6 个生命周期？
3. DSMM 模型具有哪些维度？分为几个能力等级？
4. 大数据安全技术分为哪几个层次？它们之间的关系是什么？
5. 个人隐私保护包括哪些方面？
6. 何谓数据脱敏？请举出一些常用的数据脱敏的技术方法。

补充练习

在互联网上查找文献，研究和讨论：若要设计一款大数据安全防护软件，一般应从哪些方面考虑？

本 章 小 结

大数据的概念从提出到落地应用经历了 7 年多的时间，已经给社会经济发展带来了前所未有的机遇。每一种新技术的实践应用，最困难的环节在于固有思想的改变，因此，大数据的应用案例变得格外重要，一个好的案例起着启蒙作用。目前，我国各个社会领域都已不同程度地组建了大数据团队，创新了包括互联网、金融、媒体、制造业、营销服务业、商业等诸多行业中"存、管、用"的应用实例。伴随着经济社会的进一步发展，大数据技术将会不断被更多的创新重新定义和重构。

本章仅就大数据的查询、分析处理等提供了几个简单应用示例，旨在启示人们：面对大数据如何建模，手握数据挖掘模型一定要知道怎么用，同时还要注意大数据安全与隐私保护。相信通过阅读相关内容及其示例能够明白，大数据处理是一种技术手段，服务于既定的业务目标才有意义，而且要配有恰当的执行策略以及合理可行的执行方案；否则，再好、再先进的大数据处理技术只不过是输出了供决策参考的信息，如果没有好的决策、行动方案和执行力，大数据本身没有什么意义，也解决不了什么问题。

小测验

1. 大数据应用需依托的新技术有（   ）。
   a. 大规模存储与计算　　b. 数据分析处理　　c. 智能化　　d. 三个选项都是

【提示】参考答案是选项 d。

2. 与大数据密切相关的技术是（   ）。
   a. 蓝牙　　　　　　　b. 云计算　　　　　c. 博弈论　　d. WiFi

【提示】参考答案是选项 b。

3. 产生大数据主要有哪些行业或领域？指出一个行业或意见领域的应用情况或研究进展。
4. 大数据计算与传统统计学方法有何区别？
5. 大数据能够形成一个产业吗？大数据如果形成一个产业，应包括哪些层面的内容？
6. 数据隐私泄露类型包括哪些？
7. 大数据平台保护技术主要有哪些？
8. 数据安全技术主要有哪些？

附录 A 课 程 测 验

1. 当前大数据技术的基础是由（   ）首先提出的。
    a. 微软   b. 百度   c. 谷歌   d. 阿里巴巴
【提示】参考答案是选项 c。

2. 大数据的起源是（   ）。
    a. 金融   b. 电信   c. 互联网   d. 公共管理
【提示】参考答案是选项 c。

3. 大数据的最显著特征是（   ）。
    a. 数据规模大   b. 数据类型多样
    c. 数据处理速度快   d. 数据价值密度高
【提示】参考答案是选项 a。

4. 大数据时代，数据使用的关键是（   ）。
    a. 数据收集   b. 数据存储   c. 数据分析   d. 数据再利用
【提示】参考答案是选项 d。

5. 下列关于大数据的分析理念的说法中，错误的是（   ）。
    a. 在数据基础上倾向于全体数据而不是抽样数据
    b. 在分析方法上更注重相关分析而不是因果分析
    c. 在分析效果上更追究效率而不是绝对精确
    d. 在数据规模上强调相对数据而不是绝对数据
【提示】参考答案是选项 d。

6. 数据清洗的方法不包括（   ）。
    a. 缺失值处理   b. 噪声数据清除
    c. 一致性检查   d. 重复数据记录处理
【提示】参考答案是选项 d。

7. 下列关于脏数据的说法中，正确的是（   ）。
    a. 格式不规范   b. 编码不统一   c. 意义不明确
    d. 数据不完整   e. 与实际业务关系不大
【提示】该题为多选题，参考答案是选项 a、b、c、e。

8. 按照涉及自变量的多少，可以将回归分析分为（   ）。
    a. 线性回归分析   b. 非线性回归分析   c. 一元回归分析
    d. 多元回归分析   e. 综合回归分析
【提示】该题为多选题，参考答案是选项 c、d。

9. 可以对大数据进行深度分析的平台工具是（   ）。
    a. 传统的机器学习和数据分析工具
    b. 第二代机器学习工具
    c. 在分析效果上更追究效率而不是绝对精确

　　　　d. 在数据规模上强调相对数据而不是绝对数据
　【提示】参考答案是选项 d。
　10. 下列关于聚类挖掘技术的说法中，错误的是（　　）。
　　　　a. 不预先设定数据归类类目，完全根据数据本身性质将数据聚合成不同类型
　　　　b. 要求同类数据的内容相似度尽可能小
　　　　c. 要求不同类数据的内容相似度尽可能小
　　　　d. 与分类挖掘技术相似的是，都是要对数据进行分类
　【提示】参考答案是选项 b。
　11. 在下列演示方式中，不属于传统统计图方式的是（　　）。
　　　　a. 柱状图　　　　　b. 饼状图　　　　　c. 曲线图　　　　　d. 网络图
　【提示】参考答案是选项 d。
　12. 下面哪个不是 Spark 的四大组件？（　　）
　　　　a. Spark Streaming　　b. Mlib　　　　　c. Graphx　　　　　d. Spark R
　【提示】参考答案是选项 d。
　13. 简述流数据的概念和主要特点。
　【提示】流数据是指在时间分布和数量上无限的一系列动态数据集合体。流数据的特点是：数据持续到达；数据来源众多；数据量大但不十分关注存储；注重数据的整体价值，不过分关注个别数据；数据顺序颠倒或者不完整，系统无法控制将要处理的新到达的数据元素的顺序。
　14. 试述 MapReduce 框架为何不适合用于处理流数据。
　【提示】MapReduce 框架完成一个任务需要经过多轮的迭代，不能满足在时间延迟方面的实时响应需求。
　15. 简述决策树的概念以及它的优点。
　【提示】决策树是一种基于树形结构的预测模型，每一个树形分叉代表一个分类条件，叶子节点代表最终的分类结果。决策树的优点在于易于实现，决策时间短，并且适合处理非数值数据。
　16. 在操作系统（Linux）、Hadoop（2.6.0 或以上版本）、JDK（1.6 或以上版本）、Java IDE（Eclipse）环境下，完成如下 HDFS 操作。
　　首先，编程实现以下所述功能，并利用 Hadoop 提供的 Shell 命令完成相同任务：
　　（1）向 HDFS 上传任意文本文件，如果指定的文件在 HDFS 中已经存在，由用户指定是追加到原有文件末尾还是覆盖原有的文件。
　　（2）从 HDFS 中下载指定文件，如果本地文件与要下载的文件名称相同，则自动对下载的文件重命名。
　　（3）将 HDFS 中指定文件的内容输出到终端。
　　（4）显示 HDFS 中指定的文件的读写权限、大小、创建时间、路径等信息。
　　（5）给定 HDFS 中某一个目录，输出该目录下的所有文件的读写权限、大小、创建时间、路径等信息；如果该文件是目录，则递归输出该目录下所有文件相关信息。
　　（6）提供一个 HDFS 内文件的路径，对该文件进行创建和删除操作。如果文件所在目录不存在，则自动创建目录。
　　（7）提供一个 HDFS 的目录的路径，对该目录进行创建和删除操作。创建目录时，如果目录文件所在目录不存在则自动创建相应目录；删除目录时，由用户指定当该目录不为空时是

否还删除该目录。

（8）向 HDFS 中指定的文件追加内容，由用户指定内容追加到原有文件的开头或结尾。

（9）删除 HDFS 中指定的文件。

（10）删除 HDFS 中指定的目录，由用户指定目录中如果存在文件时是否删除目录。

（11）在 HDFS 中，将文件从源路径移动到目的路径。

然后，编程实现一个类 MyFSDataInputStream，该类继承 org.apache.hadoop.fs.FSDataInputStream，要求如下：

（1）实现按行读取 HDFS 中指定文件的方法 readLine()，如果读到文件末尾，则返回空；否则，返回文件一行的文本。

（2）实现缓存功能，即在利用 MyFSDataInputStream 读取若干字节数据时，首先查找缓存。如果缓存中有所需数据，则直接由缓存提供；否则，向 HDFS 读取数据。

（3）用 java.net.URL 和 org.apache.hadoop.fs.FsURLStreamHandlerFactory 编程完成输出 HDFS 中指定文件的文本到终端中。

17. 在操作系统（Linux）、Hadoop（2.6.0 或以上版本）、JDK（1.6 或以上版本）、Java IDE（Eclipse）环境下，编写 MapReduce 程序实现词频统计。具体内容和要求如下：

（1）在计算机上新建文件夹 input，并在 input 文件夹中创建三个文本文件：file1.txt、file2.txt 和 file3.txt。三个文本文件的内容分别是：

```
file1.txt: hello dblab world
file2.txt: hello dblab hadoop
file3.txt: hello mapreduce
```

（2）启动 Hadoop 伪分布式，将 input 文件夹上传到 HDFS 上。

（3）编写 MapReduce 程序，实现单词出现次数统计。统计结果保存到 HDFS 的 output 文件夹。

（4）获取统计结果（给出截图或相关结果数据）。

18. Spark 能都取代 Hadoop 吗？

【提示】Spark 是一个计算框架，没有自己的存储，它的存储还得借助于 HDFS，因此 Spark 不能取代 Hadoop，要取代也是取代 MapReduce。

附录 B 术 语 表

A

ACID 数据库事务正确执行的四个基本要素

ACID 指数据库事务正确执行的四个基本要素的缩写，即原子性（Atomicity）、一致性（Consistency）、隔离性（Isolation）、持久性（Durability）。一个支持事务（Transaction）的数据库，必须要具有这四种特性，否则在事务过程（Transaction Processing）当中无法保证数据的正确性，交易过程可能达不到交易方的要求。

Artificial Intelligence（AI） 人工智能

人工智能（AI）是研究、开发用于模拟、延伸和扩展人的智能的理论、方法、技术及应用系统的一门新的技术科学。人工智能是计算机科学的一个分支，它企图了解智能的实质，并生产出一种新的能以人类智能相似的方式做出反应的智能机器，该领域的研究包括机器人、语言识别、图像识别、自然语言处理和专家系统等。

Application Programming Interface（API） 应用程序编程接口

API 是一些预先定义的函数，目的是提供应用程序与开发人员基于某软件或硬件得以访问一组例程的能力，而又无须访问源码，或理解内部工作机制的细节。

Apache Apache 软件基金会

Apache 软件基金会（Apache Software Foundation）是专门为支持开源软件项目而办的一个非营利性组织。在它所支持的 Apache 项目与子项目中，所发行的软件产品都遵循 Apache 许可证（Apache License）。

Application（App） 应用程序

App 主要指安装在智能手机上的软件，用于完善原始系统的不足与个性化。

B

Big Data 大数据

大数据（Big Data）是指无法在一定时间范围内用常规软件工具进行捕捉、管理和处理的数据集合，是需要新处理模式才能具有更强的决策力、洞察发现力和流程优化能力的海量、高增长率和多样化的信息资产。

Business Intelligence（BI） 商务智能

商务智能（BI）又称商业智慧或商业智能，指用现代数据仓库技术、线上分析处理技术、数据挖掘和数据展现技术进行数据分析以实现商业价值。

C

Cloud Computing 云计算

云计算是基于互联网的相关服务的增加、使用和交付模式，通常涉及通过互联网来提供动态易扩展且经常是虚拟化的资源。云计算的核心思想是将大量用网络连接的计算资源统一管理和调度，构成一个计算资源池向用户按需服务。

Cluster　集群

集群是一组相互独立的、通过高速网络互联的计算机,它们构成了一个组,并以单一系统的模式加以管理。一个客户与集群相互作用时,集群像是一个独立的服务器。集群配置是用于提高可用性和可缩放性。通过集群技术,可以在付出较低成本的情况下获得在性能、可靠性、灵活性方面的相对较高的收益,其任务调度则是集群系统中的核心技术。

D

Data Center Network(DCN)　数据中心网络

数据中心网络(DCN)是指数据中心内部通过高速链路和交换机连接大量服务器的网络。数据中心内的流量具有交换数据集中、流量增多等特征。

Data Mining　数据挖掘

数据挖掘是数据库知识发现(Knowledge-Discovery in Databases,KDD)中的一个步骤。数据挖掘一般是指从大量的数据中通过算法搜索隐藏于其中信息的过程。数据挖掘通常与计算机科学有关,并通过统计、在线分析处理、情报检索、机器学习、专家系统(依靠过去的经验法则)和模式识别等诸多方法来实现上述目标。

Data Node　数据节点

数据节点是分布式文件系统 HDFS 的工作节点,负责数据的存储和读取,会根据客户端或者名称节点的调度来进行数据的存储和检索,并且向名称节点定期发送自己所存储的块的列表。

Data Set(或 Dataset)　数据集

数据集又称为资料集、数据集合,或资料集合,是一种由数据所组成的集合,通常以表格形式出现。每一列代表一个特定变量;每一行都对应于某一成员的数据集的问题。

Data Warehouse(DW 或 DWH)　数据仓库

数据仓库是一个面向主题的(Subject Oriented)、集成的(Integrated)、相对稳定的(Non-Volatile)、反映历史变化(Time Variant)的数据集合,用于支持管理决策。

Distributed Computation　分布式计算

分布式计算是一种计算方法,与集中式计算是相对的。随着计算技术的发展,有些应用需要非常巨大的计算能力才能完成,如果采用集中式计算,需要耗费相当长的时间来完成。分布式计算将该应用分解成许多小的部分,分配给多台计算机进行处理。这样可以节约整体计算时间,大大提高计算效率。

Deep Packet Inspection(DPI)　深度报文检测

DPI 是一种基于数据包的深度检测和控制技术,针对不同的网络应用层载荷(例如 HTTP、DNS 等)进行深度检测,通过对报文的有效载荷检测决定其合法性。

Dirty Read　脏数据

脏数据指源系统中的数据不在给定的范围内或对于实际业务毫无意义,或者数据格式非法,以及在源系统中存在不规范的编码和含糊的业务逻辑。

E

Enterprise Resource Planning(ERP)　企业资源计划

企业资源计划(ERP)是指建立在信息技术基础上,以系统化的管理思想为企业决策层及员工提供决策运行手段的管理平台。ERP 由美国 Gartner Group 公司于 1990 年提出。

Extract-Transform-Load（ETL） 数据仓库

ETL 是 Extract-Transform-Load 的缩写，用来描述将数据从来源端经过抽取（Extract）、转换（Transform）、加载（Load）至目的端的过程。ETL 是构建数据仓库的重要一环，用户从数据源抽取出所需的数据，经过数据清洗、转换之后，最终按照预先定义好的数据仓库模型，将数据加载到数据仓库中，为决策提供分析依据。

G

Google File System（GFS） Google 文件系统

GFS 是一个可扩展的分布式文件系统，用于大型的、分布式的、对大量数据进行访问的应用。它运行于廉价的普通硬件上，并提供容错功能。它可以给大量的用户提供总体性能较高的服务。

H

Hadoop

Hadoop 是由 Apache 基金会所开发的一个开源分布式计算平台，为用户提供了系统底层细节透明的分布式基础架构。它允许在整个集群使用简单编程模型计算机的分布式环境存储并处理大数据。Hadoop 的目的是从单一的服务器到上千台机器的扩展，每一个台机都可以提供本地计算和存储。Hadoop 以一种可靠、高效、可伸缩的方式进行数据处理。

Hadoop Distributed File System（HDFS） 分布式文件系统

HDFS 是一种通过网络实现文件在多台主机上进行分布式存储的文件系统，一般采用客户机/服务器（C/S）的模式。HDFS 有高容错性的特点，并且设计用来部署在低廉的（Low-cost）硬件上；而且提供高吞吐量（High Throughput）来访问应用程序的数据，适合有着超大数据集（Large Data Set）的应用程序。HDFS 放宽了 POSIX 的要求，可以以流的形式访问（Streaming Access）文件系统中的数据。

Hard Link 硬连接

硬连接也称链接，就是一个文件的一个或多个文件名。硬连接指通过索引节点来进行链接。所谓链接无非是把文件名和计算机文件系统使用的节点号连接起来。因此可以用多个文件名与同一个文件进行链接，这些文件名可以在同一目录或不同目录。

HBase

HBase 是一个高可靠性、高性能、面向列、可伸缩的分布式数据库，是谷歌 BigTable 的开源实现，主要用来存储非结构化和半结构化的松散数据。

I

Infrastructure-as-a-Service（IaaS） 基础设施即服务

基础设施即服务（IaaS）是指以服务的形式租借基础设施（计算资源和存储）。

Internet Data Center（IDC） 互联网数据中心

IDC 是指电信部门利用已有的互联网通信线路、带宽资源而建立的标准化的电信专业级机房环境，是为企业、政府提供服务器托管、租用以及相关增值服务的服务体系。IDC 提供的主要业务包括主机托管（机位、机架、VIP 机房出租）、资源出租（如虚拟主机业务、数据存储服务）、系统维护（系统配置、数据备份、故障排除服务）、管理服务（如带宽管理、流量分析、负载均衡、入侵检测、系统漏洞诊断),以及其他支撑、运行服务等。

Inode Index　索引节点号

在 Linux 的文件系统中,保存在磁盘分区中的文件不管是什么类型都给它分配一个编号,称为索引节点号。

Information Technology（IT）　信息技术

信息技术（IT）主要是指对信息进行采集、传输、存储、加工、表达的各种技术之和,主要包括传感技术、计算机与智能技术、通信技术和控制技术。IT 也常被称为信息通信技术（Information and Communications Technology, ICT）。

Iterator　迭代器

迭代器有时又称游标（Cursor）,是程序设计的软件设计模式,可在容器（Container,如链表或阵列）上遍访的接口,设计人员无须关心容器的内容。

J

Java Virtual Machine（JVM）　Java 虚拟机

JVM 是一种用于计算设备的规范,它是一个虚构出来的计算机,是通过在实际的计算机上仿真模拟各种计算机功能来实现的。JVM 的设计目标是提供一个基于抽象规格描述的计算机模型,为解释程序开发人员提供很好的灵活性,同时也确保 Java 代码可在符合该规范的任何系统上运行。

L

Logistic Regression　逻辑回归

逻辑回归又称回归分析,是一种广义的线性回归分析模型,常用于数据挖掘,疾病自动诊断,经济预测等领域。逻辑回归的因变量可以是二分类的,也可以是多分类的;但二分类的更为常用,也更加容易解释。多分类可以使用 Softmax 方法进行处理。实际中最为常用的就是二分类的逻辑回归。

Load Balancing　负载均衡

负载平衡是一种计算机网络技术,用来在多个计算机（计算机集群）、网络连接、CPU、磁盘驱动器或其他资源中分配负载,以达到最佳化资源使用、最大化吞吐率、最小化响应时间、同时避免过载的目的,使用带有负载平衡的多个服务器组件,取代单一的组件,可以通过冗余提高可靠性。负载平衡服务通常是由专用软件和硬件来完成的。具体来说,负载均衡的意思就是分摊到多个操作单元上进行执行,例如 Web 服务器、FTP 服务器、企业关键应用服务器和其他关键任务服务器等,从而共同完成工作任务。

M

Machine Learning（ML）　机器学习

机器学习（ML）是一门多领域交叉学科,涉及概率论、统计学、逼近论、凸分析、算法复杂度理论等多门学科。专门研究计算机怎样模拟或实现人类的学习行为,以获取新的知识或技能,重新组织已有的知识结构使之不断改善自身的性能。

Massively Parallel Processing（MPP）　大规模并行处理

大规模并行处理（MPP）是多个处理器（processor）处理同一程序的不同部分时该程序的协调过程,工作的各处理器运用自身的操作系统（Operating System）和内存。大规模并行处理器一般运用通信接口交流。在一些执行过程中，高达两百甚至更多的处理器为同一应用程序工作。数据通路的互连设置允许各处理器相互传递信息。一般来说，大规模并行处理（MPP）的建设很复杂，这需要掌握在各处理器间区分共同数据库和给各数据库分派工作的方法。大规模并行处理系统也叫作"松散耦合"或"无共享"系统。简单来说，MPP 是将任务并行的分散到多个服务器和节点上，在每个节点上计算完成后，将各自部分的结果汇总在一起得到最终的结果（与 Hadoop 相似）。

N

Network File System（NFS） 网络文件系统

网络文件系统（NFS）是由 SUN 公司研制的 UNIX 表示层协议（Pressentation Layer Protocol），能使使用者访问网络上别处的文件就像在使用自己的计算机一样。NFS 的主要功能是通过网络（一般是局域网）让不同的主机系统之间可以共享文件或目录。

Name Space 命名空间

在关系数据库系统中，命名空间（Name Space）指的是一个表的逻辑分组，同一组中的表有类似的用途。

O

On-Line Transaction Processing（OLTP） 联机事务处理系统

OLTP 也称为面向交易的处理过程，其基本特征是前台接收的用户数据可以立即传送到计算中心进行处理，并在很短的时间内给出处理结果。OLTP 是对用户操作快速响应的一种方式。

Open Source 开源

开源是开放源代码的简称，指那些源代码可以被公众使用的软件，并且此软件的使用、修改和发行也不受许可证的限制。

OpenStack 开源云操作系统框架

OpenStack 是一个开源的云计算管理平台项目，由几个主要的组件组合起来完成具体工作。OpenStack 支持几乎所有类型的云环境，项目目标是提供实施简单、可大规模扩展、丰富、标准统一的云计算管理平台。OpenStack 通过各种互补的服务提供了基础设施即服务（IaaS）的解决方案，每个服务提供 API 以进行集成。

Online to Offline（O2O） 在线离线（线上到线下）

O2O 是指将线下的商务机会与互联网结合，让互联网成为线下交易的平台，这个概念最早来源于美国。O2O 的概念非常广泛，既可涉及线上，又可涉及线下。

Out of Memory 内存溢出

内存溢出是指应用系统中存在无法回收的内存或使用的内存过多，最终使得程序运行要用到的内存大于虚拟机能提供的最大内存。通俗理解就是内存不够，通常在运行大型软件或游戏时，软件或游戏所需要的内存远远超出了主机内安装的内存所承受大小，就叫内存溢出。此时软件或游戏就运行不了了，系统会提示内存溢出，有时候会自动关闭软件，重启计算机或者软件后释放掉一部分内存又可以正常运行该软件。

P

Partition Key 分区键

分区键是一个或多个表列的有序集合。分区键以列中的值来确定每个表行所属的数据分区。选择有效的分区键对于充分利用分区技术来说十分重要。

Peer-to-Peer Networking（P2P） 对等网络

对等网络即对等计算机网络，是一种在对等者（Peer）之间分配任务和工作负载的分布式应用架构，是对等计算模型在应用层形成的一种组网或网络形式。Peer 在英语里有对等者、伙伴、对端的意义。因此，从字面上，P2P 可以理解为对等计算或对等网络。国内一些媒体将 P2P 翻译成"点对点"或者"端对端"，学术界则统一称为对等网络（Peer-to-peer Networking）或对等计算（Peer-to-peer Computing），其可以定义为：网络的参与者共享他们所拥有的一部分硬件资源（处理能力、存储能力、网络连接能力、打印机等），这些共享资源通过网络提供服务和内容，能被其他对等节点（Peer）直接访问而无须经过中间实体。在此网络中的参与者既是资源、服务和内容的提供者（Server），又是资源、服务和内容的获取者（Client）。

Platform-as-a-Service（PaaS） 平台即服务

PaaS 实际上是指将软件研发的平台作为一种服务，以 SaaS 的模式提交给用户。因此，PaaS 也是 SaaS 模式的一种应用。但 PaaS 的出现可以加快 SaaS 的发展，尤其是加快 SaaS 应用的开发速度。

Page View（PV） 页面浏览量

页面浏览量（PV）通常是衡量一个网络新闻频道或网站甚至一条网络新闻的主要指标。网页浏览数是评价网站流量最常用的一个指标。Page Views 中的 Page 一般是指普通的 html 网页，也包含 PHP、JSP 等动态产生的 HTML 内容。来自浏览器的一次 HTML 内容请求会被看作一个 PV，逐渐累计成为 PV 总数。

Point of Sale（POS） 销售终端

POS 是一种多功能终端，把它安装在信用卡的特约商户和受理网点中与计算机联成网络，就能实现电子资金自动转账，它具有支持消费、预授权、余额查询和转账等功能，使用起来安全、快捷、可靠。

Portable Operating System Interface of UNIX（POSIX） 可移植操作系统接口

POSIX 是 IEEE 为要在各种 UNIX 操作系统上运行的软件而定义的一系列 API 标准的总称，它定义了操作系统应该为应用程序提供的接口标准（IEEE 1003），国际标准名称为 ISO/IEC 9945。POSIX 标准意在期望获得源代码级别的软件可移植性。

Process 进程

进程是计算机中的程序关于某数据集合上的一次运行活动，是系统进行资源分配和调度的基本单位，是操作系统结构的基础。在早期面向进程设计的计算机结构中，进程是程序的基本执行实体；在当代面向线程设计的计算机结构中，进程是线程的容器。程序是指令、数据及其组织形式的描述，进程是程序的实体。狭义地讲，进程是正在运行的程序的实例。

Python Python 语言

Python 是一种面向对象的解释型计算机程序设计语言，由荷兰人 Guido van Rossum 于 1989 年发明，第一个公开发行版发行于 1991 年。Python 具有丰富和强大的库。它常被昵称为胶水语言，能够把用其他语言制作的各种模块（尤其是 C/C++）很轻松地联结在一起。

R

Radio Frequency Identification（RFID）射频识别

RFID 技术又称无线射频识别，是一种通信技术，可通过无线电信号识别特定目标并读写相关数据，而无须在识别系统与特定目标之间建立机械或光学接触。

Relational Database（RDB） 关系数据库

关系数据库（RDB）就是基于关系型的数据库，是利用数据库进行数据组织的一种方式，是现代的数据库管理系统中应用最为普遍的一种，也是最有效的数据组织形式之一。另外，rdb 也是一种计算机文件后缀名。

Relational Database Management System（RDBMS） 关系数据库管理系统

关系数据库管理系统（RDBMS）是将数据组织为相关的行和列的系统，而管理关系数据库的计算机软件就是关系数据库管理系统，常用的数据库软件有 Oracle、SQL Server 等。

S

Shell

Shell 是指"提供使用者使用界面"的软件（命令解析器），类似于 DOS 下的 command 和后来的 cmd.exe。它接收用户命令，然后调用相应的应用程序。

Serialization 序列化

序列化是指将对象的状态信息转换为可以存储或传输形式的过程。在序列化期间，对象将其当前状态写入到临时或持久性存储区。以后，可以通过从存储区中读取或反序列化对象的状态，重新创建该对象。

Software-as-a-Service（SaaS） 软件即服务

SaaS 是一种通过 Internet 提供软件的模式，厂商将应用软件统一部署在自己的服务器上，客户可以根据自己的实际需求，通过互联网向厂商定购所需的应用软件服务，按定购的服务多少和时间长短向厂商支付费用，并通过互联网获得厂商提供的服务。用户不用再购买软件，而改用向提供商租用基于 Web 的软件，来管理企业经营活动，且无须对软件进行维护，服务提供商会全权管理和维护软件，软件厂商在向客户提供互联网应用的同时，也提供软件的离线操作和本地数据存储，让用户随时随地都可以使用其定购的软件和服务。在 SaaS 模式下，客户不再像传统模式那样花费大量投资用于硬件、软件、人员，而只需支出一定的租赁服务费用，通过互联网便可以享受到相应的硬件、软件和维护服务，享有软件使用权和不断升级，这是网络应用最具效益的营运模式。

Software Development Kit（SDK） 软件开发工具包

软件开发工具包（SDK）是一些被软件工程师用于为特定的软件包、软件框架、硬件平台、操作系统等创建应用软件的开发工具的集合，一般而言 SDK 即开发 Windows 平台下的应用程序所使用的 SDK。它可以简单地为某个程序设计语言提供应用程序接口 API 的一些文件，但也可能包括能与某种嵌入式系统通讯的复杂的硬件。一般的工具包括用于调试和其他用途的实用工具。SDK 还经常包括示例代码、支持性的技术注解或者其他的为基本参考资料澄清疑点的支持文档。

Symmetric Multi-Processing（SMP） 对称多处理器

对称多处理器（SMP）是指在一个计算机上汇集了一组处理器（多 CPU），各 CPU 之间共享内存子系统以及总线结构。SMP 是相对非对称多处理技术而言的、应用十分广泛的并行技术。

Secure Shell（SSH） 安全外壳协议

SSH 是建立在应用层和传输层基础上的安全协议，也是目前较可靠、专为远程登录会话和其他网络服务提供安全性的协议。利用 SSH 可以有效防止远程管理过程中的信息泄露问题。

SSH 由客户端和服务端的软件组成，服务端是一个守护进程（Daemon），在后台运行并响应来自客户端的连接请求；客户端包含 SSH 程序以及像 scp（远程复制）、rlogin（远程登录）、SFTP（安全文件传输）等其他的应用程序。

Spark
Spark 是一种是专为大规模数据处理而设计的一个基于内存计算的开源集群计算系统，目的是更快地进行数据分析。

Storm
Apache Storm 是一个分布式实时大数据处理系统。Storm 设计用于在容错和水平可扩展方法中处理大量数据。

Soft Link 软链接
软链接也称为符号连接（Symbolic Link）。它实际上是一个特殊的文件。在符号连接中，文件实际上是一个文本文件，其中包含的有另一文件的位置信息（路径名），可以是任意文件或目录，可以链接不同文件系统的文件。软链接文件类似于 Windows 的快捷方式。

Stop Word 停止词
在信息检索中，为节省存储空间和提高搜索效率，在处理自然语言数据（或文本）之前或之后会自动过滤掉某些字或词，常为冠词、介词、副词或连词等，比如 the、is、at、which、on 等这些字或词，即被称为停止词（Stop Word）。这些停止词都是人工输入、非自动化生成的，生成后的停止词会形成一个停止词表。但是，并没有一个明确的停止词表能够适用于所有的工具。甚至有一些工具是明确地避免使用停用词来支持短语搜索的。

T

Thread 线程
线程是程序中一个单一的顺序看着流程。线程有时被称为轻量进程（Lightweight Process，LWP），是程序执行流的最小单元。一个标准的线程由线程 ID，当前指令指针（PC），寄存器集合和堆栈组成。进程内有一个相对独立的、可调度的执行单元，是系统独立调度和分派 CPU 的基本单位指令运行时的程序的调度单位。在单个程序中同时运行多个线程完成不同的工作，称为多线程。一切进程至少都有一个执行线程。

Time Stamp 时间戳
时间戳是指格林威治时间 1970 年 01 月 01 日 00 时 00 分 00 秒（北京时间 1970 年 01 月 01 日 08 时 00 分 00 秒）起至现在的总秒数。通常，时间戳是一个能够表示一份数据在一个特定时间点已经存在的完整的可验证的数据。它的提出主要是为用户提供一份电子证据，以证明用户的某些数据的产生时间。在实际应用中，时间戳可以用于包括电子商务、金融活动的各个方面，尤其可以用于支撑公开密钥基础设施的"不可否认"服务。

参 考 文 献

[1] 刘化君. 网络基础. 北京：电子工业出版社，2015.
[2] 娄岩，徐东雨. 大数据技术概论. 北京：清华大学出版社，2017.
[3] 林子雨，等. 大数据技术原理与应用（第 2 版）. 北京：人民邮电出版社，2017.
[4] 张尧学，胡春明，等. 大数据导论. 北京：机械工业出版社，2018.
[5] 汤羽，等. 大数据分析与计算. 北京：清华大学出版社，2016.
[6] 刘化君，等. 计算机网络原理与技术（第 3 版）. 北京：电子工业出版社，2017.
[7] 刘化君，等. 计算机网络与通信（第 3 版）. 北京：高等教育出版社，2016.
[8] 刘化君，刘传清. 物联网技术（第 2 版）. 北京：电子工业出版社，2015.
[9] （美）托马斯·埃尔，等. 大数据导论. 彭智勇，等，译. 北京：机械工业出版社，2017.
[10] （美）Hand J. 数据挖掘：概念与技术. 原书第 3 版. 范明，等，译. 北京：机械工业出版社，2017.
[11] （美）April Reeve. 大数据管理：数据集成的技术、方法与最佳实践. 余水清，等，译. 北京：机械工业出版社，2017.
[12] 李联宁. 大数据技术及应用教程. 北京：清华大学出版社, 2016.
[13] 刘化君. 物联网概论. 北京：高等教育出版社，2016.
[14] 林子雨，等. 大数据基础编程、实验和案例教程. 北京：清华大学出版社，2017.
[15] 刘鹏. 大数据. 北京：电子工业出版社, 2018.
[16] 王振武. 大数据挖掘与应用. 北京：清华大学出版社, 2017.
[17] Apache Software Foundation. Apache Hadoop. http://hadoop.apache.org/.
[18] Apache Software Foundation. Apache HBase. http://hbase.apache.org/.
[19] Apache Software Foundation. Apache Storm. http://storm.apache.org/.
[20] Apache Software Foundation. Apache Spark. http://spark.apache.org/.
[21] 苏州国云数据科技有限公司. 大数据实验科研平台——魔镜. http://www.labbigdata.com/.